UTB

Eine Arbeitsgemeinschaft der Verlage

Böhlau Verlag · Wien · Köln · Weimar
Verlag Barbara Budrich · Opladen · Farmington Hills
facultas.wuv · Wien
Wilhelm Fink · München
A. Francke Verlag · Tübingen und Basel
Haupt Verlag · Bern · Stuttgart · Wien
Julius Klinkhardt Verlagsbuchhandlung · Bad Heilbrunn
Mohr Siebeck · Tübingen
Nomos Verlagsgesellschaft · Baden-Baden
Orell Füssli Verlag · Zürich
Ernst Reinhardt Verlag · München · Basel
Ferdinand Schöningh · Paderborn · München · Wien · Zürich
Eugen Ulmer Verlag · Stuttgart
UVK Verlagsgesellschaft · Konstanz, mit UVK / Lucius · München
Vandenhoeck & Ruprecht · Göttingen · Oakville
vdf Hochschulverlag AG an der ETH Zürich

Markus Riedenauer, Andrea Tschirf

Zeitmanagement und Selbstorganisation in der Wissenschaft

Ein selbstbestimmtes Leben in Balance

facultas.wuv

Bibliografische Information Der Deutschen Nationalbibliothek
Die Deutsche Nationalbibliothek verzeichnet diese Publikation
in der Deutschen Nationalbibliografie;
detaillierte bibliografische Daten sind im Internet über
http://dnb.d-nb.de abrufbar.

Satz: SOLTÉSZ. Die Medienagentur.
Druck und Bindung: CPI – Ebner & Spiegel, Ulm
Printed in Germany

UTB-Band-Nr.: 3668
ISBN 978-3-8252-3668-7

Inhaltsverzeichnis

Gebrauchsanweisung

Kann meine Arbeit in der Wissenschaft Erfolg haben und mein Leben insgesamt gelingen? Sind gängige Methoden des Zeitmanagements dafür geeignet? Wie müssen diese angepasst werden, um bei den ganz unterschiedlichen Aufgaben in Forschung, Lehre, Betreuung Studierender, in der Administration und bei Führungsverantwortung konkret zu helfen? Mit welchen Instrumenten zur Planung, Priorisierung der Fülle von Aufgaben und zur Evaluation meiner Fortschritte kann ich in meiner besonderen Situation arbeiten? Wie können die Chancen aufgrund der wissenschaftlichen Freiheit erfolgreich genutzt werden?

Bewährte Methoden des allgemeinen Projekt-, Zeit- und Selbstmanagements, der Stressprävention und Motivationssteigerung, Lebensplanung und Selbstentwicklung müssen erst für die spezifischen Herausforderungen in der Wissenschaft adaptiert werden, manche nützlichen Instrumente waren neu zu entwickeln. Zugleich ist es erforderlich, die Methoden an die individuellen Situationen und Persönlichkeiten anzupassen.

Unser Ansatz ist ein ganzheitlicher, das heißt, wir gehen davon aus, dass ein Lebens- und Arbeitsstil in der Wissenschaft, der als ausschließliches Kriterium den hundertprozentigen Karriereerfolg kennt, nicht die einzige Möglichkeit ist und auch nicht die beste Option. Unsere Grundannahme ist, dass das Leben als Ganzes gelingen kann – auch in der Wissenschaft.

Die Herausforderung besteht darin, dass sehr viele Faktoren das Zeitmanagement beeinflussen: die eigene Situation und Position, persönliche Werte und Verhaltenspräferenzen, das Privatleben uvm. Folglich müsste in solch einem Buch eigentlich alles dargelegt werden: von den spezifischen Herausforderungen im Leben eines Wissenschaftlers und einer Wissenschaftlerin sowie in den diversen Fächerkulturen über den Einfluss individueller Faktoren, die sich aus der jeweiligen Lebenssituation, den äußeren Rahmenbedingungen, dem Arbeitsstil und der Persönlichkeitsstruktur ergeben, bis hin zu den neuesten technischen Möglichkeiten der EDV und Telekommunikation. Gerade in diesem Bereich kommen allerdings jedes Jahr technische Neuerungen auf den Markt, die es zielführender erscheinen lassen, sich dazu anderswo Rat zu holen. In allen grundsätzlichen Fragen aber, die die Reflexion des eigenen Lebens, der Ziele, die Kommunikation und Kooperation mit anderen sowie die praktische Umsetzung bewährter Methoden betreffen, wird dieses Buch helfen.

Die Breite an Themen, die hier angesprochen werden, ist also gewollt – und doch begrenzt. Das erste Ziel ist, Verständnis für die Komplexität Ihrer besonderen Situation in der Wissenschaft, für die vielfältigen Einflussfaktoren (institutionelle oder äußere und individuelle, also innere) zu wecken. Daraus ergeben sich Fragen, welche nur Sie selbst beantworten können, was Ihnen wiederum hilft, aus dem reichhaltigen Angebot an professionellen Methoden und praktischen Ideen diejenigen auszuwählen, welche Sie dann umsetzen. Sie sollten diese genügend lange ausprobieren, zu einem fixierten Zeitpunkt evaluieren und dann an Ihre Gegebenheiten anpassen. Unser Ziel ist, zu einer selbstkritischen Reflexion und Reorganisation zu führen, sodass Sie Ihre hohe Selbstverantwortung möglichst gut und erfolgreich wahrnehmen.

Alle in der Wissenschaft Tätigen können von diesem Buch profitieren: die erfahrene Professorin, welche soeben Dekanin wurde, ebenso wie der neu angestellte Assistent mit einem befristeten Teilzeitvertrag. Wer mit einer Qualifikationsarbeit ringt, verfügt noch über wenige Erfahrungen und wird von den Erläuterungen etwa zum Projektmanagement profitieren. Da für Magister-, Master- oder Diplomarbeiten Ähnliches gilt, dürfen Sie sich in diesem Fall auch angesprochen fühlen, wenn von „Dissertation" die Rede ist.

Jüngere Wissenschaftler und Wissenschaftlerinnen haben indessen den Vorteil, dass ihre Selbstorganisation noch wenig von dem in ihrer Organisation üblichen Stil geprägt ist. Denn jede Organisationskultur steckt an und übt einen Anpassungsdruck aus. Wenn Sie die relative Freiheit der Einstiegsphase nutzen, um Ihren eigenen Arbeitsstil zu entwickeln, der zu Ihren Zielen, Werten, Ihrer Persönlichkeit und Lebenssituation passt, legen Sie eine sehr gute Grundlage für Ihre gesamte wissenschaftliche Karriere. Vor allem in den empirischen Wissenschaften und in der Medizin herrschen besondere Situationen, die Sie dazu herausfordern, die angebotenen Instrumente zu adaptieren.

Es geht in diesem Buch um reflektierte und praktische Lösungen, nicht um Jammern und Klagen über suboptimale Situationen. Zu fast jedem Thema könnte man eine hochschulpolitische Diskussion führen. Das sollte man auch – aber anderswo. Dieses Buch hilft dem Individuum, unter den derzeit gegebenen Bedingungen besser zurechtzukommen und Erfolg zu haben.

Dahinter stehen reiche Erfahrungen aus vielen Trainings, Workshops und Einzelcoachings an Universitäten vor allem in Österreich sowie Erkenntnisse aus der Fachliteratur. Sie können zudem weitere Hilfe durch die Angebote der Personalentwicklungen erfahren, die an den meisten Universitäten Trainings, Coaching und Mentoring-Programme anbieten.

Zur Orientierung im Buch

Die Hauptkapitel sind so konzipiert, dass sie auch einzeln gelesen werden können. Insoweit Informationen aus anderen Abschnitten zum Verständnis oder zur Weiterarbeit wichtig sind, wird jeweils darauf verwiesen. Wer primär an Methoden interessiert ist, kann mit Kapitel IV beginnen. Wer Unterstützung bei der Bewältigung eines wissenschaftlichen Aufgabenfeldes sucht, kann bei dem entsprechenden Fokus aus Kapitel VI einsteigen.

Die ersten beiden Kapitel behandeln die spezifischen Herausforderungen, vor denen wissenschaftlich Arbeitende stehen: zunächst die typischen äußeren Rahmenbedingungen in den akademischen Institutionen (Kapitel I), dann die individuellen Einflussfaktoren, die Sie reflektieren sollten, damit Sie Kriterien haben, um für sich Methoden auszuwählen, zu adaptieren und zu personalisieren: Das Nachdenken über persönliche Werte und Rollen (Kapitel II.1) sowie über individuelle Verhaltenspräferenzen, deren Stärken und Schwächen (Kapitel II.2) wird entscheidende innere Determinanten zeigen. Hinzu kommen in Kapitel II.3 die zu berücksichtigenden Lebensumstände: gegenwärtige und für die Zukunft erhoffte Möglichkeiten der Karriere, des Einkommens, privater Pläne und Wünsche. Eine Rollenanalyse und längerfristige Planung aller Lebensbereiche erlauben, die berufliche Zeitgestaltung in den Horizont des ganzen Lebens zu integrieren.

Zur Selbstorganisation gehört weiters ein sorgsamer und effektiver Umgang mit den eigenen Energien. Kapitel III hilft, vom Distress zum Eustress und zum Flow zu gelangen.

Das große Kapitel IV breitet den Inhalt des „Werkzeugkoffers“ für Zeitmanagement aus, seine Unterkapitel bauen aufeinander auf. Wir empfehlen, diese in der gegebenen Reihenfolge durchzuarbeiten und ergänzend Kapitel V für eine bessere Selbstorganisation in Bezug auf Informationsmanagement, Arbeitsort und Ordnung am Arbeitsplatz zu lesen.

Kapitel VI wendet die Instrumente auf die wichtigsten wissenschaftlichen Aufgabenfelder an und ergänzt sie mit spezifischen Methoden, zusätzlichen Ideen und Hinweisen. Für ein tieferes Verständnis empfiehlt es sich, die Kapitel I und II hinzuzunehmen.

Weil Frauen in der Wissenschaft mit besonderen Schwierigkeiten konfrontiert sind, werden diese in einem eigenen Kapitel (VII) thematisiert.

In den Literaturhinweisen finden Sie nicht nur weitere Hilfen, sondern auch die genauen bibliografischen Angaben zu den Zitaten und Verweisen, welche in Fußnoten nur mit Kurztiteln angeführt werden. Nur einmal erwähnte Texte werden allerdings bereits in der jeweiligen Anmerkung vollständig angeführt.

Am Anfang der Kapitel oder Unterkapitel finden Sie kursiv gesetzt einen Vorblick, worum es im Folgenden geht.

In solchen Kästen finden Sie viele praktische Tipps und Hinweise.

- In blauer Schrift gesetzte Fragen helfen Ihnen beim Auswählen der Methoden, welche für Ihre Situation geeignet sind. Wenn Sie die Fragen durcharbeiten, individualisieren Sie dadurch die Instrumente und passen sie an. Wir empfehlen nachdrücklich, dass Sie beim Lesen immer wieder innehalten und Ihre eigenen Erkenntnisse, Fragen und Schlussfolgerungen aufschreiben. Dafür sind auch am Ende des Buches ein paar leere Seiten vorgesehen.

Wir sind der Überzeugung, dass wissenschaftliche Arbeit ein schöner, spannender und erfüllender Beruf ist. Für seine spezifischen Herausforderungen hoffen wir mit diesem Ratgeber und Arbeitsbuch auch Ihnen persönlich eine Hilfe zu geben. Viel Erfolg!

I. Spezifische Herausforderungen in der Wissenschaft – Institutionelle Faktoren

Worum es geht:

Jeder Beruf bringt typische Herausforderungen mit sich. Sie müssen berücksichtigt werden, um die allgemeinen Methoden des Zeitmanagements dann anzupassen. Zugleich bietet die Arbeit in der Wissenschaft oft größere Freiheiten und Chancen, die teilweise den realen Zwängen gegenüber stehen, teilweise selbst neue Herausforderungen zur Folge haben. Mithilfe dieses Kapitels können Sie sich größere Klarheit darüber verschaffen, welche äußeren Faktoren Ihre Arbeit positiv und negativ, fördernd und fordernd bedingen. Schließlich werden erste Konsequenzen für das Zeitmanagement daraus gezogen, wie Wissenschaft normalerweise unter den typischen institutionellen Rahmenbedingungen funktioniert.

„Zerren dich die von außen kommenden Ereignisse hin und her? Nimm dir doch einmal Zeit, etwas wirklich Gutes hinzuzulernen und hör auf, im Kreis umherzuirren! Du mußt dich aber auch vor dem anderen Irrweg hüten: Toren sind nämlich auch die, die durch ihr Tun müde geworden sind zum Leben und kein Ziel haben."

Marc Aurel: Selbstbetrachtungen II, 7

Freiheiten

Wissenschaftliche Arbeit erlaubt zumeist überdurchschnittlich große Freiheiten und mehr persönliche Gestaltungsspielräume – sowohl inhaltlich als auch von der Zeiteinteilung her. Das gilt für die Forschung und teilweise noch immer für die Lehre.

Für manche war die Freiheit ein Motiv, um in die Wissenschaft zu gehen, und für manche ist sie ein Motiv, zu bleiben, obwohl sich ein Wechsel in ein Unternehmen oder in eine andere Karriere im öffentlichen Dienst (wie z.B. in einem Ministerium) anbieten würde.

Viele sind seit ihrer Studienzeit daran gewöhnt, ihren Tagesablauf weitgehend selbst zu bestimmen, viel daheim arbeiten zu können, auch unter der Woche Besorgungen, Arztbesuche oder anderes zu erledigen und dafür am Abend oder am Wochenende zu arbeiten sowie in den vorlesungsfreien Monaten wenige Termine zu haben. Sie würden sich wohl häufig schwer tun mit einer Kernarbeitszeit von 9 bis 17 Uhr, mit Präsenzpflicht im Büro, den täglichen Arbeitswegen zu Stoßzeiten und dem Zählen eines jeden freien Tages.[1] Da diese Freiheit in zeitlicher Hinsicht bedeutet, dass Tage, Wochen und Monate kaum von außen strukturiert sind, dass wenig Kontrolle und Rückmeldungen über effektive Zeitnutzung erfolgen, erweist sie sich besonders für junge Wissenschaftler und Wissenschaftlerinnen oft als eine Falle. Wir kommen gleich auf die sehr hohen Ansprüche an die Selbstorganisation und Selbstverantwortung zu sprechen.

Im Bereich der Forschung ist teilweise noch eine große Freiheit bei der Themenwahl gegeben. In manchen Geisteswissenschaften oder der Kunst etwa geben die Betreuenden einer Dissertation o.Ä. auch wenig Hilfestellung beim Finden und Formulieren eines machbaren Forschungsthemas. Trotz der Bemühungen mancher Universitäten, das Doktoratsstudium besser zu strukturieren, wird bereits in dieser Phase oft viel Zeit verloren. In naturwissenschaftlichen, wirtschaftlichen, technischen und medizinischen Fächern hingegen werden häufig mögliche und gewünschte Themen für Bachelor-, Master- oder Diplomarbeiten sowie Dissertationen vorgegeben, besonders dann, wenn damit eine Finanzierung etwa durch Drittmittel verbunden ist. Professoren und Lehrstuhlinhaberinnen genießen dann wieder größere Freiheiten und bestimmen ihrerseits den Freiheitsspielraum für den wissenschaftlichen Nachwuchs mit.

Größere Forschungsprojekte, wozu selbstverständlich auch schon Dissertationen zählen, haben außerdem meist wenig an zeitlicher Binnenstruktur vorgegeben. Wo nicht in gut organisierten Teams gearbeitet wird, sondern überwiegend alleine, wo nicht begrenzte und fixe Zeiten im Labor vorgegeben sind, muss man sich den langen Zeitraum von mehreren Semestern oder Jahren selbst sinnvoll gliedern, sein Projekt in entsprechende Teilschritte zerlegen und sich Teilziele mit Zieldaten festlegen sowie seine Wochenarbeitszeit einteilen. Termine für regelmäßige Rückmeldungen an Betreuende oder Kollegen kann man sich oft selbst vereinbaren und entsprechend auch leicht verschieben, da diese selten verärgert sind über das Ausfallen einer Besprechung.

Im Bereich der Hochschullehre waltete früher eine große Freiheit schon bei den Inhalten von Vorlesungen und Seminaren, welche der Ordinarius (oder seltener die Ordinaria) souverän „ankündigte“. Das hat sich sehr geändert; besonders durch die Modularisierung und Vereinheitlichung von Studiengängen im Rahmen des Bologna-Prozesses sind die notwendigen Lehrinhalte in allen Semestern weitgehend vorgegeben. Selbst wenn durch die Ausweitung der Pflicht-Lehrveranstaltungen kein Spielraum mehr für Spezialvorlesungen, neue oder alternative Seminare oder Übungen ge-

[1] Die Festlegung von (Kern-)Arbeitszeiten ist natürlich von Institut zu Institut verschieden.

geben ist, kann man oft innerhalb des Instituts mit anderen Lehrenden tauschen oder aber schon gehaltene Lehrveranstaltungen wiederholen – möglicherweise mit anderen Schwerpunktsetzungen.

Aber immer noch bleibt eine große Gestaltungsfreiheit in Bezug auf die Methoden und Didaktik: Wie wird der Stoff gegliedert und auf das Semester verteilt, an welchen Punkten wird in die Tiefe gegangen, und wo begnügt man sich mit einem Überblick, welche Beispiele, welche Literatur oder andere Lehrmittel werden ausgewählt, inwieweit werden Methoden des E-Learning, der Partner- oder Gruppenarbeit einbezogen, welchen Raum sollen Diskussionen einnehmen usw.

Diese ein hohes Maß an Selbstdisziplin erfordernden Freiheiten können inspirieren und motivieren, aber auch verunsichern. Teilweise werden sie von anderen Einflussfaktoren beeinträchtigt.

- Wie frei bin ich derzeit in Bezug auf Forschung, Lehre und meine Zeiteinteilung?
- In welchen Bereichen fühle ich mich eher unfrei?
- Wie wichtig sind mir meine Freiheiten, welchen Preis sind sie mir wert?

Herausforderungen

Spezifische Herausforderungen an wissenschaftlich Tätige folgen direkt aus den skizzierten Freiheiten. Eine erste Konsequenz ist, dass der Ertrag von Investitionen an Zeit und Energie im Einzelnen schwer abschätzbar ist und sich Fragen dieser Art stellen:

- Welchen Unterschied wird es für den Lernerfolg der Studierenden machen, wenn ich diese Lehrveranstaltung gründlich überarbeite?
- Wie wichtig ist es, einen Aufsatz zu einem für mich neuen Themengebiet zu veröffentlichen und somit breitere Kompetenz zu zeigen? Hat es einen Sinn, einen weiteren Beitrag zu verfassen zu einem Thema, über das ich bereits publizierte?
- Lohnt es sich, mich in ein Nebenthema meiner Dissertation einzuarbeiten, oder lenkt es mich eher vom Wesentlichen ab?
- Kann ich z.B. als Vertreterin des Mittelbaus an meiner Fakultät etwas bewirken, was in sinnvoller Proportion zum Zeitaufwand steht?

Der Erfolg von einzelnen Tätigkeiten sowohl in der Forschung als auch in der Lehre zeigt sich oft erst spät, vielleicht nach Jahren – während allgemein bekannt ist, dass die Zeitinvestition der wesentliche Erfolgsfaktor auch in der Wissenschaft ist. Daraus folgt, wie wichtig es ist, Kriterien für Prioritätsentscheidungen zu haben und sich nicht durch das lange Warten auf Zeichen des Erfolgs demotivieren zu lassen. Je weniger positive Rückmeldungen von außen kommen, je weniger wissenschaftliche Arbeit extern motiviert wird (wie durch überdurchschnittliche Gehälter), umso wichtiger wird es, einerseits seine intrinsische Motivation zu pflegen und andererseits dafür zu sorgen, dass regelmäßig Anreize von außen kommen.

- Was bedeutet für mich „Erfolg" in Forschung, Lehre und administrativer Mitarbeit?
- Woran kann ich ihn jeweils messen?
- Wann bekomme ich auch „unterwegs" Rückmeldungen, dass ich auf einem guten Weg bin und Fortschritte mache?
- Wo kann ich mir zusätzlich solche ermutigenden Stationen einbauen?

Definieren Sie bei großen Projekten und Aufgaben Teilziele, die Sie zu vorbestimmten Terminen überprüfen, um auch Teilerfolge bewusstzumachen und zu feiern (siehe genauer Kapitel IV, besonders unter „Ziele" und „Evaluation")!

Ein Hindernis ist oft, dass die Erwartungen und Qualitätsanforderungen anderer nicht recht klar sind, sodass Sie nicht wissen, wann Ihre Forschung oder Ihre Lehre als erfolgreich gelten kann. Viele, die an einer „master thesis" oder Diplomarbeit schreiben, und so manche Dissertanten sind sich im Grunde unsicher, was die Kriterien für einen guten Text in ihrem Fall sind. Wo es keine Doktorandengruppe o.ä. gibt, sind kollegiale Rückmeldungen rar, oder man traut sich nicht, immer wieder darum zu bitten.

Was eine gute Vorlesung oder ein erfolgreiches Seminar ausmacht, ist etwas klarer, und neuerdings wird den regelmäßigen Lehrevaluationen größeres Gewicht beigemessen. Das gibt eine Richtschnur. Dennoch bleibt die Frage, was jenseits von Idealvorstellungen Studierender oder jenseits Ihres eigenen Idealbildes als Hochschullehrer bzw. Dozentin die realistischen Zielmarken sind, die zum nötigen und möglichen Zeitaufwand für die Vorbereitung und Durchführung in solch einer vernünftigen Proportion stehen, dass Sie für Ihre anderen Aufgaben auch genügend Zeit und Energie haben.

Diese Fragen müssen Sie selbst beantworten – auch und gerade in dem Fall, dass Sie zu viele oder gar widersprüchliche Erwartungen vermittelt bekommen. Soweit Sie sich durch mangelnde Rückmeldungen und Einschätzungen Ihrer Arbeit durch andere alleinegelassen fühlen, sollten Sie gezielt darum bitten und nicht voller Selbstzweifel im Dunkeln tappen.

Ein gewisses Maß an „trial and error" scheint zur akademischen Freiheit zu gehören, und Neues auszuprobieren hat einen Wert: subjektiv, insoweit es Freude macht, und objektiv, da so Innovationen entstehen. Sehen Sie aber auch die Grenzen: Routineaufgaben können nach bewährten Mustern und Kriterien erledigt werden. Strapazieren Sie nicht Ihre Kreativität und Zeit in Bereichen, wo andere mit ihrer Erfahrung helfen können.

Viele wissenschaftlich Tätige sehen in ihrem Beruf auch eine Berufung, insofern ihre Arbeit dem entspricht, was sie an Interessen und Begabungen mitbringen und was sie im Leben verwirklichen wollen. Dazu passt die relativ große Selbstbestimmung, deshalb wird auch gerne akzeptiert, dass daheim, an Abenden und Wochenenden gearbeitet werden muss. Die Falle besteht aber darin, dass Beruf und Privatleben zu sehr ineinander übergreifen, dass kein lebensförderlicher Zeitrhythmus mehr aufrechterhalten wird und dass im „home office" keine Trennung von beidem mehr spürbar ist (nur mehr „office", kein „home" mehr). Wissenschaftlerinnen mit Kindern stehen hier unter besonderem Druck, aber auch Paare, wo beide an einer Hochschule tätig sind. Darunter leiden Lebensbeziehungen und Kinder sowie Freundschaften, Gesundheit und Rekreation.

- Wie setze ich die Grenzen zwischen Arbeit und Privatem?
- Spüre ich einen Unterschied zwischen meinen verschiedenen Rollen?
- Welche Rhythmen – vor allem täglich und wöchentlich – pflege ich?

Bisher haben wir über Herausforderungen nachgedacht, die sich aus akademischen Freiheiten ergeben. Es gibt aber auch spezifische, mit diesem Beruf verbundene Schwierigkeiten und Zwänge, die den Freiheiten direkt entgegengesetzt sind:

Theoretisch arbeiten Sie selbstbestimmt und selbstverantwortlich, aber praktisch sind Sie in ein Forschungsteam eingebunden, dessen Leitung Sie sich unterordnen müssen. Oder aber externe Faktoren diktieren Ihre Zeitplanung, wie z.B. Vegetationszyklen in der Biologie.

Sie haben etwa das Verfassen Ihrer Dissertation als eine Hauptaufgabe, wenn Sie eine Qualifizierungsstelle innehaben, aber Ihr Betreuer und Erstgutachter ist gleichzeitig Ihr Vorgesetzter am Institut und beansprucht Ihr Zeitbudget zu stark durch seine Forderungen nach Mit- und Zuarbeit bei vielen anderen Aufgaben (genannt „Assistenten verheizen"). Solche Doppelbindungen können fatal sein, wenn Sie befürchten, durch „Nein"-Sagen in Ungnade zu fallen und schlechter bewertet zu werden. Die Unfreiheit drückt sich auch in der Sprache aus: Man kann streng genommen weder promovieren noch sich selbst promovieren, sondern nur promoviert werden. Überhaupt wird durch Hierarchien, offizielle und inoffizielle, viel an Freiheit in Frage gestellt.

Damit hängt eine Spannung zwischen verschiedenen Rollen zusammen: Gegenüber Studierenden und als Mitglied der internationalen „scientific community" ist es nötig, selbständig, sicher und selbstbewusst aufzutreten – aber strukturell und rechtlich wird man häufig als abhängig und unselbständig behandelt, muss sich mitunter ständig beweisen.[2] Auch wer diese Phase hinter sich hat, braucht zusätzliche Kompetenzen und rechtliches Wissen vor allem für Verhandlungen. Das zu erwerben kostet Zeit, und die Notwendigkeit dieses Kampfes kann belasten.

Jüngere Wissenschaftler und Wissenschaftlerinnen in der Qualifizierungsphase haben oft schon darum weniger Freiheit, weil sie zum Broterwerb anderen Tätigkeiten nachgehen müssen. Vor allem Mediziner haben innerhalb ihres Aufgabenfeldes mehrere „Jobs" in Forschung und Lehre, Klinik und Mitarbeit oder Vertretung in einer Praxis.

In einem sehr kompetitiven Umfeld, wo die eigenen Projekte und Ergebnisse ständigen Evaluationen und Gutachten unterzogen werden müssen, kann die Karriere als eine Einbahnstraße mit lauter Stoppschildern empfunden werden. Wenden kann man nicht mehr, aber an jeder Kreuzung besteht die Gefahr, einen befristeten Vertrag nicht verlängert zu bekommen und letztendlich die Laufbahn verlassen zu müssen. Die vielen Zeitverträge ohne Aussicht auf Verbeamtung oder Pragmatisierung (was in Österreich generell abgeschafft wurde) haben zu einem wissenschaftlichen „Prekariat" geführt.[3] Die Freiheit besteht dann darin, vielleicht nach wenigen Jahren

---

[2] Die gegenwärtige Struktur in Hochschulen wird teilweise als „präsidialer Feudalismus", teilweise als Übergang zum „individuumszentrierten Verhandlungsdschungel" charakterisiert: Christian Scholz und Volker Stein: Überlebenskritische Fragen zur Struktur von Universitäten; in: Forschung und Lehre (Januar 2011), 26–28.

[3] 2008 bestand über ein Viertel des wissenschaftlichen Personals an den österreichischen Universitäten aus Lehrbeauftragten. Drei Viertel der gut 106.000 wissenschaftlichen Mitarbeiter an deutschen Hochschulen waren befristet beschäftigt, zu mehr als 40 Prozent mit einer Teilzeitstelle (Forschung und Lehre, Okt. 2008,

Laufzeit ganz „freigesetzt“ zu werden. Diejenigen, die es schießlich auf eine Professur schaffen, erreichen das im Durchschnitt mit 41,1 Jahren – die Etablierungsphase ist also extrem lang. Wo sich Unsicherheit über die berufliche Zukunft breitmacht, kommt der Motivationsmotor schnell ins Stottern.

Schließlich steht der grundsätzlichen Selbstbestimmung, was wann geschrieben und publiziert wird, ein weicher, aber ständiger Zeitdruck entgegen: das Motto „publish or perish“, dem sich de facto niemand entziehen kann. Termine für die Abgabe von schriftlichen Ausarbeitungen von Vorträgen oder von Beiträgen zu Sammelbänden und Zeitschriften sowie von Rezensionen liegen oft mehr als ein Jahr in der Zukunft. Das verführt dazu, leichtfertig und ohne genaue Planung Zusagen zu machen, die dann, wenn der Termin naht, Stress verursachen.

Listen Sie auf, welche institutionellen und äußeren Faktoren Ihre Freiheit einschränken, etwa Fremdbestimmung durch Teamarbeit, Doppelbindungen, Gleichzeitigkeit mehrerer Jobs, Druck durch ständige Evaluationen, Zeitverträge, gefühlter Publikationszwang, ...

Konsequenzen

Die akademischen Freiheiten, ihre inneren Problematiken sowie die skizzierten typischen Zwänge haben alle zur Folge, dass Ihre Selbstverantwortung enorm gefordert ist – vielleicht mehr als in jedem anderen Beruf. Sie können und müssen Projekte auswählen, entwickeln und strukturieren, Qualitätsmaßstäbe definieren, Prioritäten setzen und all das mit sehr viel Ausdauer und Disziplin sowie oft mit wenig Unterstützung umsetzen. Der Planungshorizont umfasst mehrere Jahre, während derer Sie Ihre intrinsische Antriebskraft nicht verlieren dürfen.

In der Motivation werden drei Ebenen unterschieden: Die Notwendigkeit, zu überleben und die dazu nötigen Mittel zu beschaffen, bildet die basale Ebene. Wo diese Grundlage brüchig ist, kann Verzweiflung aufkommen.

Die zweite Ebene, nämlich äußere Motivation durch Bestrafungen und Belohnungen, oder in milderer Form durch Kritik und Lob oder Anerkennung, ist alleine und auf Dauer auch nicht ausreichend für das Durchstehen der langen Qualifizierungsphase. Schließlich ist man hierbei von anderen abhängig, von ihrem Wohlwollen, ihrer Akzeptanz und Fairness.

672–674). Die vielen Lehrbeauftragten und Privatdozenten, also Habilitierte mit Lehrpflichten, erbringen indessen einen großen Teil der Gesamtlehre.

Die höchste Stufe ist die Selbstmotivation durch das Erfahren von Kompetenz, Können und Wissen, von Autonomie und von Sinn im eigenen Tun.[4] Bei diesen drei Faktoren schneidet wissenschaftliche Tätigkeit an sich recht gut ab: Sie basiert ja auf Wissen und dessen Anwendung; zudem erlaubt sie trotz aller institutionellen und weichen Zwänge ein überdurchschnittliches Maß an Selbstbestimmung. Allerdings garantiert der Motivationsfaktor Autonomie noch nicht, dass ein angemessener, stabiler und entwicklungsfähiger Platz im System erreicht wird. Was den dritten, intrinsischen Faktor angeht, wird Wissenschaft jenseits von Master, Diplom oder Magister ohnehin von den Menschen als Beruf erwählt, die darin einen Sinn erkennen, der über unmittelbare Nützlichkeit hinausgeht – sei es klassisch gesprochen das Finden von Wahrheit, das Aufzeigen von Schönheit oder das Befördern von Gutem.

- **Was hat mich ursprünglich motiviert, eine wissenschaftliche Tätigkeit zu wählen?**
- **Was motiviert mich heute, dabei zu bleiben?**
- **Was kann ich tun, um meine intrinsische Motivation zu stärken?**

Sicherlich sind Ihnen beim Nachdenken darüber, welche Faktoren Ihre persönliche Situation mit konditionieren, Ideen oder Forderungen zur Verbesserung der äußeren Bedingungen in den Sinn gekommen. Diese sind wichtig, und Sie sollten mit anderen zusammen dafür kämpfen. Allerdings werden Sie das nur dann tun können, wenn Sie Ihre eigenen wissenschaftlichen Projekte und Aufgaben mit gutem Zeitmanagement bewältigen. Da es in deutschsprachigen Universitäten nur wenige akademische Administratoren gibt, die grundsätzlich keine Forschungs- und Lehrpflichten hätten, hängt die Möglichkeit, das System zu verbessern, davon ab, durch eigene Forschung und Lehre im System zu bleiben und sich auch fachlich Reputation zu erwerben.

Nur wenn Sie selbst unter den gegebenen Bedingungen einigermaßen erfolgreich sind, ohne dabei zu zynisch zu werden, also in einer psychisch gesunden und lebenswerten Weise fortkommen, können Sie längerfristig an deren Verbesserung mitarbeiten.

Darum setzt unser Buch bei Ihnen als Individuum an, um zunächst Ihre Selbstorganisation in der Wissenschaft zu optimieren. Dabei nehmen wir

---

[4] Im Englischen „mastery", „autonomy" und „meaning"; vgl. Daniel H. Pink: Drive, the surprising truth about what motivates us. Dahinter stehen ältere Konzepte beispielsweise von Alfred Adler und Viktor Frankl.

Ihr ganzes Leben in den Blick, um nachhaltig lebbare Methoden, Gewohnheiten und Rhythmen zu entwickeln, die zu Ihrer persönlichen Situation passen. Sich auf Kosten anderer wichtiger Lebensbereiche und -ziele im Beruf zu Höchstleistungen zu motivieren, funktioniert nur punktuell und selten auf Dauer – in der Wissenschaft noch weniger als in der Industrie, wo monetäre und andere Anreize stärker und häufiger wirksam sind.

Das hat Konsequenzen im Großen, im Kleinen und speziell im Bereich der Forschung.

1. Im Blick auf Ihr ganzes Leben auch in seiner zeitlichen Erstreckung sind Sie selbst verantwortlich für Ihre Karriere- und Lebensplanung. Es ist bekanntlich längst nicht mehr so, dass spätestens nach einer guten Promotion eine Assistentenstelle zu erwarten ist, auf der man bis zu Habilitation und/oder Verbeamtung bleiben kann, während der Ordinarius die moralische Verpflichtung spürt, seine „Schüler" irgendwo „unterzubringen". Es ist natürlich auch nicht mehr so wie für Immanuel Kant Ende des 18. Jahrhunderts, dass zehn Jahre ohne Publikationen akzeptabel erschienen, während derer ein „Opus magnum" wie die „Kritik der reinen Vernunft" erarbeitet werden konnte. Sie müssen wissen, bis wann Sie welche Karriereschritte gehen und was Sie tun wollen, wenn sich die Laufbahn an einem bestimmten Punkt als eine Sackgasse erweist. Das heißt, Sie sollten sich frühzeitig über berufliche Alternativen und deren Vorbereitung Gedanken machen. Sie müssen sich bewusst sein, welchen Preis Sie für die prekäre Freiheit eines Lebens für die Wissenschaft zu bezahlen bereit sind. (Siehe zu diesen großen Fragen besonders das Kapitel II.3.)

Vor allem in der Promotionsphase verfolgen viele knapp Dreißigjährige die Strategie, erst einmal ihr Doktorat zu erwerben, und dann weiterzusehen, ob sich irgendwelche Türen öffnen. Das hat einen hohen Preis: Das Risiko, sich im vierten Lebensjahrzehnt oder zur Lebensmitte ganz neu orientieren zu müssen, während man auf dem Arbeitsmarkt schon als überqualifiziert, zu spezialisiert oder schlicht als zu alt gilt.

Solange Sie nicht hinreichend sicher sind, dass Ihre wissenschaftliche Karriere klappen wird: Entwickeln Sie mindestens einen alternativen Lebensentwurf, am besten auch im Gespräch mit einer Vertrauensperson oder einem Coach. Das ermöglicht Ihnen, frühzeitig Vorsorge zu treffen durch zusätzliche andere Qualifikationen und Netzwerke, und verhindert, dass Sie später das Gefühl bekommen, Ihr Leben in eine Sackgasse gefahren zu haben.

2. Diese Lebens- und Karriereplanung gehört nicht nur zum Zeitmanagement im großen Horizont, sondern hat über die Motivation Einfluss auf die Zeitgestaltung und -nutzung auch im Kleinen und Alltäglichen.

In den Planungshorizonten von Monat, Woche und Tag dürfen Sie Ihre langfristigen Ziele und Alternativszenarien nicht aus dem Blick verlieren. Wer sich vom jeweils Andrängenden treiben läßt, agiert nicht mehr selbstbestimmt. Denken und planen Sie von oben nach unten: vom Wichtigen zum Dringlichen, von den Werten zu den Terminen, von den großen Projekten zu den kleinen Aufgaben. Schaffen Sie in Ihrem Zeitmanagement Raum und regelmäßige Zeitblöcke für das Reflektieren und Planen selbst sowie zuerst für die größeren und langfristigen Ziele. Ein gegebener Raum für Selbstbestimmung wird nur dadurch erweitert, dass er auch genutzt wird.

Soweit Sie selbst über Ihre Zeit verfügen können, passen Sie die Zeiteinteilung auch an Ihre individuellen Ziele und Werte, an Ihren persönlichen Verhaltensstil und an Ihre Lebenssituation an (siehe Kapitel II). Selbstverständlich ist dabei die spezifische Wissenschaftskultur in Ihrem Fach und an Ihrem Institut ebenfalls zu berücksichtigen.

- Wie hohe Umsetzungschancen traue ich meiner eigenen Planung und Selbstbestimmung zu? Bin ich vielleicht bereits in einer Opfer-Mentalität gefangen und lasse mich vom „Wissenschaftsbetrieb“ treiben?
- Kann ich die Frage beantworten, was ich tun würde, wenn der nächste Karriereschritt misslingen sollte? Und was tue ich heute schon für diese Eventualität?
- Setze ich meine großen Ziele auch in den kleineren Planungshorizonten um?

3. Die Planung von Forschungsarbeiten erfordert, Grundregeln des Projektmanagements zu kennen und anzuwenden. Vor allem bei Teamwork, aber auch in der Alleinverantwortung für ein Forschungsprojekt gilt es, von der Sache her, also objektiv sich ergebende Phasen in ihrer logischen Abfolge zu identifizieren und zu planen. Wo kein Forschungsexposé und Zeitplan vorzulegen waren, um etwa eine Förderung zu erhalten, sollten Sie sich das dennoch in Tabellenform erarbeiten (siehe Kapitel VI.1). Wenn Sie die einzelnen Phasen und Teilziele mit Zieldaten versehen und das in die chronologische Planung in Kalenderform integrieren, berücksichtigen Sie auch die Erfordernisse Ihrer subjektiven Lebenslage und „private“ Lebensziele wie außerwissenschaftliche Qualifikationen, Partnerschaft und Familie, andere Interessen und Tätigkeiten, welche für Sie Sinn stiften, Rekreation und Motivation bereitstellen. Wie das geht, erfahren Sie in diesem Buch vor allem ab Kapitel II.3.

II. Spezifische Herausforderungen – Individuelle Bedingungen

Worum es geht:

> **„Wir haben nicht zu wenig Zeit, aber wir verschwenden zu viel davon. Auch zur Vollbringung der größten Dinge ist das Leben lang genug, wenn es nur gut angewendet wird."**
>
> **Seneca: Von der Kürze des Lebens 1**

Die spezifischen Herausforderungen in der Wissenschaft ergeben sich nicht nur aus institutionellen Rahmenbedingungen, sondern vor allem aus individuellen Faktoren. Auch diese müssen in Rechnung gestellt werden, damit einzelne Methoden der Selbstorganisation nachhaltige Verbesserungen bewirken können. Dazu gehören ein Bewusstsein der eigenen Werte und Klarheit über dadurch bestimmte Rollenbilder, Selbsterkenntnis in Bezug auf individuelle Verhaltenspräferenzen und die Berücksichtigung des ganzen Lebenshorizonts, innerhalb dessen alle großen Lebensziele zu integrieren sind.

1 Orientierung durch Wertbewusstsein und Rollenklarheit

Worum es geht:

Werte steuern Lebensweisen und Entscheidungen und geben Orientierung für das Denken und Handeln des Menschen. Sie prägen die Identität und werden in Zielen operationalisiert. Persönliche Werte entstehen schon sehr früh durch das soziale Umfeld, meist Elternhaus und Schule, und entwickeln sich später weiter aus einer fortlaufenden Wahl und Gewichtung, geformt durch eigene Erfahrungen und Lebensumstände. Wie Sie die Welt und die Menschen sehen, Ihre Zeit gestalten, welchen Arbeitsplatz in welcher Organisation Sie wählen, wie Sie Entscheidungen treffen, wie Sie Ihren Neigungen nachgehen, Ihren Beruf ausüben, die Art und Weise, wie Sie mit Kollegen und Kolleginnen umgehen, sich in ein Team einfügen oder es führen, hängt sehr von den eigenen Werten ab.

Sie brauchen eine Vorstellung davon, was Ihnen wirklich wichtig ist, um mit sich, den getroffenen Entscheidungen und Ihrem Lebensstil im Reinen zu sein. Wenn es Ihnen gelingt, Ihre Werte in der Arbeit zu leben, wird sie Ihnen Freude, Befriedigung und Erfolg bringen. Das Gleiche gilt für Ihr Privatleben.

Unsere Gesellschaft wandelt sich rasch, und entsprechend ist viel von einem generellen Wertewandel zu hören, mit der allgemeinen Tendenz von Pflichtwerten hin zu Selbstentfaltungswerten und von materiellen zu postmateriellen Werten. Umso wichtiger ist es, einen persönlichen Wertekatalog zu erstellen. Klaffen die eigenen Werte und die der Organisation auseinander, so führt dies zu einer inneren Anspannung, die ein zielgerichtetes Arbeiten nur mehr schwer zulässt. Darum implementieren Unternehmen Instrumente des „Wertemanagements".

Mithilfe dieses Kapitels können Sie sich bewusster werden, welche Werte für Sie unverzichtbar sind, und welche anderen, vielleicht auch abhängig von der jeweiligen Lebensrolle oder bestehenden äußeren (wirtschaftlichen) Zwängen, nicht immer oder weniger intensiv gelebt werden können. So werden Sie flexibler und zugleich stärker in Ihrem Agieren.

Motive – Zufall oder Selbstverwirklichung?

Werte motivieren Menschen. Welche Motive sind es, die wissenschaftlich Tätige leiten, Phasen der Frustration aushalten und durchstehen lassen und oft sogar in die Selbstausbeutung treiben? Welche Werte bringen Sie z.B. dazu, mehr Zeit als unbedingt notwendig in Projekt X zu investieren, sich für Kollegin Y einzusetzen, eine Funktion in einem nicht prestigeträchtigen Gremium zu übernehmen oder die Ziele anderer vor die eigenen zu stellen?

An intrinsischer Motivation mangelt es Menschen, die sich für eine wissenschaftliche Laufbahn entscheiden, nicht. Wissenschaft ist kein Beruf, sondern Berufung: „Es ist mein Beruf, es ist mein Leben, es ist meine Liebe."[5] Wissenschaft ist, so will es nicht nur der Mythos, sondern zeigt auch immer wieder die Realität, kein „nine to five"-Job. Arbeit und Freizeit fließen ineinander über. Die eigentliche Forschungstätigkeit findet sehr oft erst in den Abendstunden oder am Wochenende statt. So klagen Teilnehmende unserer Seminare immer wieder, dass es ein Spezifikum im deutschsprachigen Raum sei, dass Forschung zur Privatsache deklariert wird und gleichzeitig den Kern der universitären Tätigkeit darstellt.

Wer weiterkommen will, muss publizieren. In der Praxis beherrschen aber oft administrative Tätigkeiten oder zeitaufwendige Funktionen in Studien- oder Austauschprogrammen den wissenschaftlichen Alltag. Je tiefer in der Hierarchie man angesiedelt ist, umso geringer ist die Chance, sich hier auszuklinken. Wissenschaftliches Tätigsein erfordert also auf lange Sicht gesehen ein sehr hohes Maß an Selbstmotivation und Frustrationstoleranz.

---

[5] Zitat einer von Lichtenberger-Fenz/Ingrisch interviewten Wissenschaftlerin, in: Beruf, Karriere und Wissenschaft, 90.

Der Eintritt in die Wissenschaft ist häufig durch Zufall bestimmt. Er geschieht z.B. im Rahmen eines Tutoriums oder einer Projektmitarbeit und resultiert später oft in einem „Wursteln" von Projekt zu Projekt. „Einmal auf den Zug universitärer Gelehrsamkeit aufgesprungen, ‚ergibt' sich alles andere von selbst", wie das häufig ausgedrückt wird. „Es hat sich einfach ergeben. Die Laufbahn war da. Ich habe sie nur mehr beschreiten müssen. Das ging wirklich ... relativ von selbst durch diesen Anstoß am Anfang ... und so lief das eben weiter. Mehr oder minder wie auf Schienen, muss ich sagen."[6]

Doch die „Laufbahn auf Schienen" hat sich seit dem österreichischen Universitätsorganisationsgesetz von 2002 und vergleichbaren Reformen in anderen Ländern ziemlich aufgehört. Die Frage der Anstellung wird immer mehr zu einem Lotteriespiel. Das „drittmittelfinanzierte" Leben ist einerseits für die meisten auf Dauer, mit zunehmendem Lebensalter oder wachsenden familiären Verpflichtungen nicht wirklich erstrebenswert. Andererseits hat man jedenfalls nach einer Promotion schon einen guten Teil seines Lebens in die Wissenschaft investiert. Da der Umstieg in die Privatwirtschaft oder Selbständigkeit für über Vierzigjährige oft nur schwer möglich ist, müssen berufliche Motive und Ziele immer wieder reflektiert und Entscheidungen getroffen werden.

- Welchen Stellenwert hat der wissenschaftliche Beruf für mich?
- Inwieweit ist er eine Berufung, inwieweit ein Job?
- Beinhaltet die wissenschaftliche Existenz für mich das Ziel, ein Gebildeter oder eine Intellektuelle zu sein – über die Fachexpertise hinaus?
- Wie viel Zeit bin ich bereit, in meine Berufsrollen zu investieren?
- Wie soll daneben mein Familien- und Privatleben aussehen? Wie will ich es gestalten?
- Wie gut kann ich mit Ungewissheit leben?
- Wie gehe ich mit Frustrationen um?
- Wie gut kann ich mich selbst motivieren?

Klarheit über die motivierenden Werte hilft, eine negative Motivationsdialektik zu vermeiden, von Hoffnung über Verzweiflung zum Trotz.

Dient Wissenschaft der Selbstverwirklichung oder dem Wunsch, einen Beitrag zur Verbesserung der Welt zu leisten, oder der Wissbegierde und dem Forschungsdrang? Trifft eine dieser Wertkonstellationen zu, so un-

---

[6] Ebenda, 25.

sere Erfahrung, lässt sich vieles an Frustration, zeitlichem Mehraufwand und Unbequemlichkeiten in Kauf nehmen. Überwiegt hingegen das Zufallsprinzip oder fehlen berufliche Alternativen, so wird sich der Weg in der Wissenschaft, so wie er sich heute abzeichnet, nur mit sehr viel Selbstdisziplin gehen lassen.

Lehre, Forschung und Administration – Die Kunst, allen Berufsrollen gerecht zu werden

Wie viele Rollen von Ihnen gelebt werden, hängt von Ihrer momentanen beruflichen und privaten Lebenssituation ab. Wie Sie diese ausfüllen möchten, hängt von Ihnen selbst, also Ihren Zielen, Prioritäten, Erwartungen und Werten ab. Vor allem Ihre Werte bestimmen, wie viel Zeit Sie – jenseits des Minimums – in verschiedene Aufgaben investieren.

Per definitionem beschreibt und erklärt die Rollentheorie einerseits die Rollenerwartungen und -festlegungen und andererseits, welche Spiel- und Handlungsfreiräume dem Individuum in einer Rolle offenstehen. Sie beschäftigt sich damit, wie gesellschaftlich vorgegebene Rollen erlernt, verinnerlicht, ausgefüllt und modifiziert werden.

Das eigene Rollenbild zu entwerfen, es immer wieder weiter zu entwickeln und zu pflegen, ist eines der Geheimnisse erfolgreicher Lebensentwürfe. Machen Sie es sich zur Gewohnheit, Ihre Rollen regelmäßig einer Inspektion zu unterwerfen, um herauszufinden, ob Sie sich noch auf dem richtigen Weg befinden und über genügend Ressourcen für die Erledigung aller Aufgaben verfügen. Aber auch Lebensvision und -ziele sollten immer wieder überprüft und gegebenenfalls adaptiert werden.

- Ist in meinem persönlichen Rollenbild die Lehre prioritär oder verstehe ich mich selbst eher als forschungsorientiert?
- Sehe ich meine Rolle primär im Umfeld meiner Universität oder will ich eine internationale Wirkung entfalten?
- Wie sieht meine ideale Balance zwischen berufsrelevanten und privaten Rollen aus?

Wann immer Sie eine neue Position antreten, stellen Sie sich selbstkritisch und ganz unbeschönigt die Frage, welche Aufgaben damit verbunden sind, ob diese in Ihren Lebensentwurf passen und wie Sie sie ausfüllen möchten. Insbesondere wenn Sie Führungsverantwortung übernehmen, sollten Sie sich darüber im Klaren sein, dass Sie damit ein gänzlich neues und anderes Aufgabengebiet übernehmen, oft fern der bisherigen Expertentätigkeit. Hier gilt es vor allem ein Team zusammenzuhalten, Konflikte zu schlichten, Gelder aufzutreiben und sich und die Organisation zu vermarkten.

Ob Sie sich hier eher als ein Handlungssubjekt mit der notwendigen Leichtigkeit und Gestaltungsmöglichkeit sehen oder als eine Person, der das Leben immer wieder Rollen oktroyiert, entscheidet in hohem Ausmaß darüber, wie selbstbestimmt und autonom Sie sich erleben. Wer versucht, allen (vermuteten) Rollenerwartungen der anderen zu entsprechen, kann sehr rasch in einen Teufelskreislauf geraten nach dem Motto „Allen Recht getan ist eine Kunst, die niemand kann". Vorbilder helfen hier auch nicht immer weiter. Zu sehr hat sich das Berufsleben in den letzten Jahren verändert mit seiner Forderung nach steter zeitlicher Flexibilität, örtlicher Mobilität, Geschwindigkeit im Tun und Erreichbarkeit rund um die Uhr. Es bedarf hier einer konsequenten Festlegung und Absteckung des eigenen Weges, um nicht zum Handlanger anderer Interessen zu werden. Denn ob man sich als Gestalter bzw. Gestalterin oder als Opfer seiner Rollen erlebt, bedeutet einen großen Unterschied für die Lebenszufriedenheit. Das Gefühl, das eigene Leben selbst in der Hand zu haben, ist die beste und einfachste Prophylaxe gegen Burnout.

Mögliche Rollen:[7]
- Forschung
- Lehre
- Autor/Autorin bzw. Herausgeber/Herausgeberin
- Organisation von Kongressen und Tagungen
- Vortragende/-r
- Mentoring
- Gutachten
- Gremientätigkeit
- Führungskraft
- Kollege/Kollegin
- „Lokalmatador" oder „global player"?
- Private Rollen: Sohn/Tochter, Freund/in, Vater/Mutter etc.

Die meisten Rollen lassen sich noch in Unterrollen aufteilen, die wiederum die unterschiedlichsten und oft völlig gegensätzlichen Anforderungen an Sie stellen. Extrovertiert und Menschen zugewandt in der Lehre, akribisch

---

[7] Vgl. Monika Klinkhammer: Supervision und Coaching für Wissenschaftlerinnen: theoretische, empirische und handlungsspezifische Aspekte, Wiesbaden 2004, 68.

genau und auch des Alleinseins fähig in der Forschung, rhetorisch brillant und sprachkundig bei Vorträgen, einfühlsam und zielgerichtet zugleich bei Besprechungen und beim Netzwerken, effizient in der Administration... All diese Qualitäten in sich zu vereinen, erinnert an die Forderung nach einem wissenschaftlichen „Wunderwuzzi", der Sie kaum gerecht werden können. Sie müssen also Prioritäten setzen, die Weiterentwicklung mancher Fähigkeiten in langfristigen Plänen auf später verschieben und Kompromisse schließen. Halten Sie sich an Ihre ganz persönlichen Rollendefinitionen[8] und konzentrieren sich auf die Stärken in den einzelnen Rollen, denn nur so können Sie Exzellenz entwickeln.

- Welche und wie viele Lebens- und Berufsrollen kann und möchte ich derzeit wahrnehmen?
- Wie möchte ich die einzelnen Rollen leben?
- Wie werde ich den unterschiedlichen Anforderungen, die die einzelnen Rollen an mich stellen, gerecht? Wo sehe ich meine Stärken, aber auch Schwächen?
- Was, glaube ich, erwarten andere (Organisation, Vorgesetzte, Kollegen/Kolleginnen, Gesellschaft, Familie, Freunde) von mir in diesen Rollen? Werde ich diesen Erwartungen gerecht bzw. möchte ich das überhaupt?
- Wie werde ich mit der Diskrepanz zwischen Erwartungen anderer und meinen eigenen Erwartungen an die unterschiedlichen Rollen umgehen?

Werden Sie sich über Ihre Rollen und Aufgaben klar und wie Sie diese erfüllen möchten, insbesondere wenn Sie sich beruflich (neu) orientieren. Je eher Sie dies tun, umso besser können nicht nur Sie selbst, sondern auch Ihre Umgebung sich darauf einstellen.
Halten Sie sich dabei nicht zu sehr an die Vorstellungen der anderen oder an erlebte Vorbilder, sondern schaffen Sie eine für Sie maßgeschneiderte Lösung.
Nehmen Sie sich regelmäßig Zeit zur Standortbestimmung, priorisieren Sie Ihre Rollen, reflektieren Sie die Ziele, die Sie sich darin stecken.
Haben Sie den Mut, Rollen und Aufgaben aufzugeben. Halten Sie sich dabei an das Prinzip: Wann immer ein Bereich dazukommt, wird etwas anderes abgegeben oder reduziert.
Oft liegt die Herausforderung gar nicht in der Vielzahl an Rollen und der Zeit, die sie kosten, sondern in der Energie, die hier investiert wird. Über-

---

[8] Vgl. die in Kap. II.3 vorgeschlagene Rollenanalyse.

prüfen Sie also regelmäßig, ob es auch die für Sie selbst wirklich wichtigen Rollen sind, für die Sie die meiste Energie aufbringen.
Das Leben ist natürlich häufig ein Kompromiss. Gegen den Strom zu schwimmen, kostet oft unnötig Kraft. Überlegen Sie daher, wo Sie Kompromisse machen können und wollen. Bedenken Sie aber auch, dass ein Leben gegen die eigenen Werte und Vorstellungen auf Dauer zu Unzufriedenheit oder sogar Burnout führen kann.

Wertediskrepanzen

Wann immer Sie berufliche Entscheidungen zu treffen haben, sollten Sie die Werte, die in der betreffenden Organisation gelebt werden, überprüfen und mit Ihren eigenen vergleichen.[9] Überlegen Sie, in welcher Unternehmenskultur Sie sich wohlfühlen und Ihr Bestes bringen können. Entscheidende Faktoren können etwa die Größe einer Organisation, die Anzahl der Subeinheiten, die Frage der Internationalität, herrschende Strukturen, Verwaltungsabläufe, Hierarchien sowie der Umgang miteinander sein.

Sehr oft werden wissenschaftliche Institutionen im Vorfeld glorifiziert. Da die Beschäftigung mit Wissenschaft einer „besseren Sache“ dient, müssen zwangsläufig auch die Akteure „bessere Menschen“ sein, so die Vermutung des wissenschaftlichen Nachwuchses.[10] Umso größer ist natürlich später die Enttäuschung, wenn die beim Bewerbungsgespräch besprochenen, oft sogar in Leitbildern niedergeschriebenen Werte im Alltag nicht gelebt werden. Solche Erfahrungen können sein, dass statt eines Miteinanders Konkurrenzdenken vorherrscht und Entscheidungen nicht auf sachlichen, sondern rein emotionalen oder taktischen Überlegungen beruhen. Es kann aber auch sein, dass sich der Job immer mehr zu einer administrativen Tätigkeit entwickelt, die mit unvorhergesehenen Repressalien eingefordert wird, und dass Habilitierte sich um ihre Zukunft und

---

[9] Eine für unsere Zwecke ausreichende Basisdefinition, welche die Notwendigkeit der Abstimmung mit anderen betont, lautet: „Werte sind kognitive Repräsentationen zentraler menschlicher Ziele und Motive, über die sich Personen im Hinblick auf ihre Verwirklichung verständigen müssen.“ (Wolfgang Bilsky: Werte und Werthaltungen; in: Hannelore Weber (Hg.): Handbuch der Persönlichkeitspsychologie und differentiellen Psychologie, Göttingen (Hogrefe) 2005, 298–304; Zitat 301)

[10] Das zeigen persönliche Erfahrungen aus unseren Seminaren und Coachings.

somit ihren Lebensentwurf betrogen sehen, da mündliche Zusagen von heute auf morgen ihre Gültigkeit verlieren.

Organisationswandel bedeutet sehr oft auch Wertewandel. So berichten unsere Seminarteilnehmer und -teilnehmerinnen immer wieder, dass viele der Qualitäten, deretwegen sie sich für den Arbeitgeber Universität entschieden hätten, verloren gegangen seien. Dies führt zu einer wachsenden Unzufriedenheit, die sich wiederum immer stärker auf die Leistung und das eigene Arbeitsverhalten auswirkt. Es fehlt etwa Zeit für gute Gespräche sowohl fachlicher Natur als auch für Zwischenmenschliches. Unsichere Karriere- und Vertragsverhältnisse sowie zunehmender Druck unterbinden das gemeinsame Denken und Tun, weshalb Wissen und Ideen oft nicht mehr ausgetauscht, sondern im Geheimen entwickelt werden.

Freiheit in der Zeit- und Arbeitseinteilung, selbständiges Arbeiten, Selbstbestimmung sind unserer Erfahrung nach sehr oft Motive, sich für die Wissenschaft und den Arbeitsort Universität zu entscheiden. Wie im Kapitel I. erläutert, erfordert diese Freiheit aber auch ein hohes Maß an Selbstdisziplin und eine Selbstverpflichtung zu den gesteckten Zielen. Was man vermeiden wollte, nämlich die Bestimmung durch andere, bedeutet nun, sich selbst disziplinieren zu müssen. Das heißt, konsequent zu planen, Tagesstrukturen einzuhalten, den wichtigen Arbeiten Priorität einzuräumen und sich nicht in den vielen nebensächlichen Tätigkeiten zu verlieren. Denn oft ist niemand da, der Abgabetermine einfordert, Arbeitsfortschritte wahrnimmt, Probleme bespricht oder ganz einfach im Arbeitsalltag unterstützt. Es fehlt das Feedback, das gerade für junge Menschen so wichtig wäre, um zu wissen, ob man fachlich und auch persönlich auf dem richtigen Weg ist.

Diese Realität führt sehr oft zu einem Verschieben von Fristen und Terminen, zu Selbstzweifeln über den eingeschlagenen Weg und einzelne Tätigkeiten, schließlich zu wachsender Unzufriedenheit mit sich selbst. Die Freiheit im rechten Maß nützen zu können, ist eine Kunst, die es oft erst zu erlernen gilt.

Vergleichen Sie bei beruflichen Entscheidungen Ihre Werte und jene der Organisation. Rechnen Sie aber auch damit, dass es hier zu Änderungen kommen kann. Versuchen Sie gegebenenfalls, mit den veränderten Bedingungen produktiv umzugehen anstatt gegen nicht Veränderbares ständig anzukämpfen.

Jede Sache hat – mindestens – zwei Seiten. Wenn Sie vermehrt mit administrativen Belangen betraut werden, so kostet dies Zeit, aber Sie lernen auch eine Menge dazu (z.B. Projekt- und Personalorganisation, Rech-

nungswesen etc.), was Ihnen später in einer Leitungsfunktion zugute kommen kann.
Sehen Sie Ihre Situation fallweise mit distanziertem Blick, so als ob jemand anderer betroffen wäre.
Lernen Sie, mit Konkurrenzsituationen umzugehen, Angriffe nicht zu ernst und auch nicht (zu) persönlich zu nehmen. Distanz erweitert Ihr persönliches Handlungsrepertoire und damit Ihre Souveränität.
Bedenken Sie, dass Freiheit und Selbstbestimmung einen Preis haben. Ohne eine gute Planung, materielle Bescheidenheit und Selbstdisziplin werden Sie Ihre Ziele nur schwer erreichen.

Werteprofil

Werte sind lebensbegleitend und identitätsstiftend. Trotzdem können sich Ihre Werte im Lebensablauf und von Rolle zu Rolle verschieben. Was privat an erster Stelle steht, ist möglicherweise beruflich weniger wichtig oder kann hier vielleicht im Moment nicht gelebt werden. Auch innerhalb der beruflichen Rollen wird es immer wieder zu Verschiebungen kommen, meist ausgelöst durch persönliche Erfahrungen oder existenzielle Notwendigkeiten. Wenn Sie eine Familie erhalten müssen, werden Sie sich vermutlich weniger für rein ideelle Tätigkeiten und eher für lukrative Aufgaben (bezahlte Gutachten, Projekte mit der Wirtschaft u.Ä.) entscheiden.

Wenn Sie sich hier immer wieder Klarheit über das Verhältnis zwischen Ihren Wünschen und der momentanen Lebens- bzw. Berufsrealität verschaffen, wird das Ihrem Wohlbefinden und Energiehaushalt, Ihrer Zielgerichtetheit und Leistungsfähigkeit gut tun.

Eine Priorisierung Ihrer Werte als Mensch, bei der Arbeit und in unterschiedlichen Rollen verhilft Ihnen zu mehr Klarheit bei Entscheidungen und im Umgang mit Zeit: Vielleicht ist es Ihnen wichtig, bei der Benotung von Prüfungsarbeiten besondere Fairness walten zu lassen. Das bedeutet eine zeitliche Investition in die Erarbeitung von Bewertungskriterien, die klar nachvollziehbar sind. Wenn Ihnen viel an einem guten Klima im Team liegt, dann werden Sie wahrscheinlich Zeit für konstruktive Gespräche reservieren. Vielleicht können Sie Ihre Arbeit erst dann zur Seite legen und mit einem guten Gefühl nach Hause gehen, wenn Sie Ordnung und Struktur in Ihren Unterlagen oder auf Ihrem Schreibtisch geschaffen haben. Dann sollten Sie dies für Ihre eigene Zufriedenheit tun, ohne aber auf allen Gebieten möglichen perfektionistischen Ansprüchen nachzugeben.

Sie brauchen ein persönliches Qualitätsmanagement, sodass Ihre Arbeitsweise möglichst gut Ihrem Werteprofil entspricht. Eine Schwierigkeit dabei ist, dass manche Werte polar zueinander und damit nicht gleichzeitig verwirklichbar sind. Sie kontrastieren, ohne einen ausschließenden Gegensatz zu bilden, der eine Entweder-oder-Entscheidung erforderte. Genauigkeit und Schnelligkeit des Arbeitens etwa sind beides positive Werte (gegensätzliche Unwerte wären Schlamperei und Trödelei), oder Sie müssen bei einer gegebenen Aufgabe entscheiden, auf wie viel Geschwindigkeit Sie verzichten, um hinreichend genau zu arbeiten und wie Sie Ihren Perfektionismus zähmen, um schnell genug zu sein.

In Bezug auf Benotungen wären Gerechtigkeit und Nachsicht (oder Rücksicht z.B. auf sprachliche Schwierigkeiten bei ausländischen Studierenden) ein ähnliches polares Wertepaar. Zwischen einer Haltung, die mit der Maxime „fiat iustitia, pereat mundus" charakterisiert wird, und dem Unwert der Ungerechtigkeit gibt es ein Spannungsfeld zwischen wertvoller Gerechtigkeit und ebenso wertvoller Milde oder Billigkeit. In Anbetracht einer Herausforderung oder Gefahr geht es beispielsweise nicht nur um den Gegensatz von Mut und Feigheit, sondern auch um die Kontraste von Mut und Vorsicht zwischen den Untugenden und Unwerten des Übermuts und der Feigheit.[11]

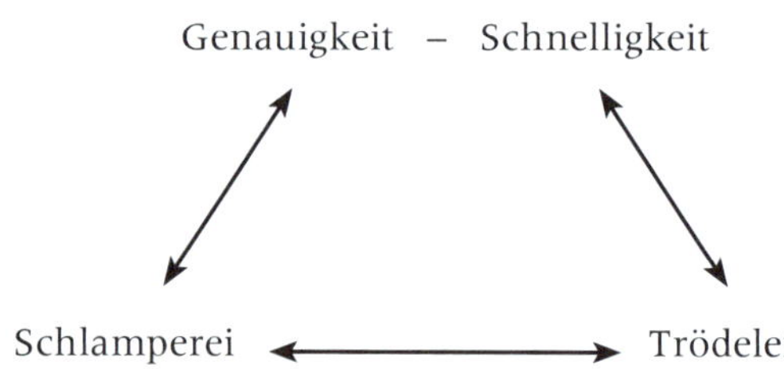

Wenn wir kritisiert werden, neigen wir oft dazu, unser Verhalten vom entgegengesetzten Unwert abzuheben („Ich kann doch nicht ewig dieses Kapitel verbessern" oder „Ich kann doch keinen schlampigen Beitrag einreichen"). Doch die Kunst besteht darin, die rechte Mitte zu verwirklichen, die sowohl sachangemessen wie auch mit den eigenen Werten kompatibel ist.

Es gibt Werte, die Sie um Ihrer selbst willen auf jeden Fall einlösen müssen, und solche, auf die Sie fallweise verzichten können. Werden Sie sich

[11] Vgl. die Wertequadrate in Bezug auf Kommunikation in: Schulz von Thun, Friedemann: Miteinander reden 2. Stile, Werte und Persönlichkeitsentwicklung, Hamburg (rororo) 1994, 38–47.

der Beweggründe und Motive Ihres Handelns bewusst und erstellen Sie einen nach Rollen gegliederten Wertekatalog. Bewusstheit schafft Handlungskompetenz und befreit Sie aus einer Opferrolle.

- In welchen oder zwischen welchen Bereichen meines Lebens kommt es (immer wieder) zu Wertekonflikten? Wie ging ich bisher bzw. wie gehe ich derzeit damit um?
- Wie löse ich externe Wertkonflikte, wenn ich etwa Beruf und Familie den gleichen Stellenwert gebe, meine Umgebung dafür aber wenig Verständnis zeigt?

Persönliche Werte-Hierarchie

Werte sind in aller Munde und auch in Soziologie und Philosophie wieder viel diskutiert. Dennoch gibt es keine allgemein akzeptierte Definition von Werten (etwa im Unterschied zu Tugenden oder Fähigkeiten) und keinen Konsens, wie verschiedene Arten von Werten zu klassifizieren sind.[12] Diese Fragen und auch die alten Debatten um die Subjektivität oder Objektivität von Werten, um deskriptive oder präskriptive, substantielle oder attributive Verwendungsweisen des Begriffs müssen hier ausgeklammert bleiben. Der Zweck der folgenden, keinen Anspruch auf Vollständigkeit erhebenden Tabelle ist ausschließlich praktischer Natur: Sie soll zu etwas mehr Klarheit bei der Selbsterkenntnis und -bestimmung verhelfen.

Dafür wurde hier eine einfache Einteilung in drei Kategorien vorgenommen. Manche Wertbegriffe sind genereller oder prinzipieller Natur (wie etwa Dankbarkeit, die hier gar nicht zugeordnet wurde), andere spezieller. Der Phänomenreichtum ist wichtiger als eine strikte Klassifikation. Einteilungskriterium gemäß der linken Spalte ist, ob ein Wert am meisten auf einen selbst, auf andere oder auf Sachen bezogen ist, aber natürlich betreffen viele auch die beiden anderen Bereiche. Eine hohe Trennschärfe zu erwarten, ist hier fehl am Platz.[13]

---

[12] Vgl. Riedenauer, Markus: Zum philosophischen Wert des Wertbegriffs oder: Die Renaissance der Werte und die Frage nach der geeignetsten Geburtsklinik; in: Martina Fürst/Wolfgang Gombocz/Christian Hiebaum (Hg.): Analysen, Argumente, Ansätze Band 2, Heusenstamm (Ontos) 2008, 447–455.

[13] „Es zeichnet einen gebildeten Geist aus, sich mit jenem Grad an Genauigkeit zufriedenzugeben, den die Natur der Dinge zulässt.“ (Aristoteles: Nikomachische Ethik 1094b 24 f.)

Sie können in den rechten Spalten jedem Wert 1 bis 5 Punkte geben, um abzuschätzen, wie wichtig er Ihnen ist. Suchen Sie dann Ihre zehn wichtigsten Werte und schreiben Sie diese unten heraus, um sie abschließend nochmals in eine Reihenfolge zu bringen.

Selbstbezogen	**1**	**2**	**3**	**4**	**5**
Praxisbezogene Werte und Tugenden:					
Selbstentwicklung, Lernen					
Leistung, besser sein, Erfolg					
Authentizität					
Einfachheit, Genügsamkeit					
Gelassenheit					
Geduld					
Mut, Tapferkeit					
Besonnenheit					
Intelligenz, Klugheit					
Sicherheit					
Kompetenzen, Freiheiten:					
Bestimmte fachliche Kompetenzen					
Selbstbestimmung, Autonomie					
Gesundheit					
< Ernährung					
< Sport					
Sparsamkeit					
Wahrnehmungswerte – Was mir Freude macht:					
Aussehen					
Ansehen, Status					
Spannung/Entspannung					
Geborgenheit					
Humor					
Lust					

Gemeinschaftsbezogen	1	2	3	4	5
Bedingungen guten Zusammenlebens:					
gerechte Institutionen					
gesellschaftliche Freiheit					
Ethos					
Religion					
Gerechtigkeit, Engagement					
Solidarität, Hilfsbereitschaft					
Frieden, Gewaltfreiheit					
Gleichberechtigung					
Anerkennung, Toleranz					
Ehrlichkeit					
Kommunikations- und Konfliktfähigkeit					
Vertrauen					
Treue, Loyalität					
Pünktlichkeit					
Respekt, Höflichkeit					
Ehre					
Freundschaft, Liebe					
Familie					
Disziplin, Pflichterfüllung, Verlässlichkeit					
Unbestechlichkeit					
Einfluss, positive Macht					
Führungsverantwortung					
Fürsorglichkeit, Einfühlung					
Großzügigkeit, Selbstlosigkeit					
Verzeihen					
Erotik					
gemeinsame Güter					

Sachbezogen	1	2	3	4	5
Offenheit, Interesse Genauigkeit Kreativität Ordnung Effizienz					
eigene Güter, Eigentum Lebensstandard Qualität von Sachen Know-how					
Was schön erscheint, ästhetische Werte Kunstgenuss Natur Reisen					
Persönliche Ergänzungen					

Wert	**Priorität (von 1–10)**	**Wert**	**Priorität (von 1–10)**

2 Selbsterkenntnis: Individueller Verhaltensstil

Worum es geht:

So unterschiedlich wie die spezifischen Herausforderungen an wissenschaftlich Tätige aufgrund ihres Faches, ihrer Stelle und Position, so verschieden wie ihre Lebenssituationen, Ziele und Werte sind auch ihre persönlichen Charakterzüge, Verhaltensstile und Arbeitsweisen mitsamt individuellen Stärken und Schwächen. Darauf ist einzugehen, damit Sie diejenigen Methoden auswählen und umsetzen können, die eine nachhaltige Verbesserung der Selbstorganisation bewirken. Denn die persönlichen Verhaltenspräferenzen haben erheblichen Einfluss auf das Zeitmanagement.

Individualität und Zeitgestaltung

Jeder Mensch ist einzigartig, ist ein Individuum im emphatischen Sinn. Das betrifft alle Ebenen: die biologische (vgl. Fingerabdruck oder genetische Ausstattung), die kognitive (Intelligenzprofil[14]), die ethische im Sinn des in Werten und Zielen ausgeprägten Ethos, die geschichtliche, kulturelle und gesellschaftliche Lebenssituation mit ihren Einflüssen, aber auch den Verhaltensstil. Selbstverständlich hängt das alles miteinander zusammen und bedingt sich gegenseitig mehr oder weniger. Vieles davon beeinflusst die persönliche Zeitgestaltung, etwa die Tagesleistungskurve, der Energiehaushalt, der Denkstil, die Reihenfolge der zu verwirklichenden Werte, Traditionen und sozialer Status sowie vor allem der Charakter.

Manche springen frühmorgens voller Energie aus dem Bett, andere sind erst am späten Vormittag ganz einsatzbereit, dafür aber auch spät abends noch wach. Italiener halten, wo möglich, eine lange Mittagspause, während Amerikaner gewohnt sind, das Essen nach einer halben Stunde zu beenden und an den Schreibtisch zurückzukehren. Die einen sind in der Lage, sich leicht zwei Stunden lang auf eine Sache zu konzentrieren, während die anderen öfters zwischen verschiedenen Tätigkeiten wechseln.

---

[14] Wir gehen davon aus, dass die menschliche Intelligenz sich aus vielfältigen Fähigkeiten des Auffassens, Behaltens, der Bewertung und Verarbeitung zusammensetzt, bezogen auf unterschiedliche Denkinhalte wie semantische, symbolische, bildliche. Auch hier gibt es ein individuelles Profil, und in Grenzen lässt es sich auch durch Training verändern. Die individuelle Intelligenz hat aber mehr mit dem „Was“ der Studien- und Berufswahl zu tun (ein mathematisch Hochbegabter wird eher Physik gewählt haben, eine sprachlich Hochbegabte eher Literaturwissenschaft), während unser Thema das „Wie“ betrifft, bei denen die Verhaltensdispositionen viel wichtiger sind.

Manchen helfen große Tabellen und detaillierte Pläne beim Zeitmanagement, andere werden davon in Schrecken versetzt und kleben sich lieber Erinnerungszettel mit kleinen Bildchen oder Symbolen auf den Computer und die Schreibtischplatte oder an die Türe. Die einen haben immer ein offenes Ohr für ihre Mitmenschen, weil sie für sie da sein wollen, während die anderen begrenzte Sprechstunden einführen und ansonsten die Bürotüre schließen und das Telefon abstellen. Die eine analysiert und entscheidet schnell, der andere hält das für schlampig und besteht auf einer gründlichen Diskussion aller relevanten Gesichtspunkte.

Viele Zeitmanagement-Ratgeber und Trainings nehmen auf die Individualität wenig Rücksicht und können es auch schwer, da es objektiv schwierig ist, in einem Buch, dessen Leser unbekannt sind, oder in einem kurzen Seminar allen möglichen Stilen gerecht zu werden und individuell treffsichere Hilfen anzubieten. Sie beschränken sich notgedrungen auf allgemeine Regeln und Standardtipps und überlassen deren Auswahl und Adaptierung ganz der Leserin oder dem Trainingsteilnehmer. Je mehr aber ein Beruf von der Persönlichkeit dessen, der ihn ausübt, geformt wird, je gestaltungsoffener er ist, umso wichtiger ist es, der Individualität Rechnung zu tragen.

Wie kann man diesem Ziel etwas näher kommen? Eine Möglichkeit ist die Typisierung, also eine Ebene zwischen der Individualität im strengen Sinn und dem Allgemeinen, das für alle gelten soll, zu nutzen. Auf dieser Basis können dem Einzelnen Hilfen angeboten werden, sich selbst einzuschätzen und konkreter weiterzuarbeiten an der Anpassung der Zeitmanagement-Instrumente und Strategien an sein oder ihr persönliches Verhalten.

Nicht nur der Beruf an sich, sondern auch die Selbstorganisation, also nicht nur das „Was", sondern auch das „Wie" muss, so gut es geht, zur individuellen Persönlichkeit passen. Wo das auf Dauer nicht zusammenstimmt, wird es sehr anstrengend, hohe Leistungen zu erbringen. Umgekehrt winkt Erfolg dort, wo jemand sein Umfeld und seine Routinen so organisiert hat, dass die persönlichen Stärken genutzt werden und die Schwächen nicht zu sehr bremsen. Noch besser ist es, von der individuellen Selbsterkenntnis bis zu einer Selbstentwicklung zu kommen, sodass die eigene Person in ihrem ganzen Potenzial ausgeschöpft wird, um den verschiedenen situativen Anforderungen besser zu entsprechen. Es geht also um eine wechselseitige Anpassung von Umfeld und Verhalten, die wir alle intuitiv ständig leisten, die aber bewusst verbessert werden kann, um Reibungsverluste, die bis zu Blockaden gehen können, zu vermeiden. Wer eine hohe Fähigkeit zu einer solchen Übereinstimmung erreicht hat, bemerkt das durch schnelleres und effektiveres Arbeiten, höhere Zufriedenheit und Ausgeglichenheit und im

Normalfall mehr Erfolg. Von solchen Menschen wird oft gesagt, sie seien „ganz sie selbst" bei dem, was sie tun – ob es nun die stille und einsame Arbeit am Schreibtisch ist oder die begeisternde Vorlesung, effektives Führungshandeln oder wertvolle kollegiale Mitarbeit im Forschungsteam.

Warum geht eine Dozentin gerne in mündliche Prüfungen und genießt es, die Studierenden bei der Gelegenheit ein Stück weit persönlich kennenzulernen, hat auch nichts dagegen, dabei die Zeit zu überziehen, während ein anderer lieber Multiple-Choice-Tests entwickelt und einsetzt, weil sie eine standardisierte und rasche Benotung ermöglichen?[15] Warum ergreift ein Institutsvorstand sofort eine sich bietende Gelegenheit, ein großes drittmittelfinanziertes Forschungsprojekt zu beantragen, und setzt die dafür nötigen Schritte auch gegen Widerstände durch, während eine Kollegin sehr lange überlegt und am Ende mehr Bedenken und Gegenargumente ausformuliert hat als Konzepte? Warum scheint eine Professorin dankbar zu sein für persönliche Gespräche, nach denen sie sich rasch und inspiriert wieder ihrer Arbeit widmet, während ein anderer sich durch jeden Besucher aus der Konzentration herausgerissen und gestört fühlt?

Diese Beispiele zeigen, wie der individuelle Verhaltensstil die vielen täglichen zeitrelevanten Entscheidungen beeinflusst. Sie wollen nicht nahelegen, dass es in den diversen Situationen nur ein „richtiges" Verhalten gäbe, wohl aber, dass es wichtig ist, seine spontanen Verhaltenspräferenzen zu kennen, Ursachen für Ineffektivität zu identifizieren und die Bedingungen, unter denen man gut arbeiten kann, auch gegenüber anderen zu sichern. Auch die angemessene Planung hängt davon ab.

- **Wie wichtig ist es mir, für das Entwerfen eines Vortrags oder das Verfassen einer Arbeit große Zeitblöcke zu reservieren, in denen ich Unterbrechungen ausschalte?**
- **Wie wichtig ist es für mich, durch Diskussionen z.B. auf Tagungen Inspirationen zu erhalten?**
- **Wie viel ruhige Abgeschlossenheit brauche ich, wie oft sollte ich meine Projekte in den mündlichen Diskurs einbringen?**

Alle angeschnittenen Fragen erlauben eine interessante psychologische Debatte. Für eine solche ist hier nicht der Ort und die Zeit – unser Ziel ist,

---

[15] Hier geht es um persönliche Präferenzen, nicht um die Frage, in welchen Fächern und Lehrveranstaltungen Multiple-Choice-Tests sinnvoll oder gar verpflichtend sind.

Ihnen ein heuristisches Instrument an die Hand zu geben, mit dessen Hilfe Sie Ihr persönliches Verhalten, dessen Wirkkraft und Dysfunktionalitäten Sie aus Erfahrung einigermaßen kennen, systematisch besser verstehen und steuern können. Wir verlassen uns dabei auf ein wissenschaftlich gut validiertes, praktisch hervorragend ausgearbeitetes und millionenfach bewährtes Persönlichkeitsmodell.

Ein Modell zur Beschreibung und Entwicklung des Verhaltens

Das aufgrund der theoretischen Arbeit von William Moulten Marsten von John G. Geier weiterentwickelte Modell[16] beschreibt einen wesentlichen Faktor, der menschliches Verhalten steuert, welchen man umgangssprachlich und ungenau mit Charakter oder Persönlichkeit bezeichnet. Selbstverständlich spielen auch kognitive Überzeugungen und Werte eine wichtige Rolle bei Entscheidungen, und hinter den individuellen Verhaltensdispositionen stehen lebensgeschichtliche Erfahrungen seit der Geburt. Aber was das Modell erfasst, sind derzeit beobachtbare Verhaltenstendenzen, und das bedeutet ein Vierfaches:

Erstens geht es um Verhalten an der Schnittstelle von Person und Umwelt, das im Prinzip von anderen auch wahrgenommen werden kann – nichts tief im „Inneren" oder der Vergangenheit Verborgenes. Zweitens geht es um spontane Tendenzen, die natürlich nicht automatisch umgesetzt werden, weil im Normalfall die Möglichkeit besteht, sich zu einer anderen Reaktion zu entschließen. In Stresssituationen jedoch steigt die Wahrscheinlichkeit, den spontanen Verhaltenspräferenzen gemäß zu reagieren. Drittens sind diese das Individuum charakterisierenden Tendenzen oder Verhaltensdispositionen in gewissen Grenzen veränderbar. Sie haben sich in ständiger Auseinandersetzung mit der Umwelt entwickelt, angefangen bei den Eltern bis hin zu einem spezifischen Wissenschaftsstil, und können und müssen auch in Zukunft an neue Situationen und andere Menschen angepasst werden. Viertens haben wir alle durch diese meist intuitiven Anpassungsleistungen an diverse Ansprüche ein Repertoire von Verhaltensstilen entwickelt, die für verschiedene Situationen und Personen jeweils angemessener sind: Der Institutsvorstand wird als Chef etwas anders auftreten als in seiner Rolle als Vater eines Kleinkindes, oder die Assistentin wird in einer Kommissionssitzung etwas andere Verhal-

---

[16] Vgl. John G. Geier/Dorothy E. Downey: Development and Psychometric Properties of the Behaviour Indicator, Minneapolis (Aristos) 1995; John Erpenbeck (Hg.): Handbuch Kompetenzmessung, Stuttgart (Schaeffer-Poeschel), 2003, 505–518.

tenstendenzen zeigen, als wenn ein Student in der mündlichen Prüfung verzweifelt zu weinen beginnt.

Daraus folgt, dass Sie bei Ihrer Selbsteinschätzung an eine typische Situation denken sollen, für welche Sie Ihre Verhaltenspräferenzen besser verstehen wollen.

- **Würde ein Sportsfreund mein typisches Verhalten anders beschreiben als eine Hörerin meiner Vorlesung?**
- **In welchen häufigen beruflichen Situationen fühle ich mich sicher, spüre ich, dass ich die Anforderungen leicht erfüllen kann? In welchen Situationen bin ich unsicher und ahne, dass jetzt ein anderes Verhalten besser wäre?**

Zwei Faktoren bestimmen unmittelbar das Verhalten eines Menschen: wie die Umwelt spontan wahrgenommen wird, als eher feindlich oder freundlich, und wie die Person sich selbst wahrnimmt, als stark oder schwach. Aus dieser Wahrnehmung resultiert, wie bestimmt oder zurückhaltend reagiert wird.

In der ersten Dimension gibt es eine Bandbreite von Wahrnehmung der Welt als herausfordernd und anstrengend auf dem einen Extrem, als förderlich und angenehm auf der anderen Seite. Darin spiegelt sich die fundamentale motivationale Dualität von Schmerz und Lust wider. Natürlich kann ein solcher Eindruck durch Überlegen korrigiert werden: Auch wer allgemein dazu neigt, seine Umwelt als positiv für sich wahrzunehmen, kann sich z.B. dessen bewusst werden, dass ein Gutachter im Habilitationskolloquium nicht wohlgesonnen ist, und wird entsprechend vorsichtiger agieren. Es geht aber hier darum, die spontane Färbung der Weltwahrnehmung zu erkennen und ebenso der Reaktionsneigung in der zweiten Dimension, also die unwillkürliche Disposition zu starkem, offensivem, bestimmtem oder zu defensivem, zurückhaltendem Auftreten.

Um mit den beiden Dimensionen, die Verhalten bestimmen, vertrauter zu werden, zeichnen Sie sich zwei Skalen: Auf der einen tragen Sie ein, wie die Welt auf Sie wirkt zwischen den Polen „anstrengend" und „angenehm", auf der zweiten, wie Sie häufig zu reagieren geneigt sind, zwischen „bestimmt" und „zurückhaltend".

Insoweit es richtig ist, dass diese beiden Faktoren der Wahrnehmung der Umwelt zwischen günstig und ungünstig sowie der Selbstwahrnehmung zwischen stärker und schwächer die spontanen Verhaltenstendenzen bestimmen, sind sie so miteinander zu verbinden, dass sich die vier grundsätzlich möglichen Kombinationen als Haupttendenzen ergeben. Diese werden mit den vier Buchstaben D, I, S und G bezeichnet. Sie stehen für vier Adjektive, die so ungefähr die jeweilige Tendenz charakterisieren, aber im allgemeinen Sprachgebrauch oft mit Wertungen verbunden sind, die das Verständnis erschweren können. Darum ist es wichtig, sich von Konnotationen dieser Worte frei zu halten und zu verstehen, wie jede Haupttendenz aus den beiden erklärten Dimensionen entsteht:

D: Wenn das Umfeld als fordernd und anstrengend erlebt wird und die Reaktion bestimmt oder offensiv ist, sprechen wir vom „dominanten“ Verhaltensstil. Das Bestreben ist, sich durchzusetzen, Ergebnisse zu erzielen auch gegen Widerstand, die Dinge rasch und energisch anzupacken.

Menschen mit einem hohen D-Faktor sind selbstbewusst, risikobereit, entscheidungsfreudig und konsequent.

- Wie sehr trifft diese Beschreibung auf mein Verhalten zu?
- Wie viele Punkte von 1–5 würde ich mir geben?

I: Wo wie beim D die Reaktion bestimmt ist, aber das Umfeld als wohlwollend und förderlich wahrgenommen wird, liegt die „initiative“ Haupttendenz vor. Sie will mit anderen zusammen die Dinge weiterbringen und gewinnen: Menschen von einem Vorhaben überzeugen und dazu motivieren. Da das Umfeld gar nicht so anstrengend erscheint, kann man ja spielerisch gewinnen.

Personen mit einem hohen I-Faktor sind demnach offen, optimistisch, kommunikativ, vielseitig und somit unterhaltsam.

- Wie sehr trifft diese Beschreibung auf mein Verhalten zu?
- Wie viele Punkte von 1–5 würde ich mir geben?

S: Wo eine ähnliche positive Weltwahrnehmung vorherrscht, aber dennoch die Reaktion zurückhaltend ist, sprechen wir vom „stetigen“ Verhaltenstyp: Er will gerne mitmachen, aber nicht an vorderster Front, sondern unterstützend. Er ist zufrieden damit, im Hintergrund seinen anerkannt wichtigen Beitrag zum Ganzen zu leisten.

Er gilt als hilfsbereit, einfühlsam, ruhig und geduldig.

- Wie sehr trifft diese Beschreibung auf mein Verhalten zu?
- Wiev iele Punkte von 1–5 würde ich mir geben?

G: Eine zurückhaltende Reaktionsneigung in einem herausfordernden Umfeld führt zur „gewissenhaften“ Tendenz. Die – gegenüber D – defensivere Variante der Auseinandersetzung mit Anstrengendem oder gar riskant Erscheinendem will die Dinge richtig machen und „auf Nummer sicher gehen“. Sie arbeitet sorgfältig und nach genauen Plänen.

Menschen mit einem hohen G-Faktor sind qualitätsbewusst, diszipliniert, analytisch und faktenorientiert.

- **Wie sehr trifft diese Beschreibung auf mein Verhalten zu?**
- **Wie viele Punkte von 1–5 würde ich mir geben?**

Wenn die beiden Dimensionen miteinander geschnitten werden, ergibt sich ein einprägsames Übersichtsbild:

- **In welchem der vier Quadranten liegt meine spontane Verhaltenspräferenz in einer typischen beruflichen Situation?**
- **Wie würde mich eine Person einschätzen, die mich gut kennt und schätzt?**

Es ist nun sehr wichtig, zu sehen, dass jeder Mensch alle vier Verhaltensdispositionen in sich hat – allerdings in einer einzigartigen „Mischung". Außerdem sind alle allgemeinen Wertungen der vier Haupttendenzen hintanzuhalten: Keine ist an sich besser oder schlechter als die anderen, alle vier sind wichtig – nur in manchen Situationen mehr die einen, in anderen mehr die anderen. In jedem menschlichen System wie einem Team oder einer Familie werden alle vier Tendenzen gebraucht: Ohne D-Faktor werden Entscheidungen zu langsam getroffen und bei Schwierigkeiten nicht durchgesetzt; ohne I fehlt die motivierende und verbindende Kraft und die Flexibilität, sich neuen Ideen zu öffnen; ohne S stocken gemeinsame Vorhaben, wenn es an die geduldige und routinemäßige Umsetzung geht, und die Gruppe kann auseinanderfallen; ohne G fehlt das nötige kritische Element, das sorgfältige Prüfen und Abwägen.

Wahrscheinlich haben Sie beim Durchdenken der Erläuterung des Verhaltensmodells sich selbst schon intuitiv eingeschätzt. Um das genauer zu erheben, ist es sehr empfehlenswert, ein persolog®-Persönlichkeits-Profil mit der Hilfe eines zertifizierten Trainers oder einer Trainerin zu erstellen. Dabei können Sie sich nicht nur einem der vier Haupttypen, sondern auch einem kombinierten Stil zuordnen (insgesamt zwanzig) und bis zu sieben Interpretationsstufen durcharbeiten.[17] Dabei werden drei Verhaltensprofile erstellt und grafisch aufbereitet, was tiefer- und weitergehende Schlussfolgerungen für Ihre persönlichen Überzeugungen, Ihre Selbstentwicklung in Bezug auf Erfolgsstrategien, Stresspotential und Kooperation erlaubt.

Verhaltensstil und Zeitgestaltung

Wie ein Mensch mit Terminen und Zeitdruck umgeht, inwieweit er sich und andere diszipliniert, wie es mit seiner Pünktlichkeit, Verlässlichkeit und Zielkonsequenz aussieht, hängt stark von seinem Verhaltensstil ab. Um sich über die Folgen der vier Haupttendenzen für das Zeitmanagement klarer zu werden, sehen Sie in der folgenden Tabelle die wesentlichen Charakteristika jedes Stils.[18]

---

[17] Das geht auch online. Informationen finden Sie unter http://www.persolog.de/web/de/eport-online-profile/index.htm.
Das farbenfrohe Buch 1x1 der Persönlichkeit von Seiwert/Gay bietet eine erste Selbsteinschätzung und praktische Anwendungen zur Effektivitätssteigerung in den Bereichen Zeitmanagement, Mitarbeiterführung, Teamarbeit, Verkauf, Partnerschaft und Kindererziehung sowie Anpassungsstrategien.

[18] Adaptiert aus: Seiwert/Gay: Das 1x1 der Persönlichkeit, 39–50.

Typ:	Merkmale:	Tipps – achten Sie auf:
D:	Zielstrebig, ergebnisorientiert und schnell; plant nur im Notfall; ungeduldig, impulsiv, lehnt Zweitrangiges ab, übt Druck aus.	Zeitinvestitionen für gute Planung lohnen sich, inkl. Abschätzung des Zeitbedarfs. Kooperation wird besser mit Zuhören und mehr Geduld. Achtung auf Entspannung.
I:	Spontan und sprunghaft, fängt (zu) viel Neues an, wechselt Prioritäten, wenig gründlich und nicht detailgenau, undiszipliniert in Bezug auf Planung und Ordnung, lässt sich gerne unterbrechen und unterbricht andere, hasst Routinearbeiten.	Realistische Ziele, eine Sache nach der anderen. Prioritäten setzen und Unwichtiges hintanstellen. Zeitplanung und Ordnung im Büro. Pünktlichkeit ist ein Ausdruck des Respekts.
S:	Arbeitet langsam, aber beständig und verlässlich, hasst Zeitdruck und Multitasking, organisiert sich gut, aber nur in Ruhe, bleibt bei Gewohntem, sagt ungern „Nein“.	Mehr Ergebnisorientierung, eine neue Methode könnte die Effizienz verbessern, mehr Mut für Herausforderungen.
G:	Zeigt und erwartet Pünktlichkeit, analysiert und plant alles (zu) gründlich, Detailgenauigkeit ist wichtiger als Ergebnisse, begründet umständlich.	Es muss nicht alles perfekt sein, Überplanung stiehlt der Durchführung die Zeit, gewisse Risiken muss man in Kauf nehmen, strenge Fristen für das Fertigstellen von Arbeiten.

Unterstreichen Sie mit einem Bleistift diejenigen Aussagen, die auf Sie zutreffen, und streichen Sie durch, was nicht passt. Sie selbst entscheiden, was für Sie wichtig ist, vor allem, wenn Sie auch eine sekundäre Tendenz haben, die teilweise dem primären Verhaltenstyp widersprechen kann (D und S oder G und I). Vergessen Sie nicht, dass Sie sich für eine bestimmte Situation selbst einschätzen.

Notieren Sie sich Ihre persönlichen Schlussfolgerungen, was Sie nun besser verstehen und worauf Sie in Zukunft besonders achten möchten. Wählen Sie aus dem reichen Angebot an Methoden und Ideen in diesem Buch das aus, was zu Ihrem Verhaltenstyp passt.

Das innere Team

Die Vorstellung eines inneren Teams ist ein Coaching-Instrument, um vor allem in Entscheidungssituationen mehreren Gesichtspunkten eine Stimme zu verleihen. Statt in seinen Gedanken immer zwischen Ja und Nein, Schon und Aber hin- und herzuspringen, werden diese in ein geordnetes Gespräch gebracht. Hilfreich ist es, diesen Stimmen Namen zu geben und sich vielleicht dabei eine Gestalt und ein Gesicht vorzustellen.

Das lässt sich gut mit dem Verhaltensprofil verbinden: Stellen Sie sich vor, Ihre vier Tendenzen sitzen an einem Konferenztisch und diskutieren die anstehende Frage. Was sagt Ihre D-Tendenz? Wie stark oder schwach ist sie? Was sagen, wie argumentieren die anderen Tendenzen, und wie sehr können sie sich Gehör verschaffen?

Spüren Sie, dass es in dieser Situation wichtig wäre, eine der Tendenzen zu stärken? Oder dass sich gewohnheitsmäßig eine Tendenz lautstark meldet, während sie jetzt gerade nicht so wichtig wäre?

Wer entscheidet letztlich? Nun, Sie selbst! Sie sind ja nicht eine Ihrer Tendenzen und auch nicht deren Mischung, sondern haben die Freiheit, zu entscheiden. Wahrscheinlich wird Ihnen Ihr inneres D dabei helfen.

Ein Beispiel: Sie wurden angefragt, bei einem Kongress im Ausland nächstes Jahr einen Vortrag zu halten. Das gewünschte Thema haben Sie noch nicht direkt behandelt, es wäre eine Erweiterung Ihres speziellen Forschungsgebiets, die Sie interessiert. Andererseits befürchten Sie, für die Vorbereitung zu viel Zeit zu benötigen, ohne jetzt schon genau zu wissen, was nächstes Jahr noch alles an Lehrveranstaltungen, administrativen und anderen Aufgaben auf Sie zukommt. Sie müssen aber jetzt zu- oder absagen.

Nehmen Sie ein weißes Blatt Papier und schreiben das Datum in eine Ecke. In die Mitte zeichnen Sie mit Buntstift einen Kreis, der den Konferenztisch symbolisiert. Auf ihn schreiben Sie groß das Thema Ihres Vortrags. Rundherum skizzieren Sie in verschiedenen Farben vier Gestalten

mit Köpfen in Form der Buchstaben D, I, S und G, vielleicht je größer, desto stärker diese Tendenzen bei Ihnen jeweils sind.
Ordnen Sie die verschiedenen Gedanken, die Ihnen zu der Frage kommen, je einer Tendenz zu und notieren Sie diese in Form von Sprechblasen zu den jeweiligen Gestalten, z.B. derart:
D: „Wir sollten zusagen, können ja auch kurzfristig wieder absagen."
G: „Das ist nicht fair. Dann werden wir vielleicht nie wieder eingeladen."
I: „Aber das Thema ist sehr interessant!"
S: „Und es lässt sich auf der Basis unserer Dissertation relativ leicht ausarbeiten."
... usw.
Während dieser Diskussion Ihres inneren Teams können Sie oft schon spüren, welche Tendenz sowohl zu Ihrer Persönlichkeit als auch zur Situation passt oder eben weniger. Zugleich merken Sie, dass Sie alle vier Möglichkeiten (in verschiedenem Ausmaß) in sich tragen, und können diese ein Stück weit bewusst verstärken oder abschwächen.
Wenn Ihnen nichts mehr einfällt, legen Sie das Blatt beiseite und reflektieren es etwas später noch einmal, um Ihre Entscheidung zu treffen.

Kooperation, Kritik, Konflikt

Wenn Sie das Grundprinzip dieses Verhaltensmodells verstanden haben, werden Sie sofort auch Mitmenschen besser verstehen und angemessener mit ihnen umgehen können. Vielleicht kommen Sie auch dazu, anzuerkennen, dass Personen mit anderen Verhaltenstendenzen als Ihre eigenen Sie gut ergänzen können, wenn Sie sich beide dieser Komplementarität bewusst sind.

Soweit das nicht der Fall ist, liegt es nahe, dass in der Zusammenarbeit mit Menschen, mit denen Sie viel zu tun haben, die aber vermutlich gegensätzliche Tendenzen haben, Missverständnisse, Reibungen und Konflikte entstehen. Besonders in herausfordernden Situationen stört man einander, weil die Problemlösungsstrategien verschieden sind. Es wird kritisiert (offen oder in unproduktiver Weise gegenüber Dritten), ohne dass die Kritik die an sich positive Unterschiedlichkeit adäquat berücksichtigt. So wird Energie und auch Zeit vergeudet. Das können Sie vermeiden, wenn Sie sich vorher folgende Fragen stellen:

- Wer in meinem Arbeitsumfeld zeigt einen offenbar gegensätzlichen Verhaltensstil?

- Wie ist diese Person in der obigen Übersicht der vier Verhaltensstile einzuschätzen?
- Welche Bedürfnisse, Stärken und Schwächen dieser Person erkenne ich in den Beschreibungen wieder?
- Wie muss ich auf sie zugehen, damit sie sich wertgeschätzt fühlt?
- Wie könnte ich meine Bedürfnisse besser kommunizieren, um selbst gut arbeiten und meine Stärken nützen zu können?

Im Kapitel VI.1 „Fokus Forschung“ finden Sie weitere Hinweise zum effektiven Zusammenarbeiten in Teams oder Forschungsgruppen mithilfe dieses Persönlichkeitsmodells.

3 Zeitgestaltung im Lebenshorizont: Karriereplanung, Integration und Balance

Worum es geht:

Eine Planung, die sich in den Horizont des Lebens insgesamt einfügt und dazu hilft, diese Weite auszuleben, hat mindestens zwei Dimensionen: Sie erstreckt sich in der Perspektive der beruflichen Zukunft in die Länge, um sich nicht im kurzfristigen Reagieren auf gerade Begegnendes zu erschöpfen. Dabei berücksichtigt sie auch biologische, rechtliche und finanzielle Rahmenbedingungen. Sie hat aber auch genügend Breite, um alle wichtigen Lebensbereiche und Rollen zu integrieren. In anderen Berufen ist die Wahrscheinlichkeit, geregelte Arbeitszeiten und so ein gelingendes „Privatleben" zu haben, größer. In der Wissenschaft hingegen herrschen trotz höherer Flexibilität doch oft Bedingungen, die es schwierig machen, anderen als den beruflichen Lebensbereichen Zeit zu widmen und eine Balance zwischen allen zu entwickeln. Das betrifft besonders die Vereinbarkeit von Beruf und Familie sowie das Alter bis 40 Jahre. Gleichzeitig ist die Karriereplanung mit vielen Unsicherheiten behaftet.

In der Annahme, dass auch in der Wissenschaft das Leben als Ganzes gelingen können muss, werden in diesem Kapitel nach einer Situationsdiagnose eine individuelle Rollenanalyse, die Ausdifferenzierung des „Privaten" in drei Lebensbereiche und die Unterscheidung dreier Kategorien von Zielen vorgeschlagen. Die Methode des Jahres-Spielplans erlaubt eine sinnvolle Integration der wissenschaftlichen Arbeit in das Leben.

Wissenschaftliche Karriere- und Lebensplanung

Was die Balance im Leben eines Wissenschaftlers und besonders einer Wissenschaftlerin[19] so schwierig macht, ist die typische Vermischung von Arbeits- und Freizeit und die weithin akzeptierte Meinung, dass mindestens ein hundertprozentiger Einsatz für den Erfolg nötig sei (siehe Kapitel I). Diesem Stress-Programm korrespondiert aber keine Sicherheit im Karriereverlauf, darum müssen viele junge Wissenschaftler gleichzeitig auch an beruflichen Alternativen arbeiten. Sonst droht das gängige Schreckbild des promovierten Taxifahrers. In der mittleren Lebensphase möchten viele außerdem eine Familie gründen.

Die praktische Konsequenz dieser heraus- oder überfordernden Situation ist oft, dass man sich von einem mittelfristigen Ziel (wie z.B. Promotion,

---

[19] Siehe Kapitel VII „Als Frau in der Wissenschaft".

einer Vertragsverlängerung oder einem neuen drittmittelfinanzierten Forschungsprojekt) zum nächsten weiter „wurstelt" und dabei weder mögliche alternative Berufswege noch eine Liebesbeziehung langfristig aufbaut.

Stattdessen wäre es strategisch besser und auch für das eigene Wohlbefinden förderlicher, von vornherein eine zweite berufliche Schiene zu legen. Wenn Sie zusätzlich zum wissenschaftlichen Standbein auf einem Spielbein stehen, werden Sie sich nicht eines Tages in einer einzigen Möglichkeit gefangen fühlen.

Was das konkret heißen kann, ist in den einzelnen Fächern so unterschiedlich, dass es unmöglich ist, hierfür pauschale Ratschläge zu erteilen. Für Graduierte der Jurisprudenz, (Veterinär-)Medizin, Technik und Naturwissenschaften bieten sich Standardalternativen an, während beispielsweise Germanisten oder Philosophen mit viel Kreativität und Flexibilität an das Finden weiterer Berufsmöglichkeiten herangehen müssen.[20] Der Schuldienst ist nicht für alle eine mögliche oder attraktive Alternative. Es empfiehlt sich, Zeit in die Pflege von Netzwerken und Kontakten zu investieren, die sehr oft die Basis für neue berufliche Optionen bilden.

Bedenken Sie, dass Zeit Leben ist und dass es bei den grundsätzlichen Planungen um Jahre Ihres Lebens geht. „Beachte das Vorhaben deines ganzen Lebens! Ihm muss alles entsprechen, was wir tun... Wir verfehlen uns, weil wir alle über die Teile des Lebens nachdenken, aber niemand das ganze überlegt."[21]

Um Kriterien für die Bewertung von Berufsmöglichkeiten zu haben, stellen Sie sich der grundsätzlichen Frage, was Sie überhaupt erreichen wollen – beruflich wie auch privat. Entwickeln Sie eine „Vision" Ihres Lebens und ein Bewusstsein Ihrer „Mission" oder Berufung, das heißt eine Antwort auf die Frage, wozu Sie überhaupt da sind oder wofür Sie letztlich leben wollen.

---

[20] Eine Studie des HIS-Instituts für Hochschulforschung Hannover „Berufsverbleib von Geisteswissenschaftlerinnen und Geisteswissenschaftlern" 2008 ergab, dass die meisten nach ihrem Abschluss keine reguläre Arbeitsstelle finden. Ein Jahr später hat es erst knapp die Hälfte der Absolventen geschafft (Absolventen der Wirtschaftswissenschaften hingegen zu 73–85 Prozent). Wenngleich langfristig die Arbeitslosigkeit der Geisteswissenschaftler gering ist, bewirkt die lange Sucharbeitslosigkeit vorher signifikante psychische Probleme. Ursachen liegen in dem weniger strukturierten Arbeitsmarkt, aber auch in mangelnden Kontakten durch Praktika etc. „Geisteswissenschaftler überlegen sich häufig erst nach dem Abschluss, welche berufliche Laufbahn für sie in Frage kommt" (Kolja Briedis, Die Zeit/20.1.2011).

[21] Seneca: Epistulae morales VIII, 71.

Berufungsfindung, Visionsentwicklung und Lebensplanung sind etwas sehr Individuelles und können nicht im Rahmen dieses Buches angeleitet werden. Wir empfehlen Ihnen, die Unterstützung durch ein Coaching in Anspruch zu nehmen.[22]

Für Ihre Karriereplanung sollten Sie Meilensteine definieren und identifizieren, wo Weggabelungen auftauchen dürften, an denen Entscheidungen zwischen Alternativen fällig werden. Überlegen Sie, wie konkret, wie wahrscheinlich und wie langfristig die Aussicht auf die nächste Phase oder Stufe in Ihrer Laufbahn sein muss, um sich darauf einzulassen. Seien Sie sich des Preises bewusst, welchen Sie über längere Sicht für das weitere Verfolgen Ihrer akademischen Karriereziele bezahlen müssen – in Bezug auf soziale Sicherheit, Einkommen, Versäumen alternativer beruflicher Einstiegsmöglichkeiten, Privat- und Familienleben. Das Prinzip Hoffnung ist an sich gut, aber zu viele schaffen es nicht, ihre Wünsche zu verwirklichen, und vermeiden, sich rechtzeitig Fragen und eventuell unangenehmen Entscheidungen zu stellen. Hilfreiche Fragen dieser Art könnten sein:

Wenn Sie gerade Ihr Studium abschließen und sich eine Promotion überlegen:

- Welche zusätzlichen Chancen bietet mir ein Doktortitel? Wie wichtig ist mir die damit verbundene Ehre?
- Welchen Stellenwert hat für mich die wissenschaftliche Tätigkeit an sich, welche Faszination übt sie auf mich aus?
- Welche anderen Ziele habe ich für die nächsten fünf Jahre?
- Welche Alternative im Sinne eines rascheren Berufseinstiegs außerhalb der Hochschulen gibt es jetzt schon, und welche Möglichkeiten eröffnen sich voraussichtlich nach meiner Promotion?

Vor allem, falls Sie aus dem Ausland kommen:

- Wo möchte ich – unter Berücksichtigung privater Interessen – nach der gegenwärtigen Phase meines Lebens arbeiten?
- Was kann ich jetzt dafür tun, um mir dann und dort Chancen zu eröffnen?

Während eines Promotionsstudiums, an dessen Sinn Sie zweifeln – insbesondere, wenn Sie gleichzeitig anderweitig berufstätig sind:

- Wie setzt sich meine Motivation für das Doktorat zusammen? Wie viel Prozent macht die Annahme aus, dass der Doktortitel wichtig für meine

---

22 Unter www.xpand.eu finden Sie Hilfen und Seminarangebote speziell für diese Lebensfragen. In beruflicher Hinsicht können Karrierezentren der Universitäten gut beraten.

beruflichen Chancen sein wird, wie viel Prozent sind persönliches Interesse an der Sache, wie viel die Aussicht auf mehr soziale Reputation, wie viel noch andere Motive?
- Welche Alternativen habe ich derzeit?
- Worauf verzichte ich zugunsten meiner Promotion (finanziell, sozial, familiär, Lebensqualität)?
- Was ist der höchste Preis, den ich zu zahlen bereit bin?

Wenn Sie auf der Grundlage zeitlich befristeter Anstellungen promovieren oder habilitieren:
- Wie hoch schätze ich und schätzen Kenner meiner Situation die reale Chance ein, einen Anschlussvertrag zu bekommen? Falls dieser auch befristet wäre, was wäre für mich das akzeptable Minimum?
- Bin ich so erfüllt von der wissenschaftlichen Tätigkeit, dass dies über Zweifeln und Ängsten steht?
- Wie lässt sich meine soziale Sicherheit verbessern? Wann kümmere ich mich um Perspektiven für meine finanzielle Lage im Alter/Ruhestand?
- Wie komme ich mit dem Bewusstsein meiner Unsicherheit oder Abhängigkeit zurecht? Für wie lange möchte ich diesen Zustand annehmen?

Falls Sie erhebliche Zweifel an der Sinnhaftigkeit Ihrer akademischen (Weiter-)Qualifikation haben, machen Sie sich bewusst, dass Sie nicht sklavisch an eine frühere Entscheidung gebunden sind. Ein (Promotions-) Studium oder eine Habilitation aufzugeben, kann sehr vernünftig sein, wenn es gleichzeitig die Entscheidung für etwas Besseres ist.

Bekanntlich werden wissenschaftlich Tätige seltener als früher verbeamtet bzw. pragmatisiert und wenn, dann spät (in Deutschland oft erst im Zuge einer Professur, in Österreich gar nicht mehr). Daraus folgt, dass die gegenwärtigen Bedingungen des Arbeitsvertrages wie auch die zukünftigen Möglichkeiten sehr genau und nüchtern zu analysieren sind, eventuell mithilfe einer Rechtsberatung. Leider machen viele die Erfahrung, dass sie mit Versprechungen auf eine fixe oder eine unbefristete Stelle hingehalten werden – sei es absichtlich, sei es unabsichtlich, wenn in Aussicht gestellte Gelder doch nicht eintreffen.[23] Oder die Verantwortung für

[23] „Die kleinen Erfolge und großen Versprechen tragen dazu bei, dass hochqualifizierte Akademiker zu geduldigen Prekariern werden." (Klaus Dörre/Matthias Neis: Geduldige Prekarier? Zur Unsicherheit wissenschaftlicher Karrieren; in: Forschung und Lehre, Okt. 2008, 674)

das Einwerben von Drittmitteln wird Ihnen überhaupt selbst übertragen. Eine Nische kann sich langfristig als Falle entpuppen. Was man im Alter von 30 Jahren noch akzeptiert, kann zehn Jahre später als unannehmbar erscheinen (und es natürlich auch sein). Besonders Lehrbeauftragte mit Werkverträgen oder ähnlichen kurzfristigen, unsicheren Bedingungen sowie Habilitierte mit der Verpflichtung zur (unentgeltlichen) Titellehre müssen sich die Frage stellen, wie und vor allem wie lange sie mit der Perspektive des wissenschaftlichen Prekariats zurechtkommen. Sie können vor die Entscheidung gestellt werden, die Wissenschaft zum Hobby zu machen, um aus dem „Existenzlektorat" herauszukommen. Ihr Zeitmanagement kann sich nicht auf die effiziente Gestaltung der momentanen wissenschaftlichen Aufgaben beschränken, sondern muss bei einer grundsätzlichen Lebensplanung und langfristigen Selbstorganisation ansetzen, die auch Umstiegsmöglichkeiten und B-Varianten beinhaltet. Wenngleich das anstrengend und zeitaufwendig ist, lohnt sich dieser Einsatz meistens.

Wenn Sie sich jetzt Gedanken über zukünftige Szenarien und Entscheidungskriterien machen, diese schriftlich festhalten und auch mit befreundeten Menschen besprechen, entgehen Sie später der Versuchung, aus Alternativlosigkeit oder mangelnder Entscheidungsfreude einfach irgendwie weiterzutreiben. Auch in dem Fall, dass sich dann ganz andere Möglichkeiten eröffnen, haben Sie mit diesen Reflexionen schon eine Grundlage zum Weiterdenken und innere Festigkeit.

- Brauche ich gegenwärtig ein zusätzliches Einkommen? Wie viel, und wie wird sich mein Finanzbedarf (für Wohnraumbeschaffung, Familiengründung, Altersvorsorge u.Ä.) voraussichtlich entwickeln?
- Wenn ich außerwissenschaftliches Einkommen generieren muss, welche Möglichkeiten habe ich, und wie harmonieren diese mit meinen akademischen Interessen?
- Kann und will ich bei sparsamem Lebensstil bis zum Abschluss meiner Promotion oder Habilitation auf zeitraubende oder belastende Nebentätigkeiten verzichten?
- Oder sind diese wichtig für das Aufbauen späterer Berufschancen?
- Ist mir bewusst, was in der Realität mein Standbein, was mein Spielbein ist?
- Unter welchen Bedingungen würde ich umsteigen?

Heutzutage werden internationale Erfahrungen erwartet, wenn Sie in der Wissenschaft Karriere machen wollen. Im eigenen Interesse sollten Sie sich frühzeitig darüber Gedanken machen, wann (und natürlich wo) das in Ihren Lebensplan passt. Gastprofessuren, „visiting scholarships", Lehre im Ausland sind oft auch in kleineren Etappen oder Blöcken möglich.

Ein mittlerweile auch in der soziologischen Forschung behandeltes Problem ist die Fortpflanzung der wissenschaftlich Tätigen.[24] Befristete Verträge mit hoher Arbeitsbelastung und negative Einschätzungen der beruflichen Zukunftsaussichten besonders unter Frauen scheinen ursächlich dafür zu sein, dass die realisierte Kinderzahl (bei beiden Geschlechtern) geringer ist als die Kinderwünsche. Erfahrungsgemäß geht häufig ein Aufschub der familiären Ziele in einen nicht bewusst gewählten Verzicht über. Besonders wenn die Karriere nicht wie erwünscht gelingt, kommt in der zweiten Lebenshälfte ein bitteres Gefühl auf, etwas Wichtiges versäumt zu haben.

Das könnte heißen, dass eine schlechte gesellschaftliche Vereinbarkeit von Familie und wissenschaftlichem Beruf zum Scheitern persönlicher Lebensvisionen führt, wenn man sich nicht selbst aktiv dafür einsetzt, die Vereinbarkeit herzustellen. Der erste Schritt dazu wäre, sich größtmögliche Klarheit über seine persönlichen Ziele zu schaffen, die eigenen Werte zu definieren und bei der Lebensplanung mit einer Visionsentwicklung zu beginnen.

Die bisherigen Bemerkungen bezogen sich vor allem auf die Situation jüngerer Wissenschaftler und Wissenschaftlerinnen. Doch auch wissenschaftlich Tätige über 40 Jahren sollten nüchtern einige bio-psycho-logische Bedingungen in Rechnung stellen: Nicht nur Ihre Werte und damit Entscheidungskriterien können sich verschieben (siehe Kapitel IV.4 „Ziele"), sondern auch Ihre Belastbarkeit und Stressresistenz werden abnehmen, Sie brauchen mehr und regelmäßigere Regenerationszeiten. Dafür wird Ihnen aber die langjährige Erfahrung im System und in den Strukturen der Wissenschaft sowie eine vertiefte Selbsterkenntnis helfen, effizient und effektiv zu arbeiten: Sie werden souveräner die wirklich wichtigen Ziele und Aufgaben priorisieren und diese dann rasch bewältigen. Sie können einen besseren Überblick, ein sichereres Urteilsvermögen, mehr gute Gewohnheiten und Gelassenheit entwickelt haben.

Von den äußeren Bedingungen her haben Menschen über 40 allerdings

---

[24] In Deutschland liegt die Kinderlosigkeit unter Wissenschaftlerinnen und zunehmend auch männlichen Wissenschaftlern deutlich über der in anderen europäischen Ländern. Siehe Forschung und Lehre (November 2008), 754–756 auf der Grundlage der Studie „Balancierung von Wissenschaft und Elternschaft": www.bawie.de.

oft weniger Alternativen am Arbeitsmarkt und weniger persönliche Flexibilität, um sich umzustellen. Das heißt, eine eventuelle Neuorientierung und ein Umstieg sollten rechtzeitig erfolgen, was wiederum für die Jüngeren die Konsequenz hat, dass es sehr unklug ist, ohne eine langfristige Karriereperspektive die Dinge einfach laufen zu lassen. Eine gute Lebensplanung berücksichtigt die voraussehbaren biologischen und damit zusammenhängenden Parameter.

Lösungsansätze

Rollenanalyse:
Ein praktischer Ansatzpunkt ist die Reflexion auf Ihre gegenwärtigen Rollen im Leben, auch „Lebenshüte" genannt (siehe oben Kapitel II.1). Eine bewährte Methode dafür ist, ein Mindmap anzulegen, in dessen Mitte Sie einen Kreis um Ihren Namen zeichnen und daran Hauptäste für drei bis maximal sieben Rollen. Hilfreich ist die Frage, für wen Sie in diesen Rollen Verantwortung tragen (zum Beispiel für Studierende, für das Funktionieren Ihres Institutes oder Teams, für Kinder, für andere Familienmitglieder, für enge Freunde und dergleichen).

Anschließend beantworten Sie die Frage, wofür Sie genau Verantwortung übernommen haben, und fügen die entsprechenden Aufgabenbereiche in kleineren Äste an die Hauptäste an. In einem nächsten Schritt können Sie diese Aufgaben spontan bewerten, indem Sie außen Symbole hinzuzeichnen, die zeigen, wie wichtig sie Ihnen sind, zum Beispiel:

☺ – „das mache ich gerne"
☹ – „das mache ich ungerne"
♥ – „das liegt mir am Herzen"
✓ – „das gehört dazu, ohne dass es positive oder negative Emotionen wecken würde"
→ – „das würde ich am liebsten delegieren"

Wenn Sie möchten, können Sie auch zu jeder Aufgabe noch eine ungefähre Einschätzung notieren, wie viel Ihrer Zeit Sie dafür aufwenden. Aus dieser Ist-Analyse ergeben sich oft schon Anregungen für mögliche Verbesserungen, um Ihrem Lebensideal (dem Soll) ein Stück näher zu kommen. Jedenfalls verhilft der Überblick zu Realismus und bewussterer Lebensbalance und erleichtert Prioritätsentscheidungen.

Wenn Sie immer wieder, zum Beispiel jährlich, eine solche Übersicht Ihrer jeweils aktuellen Lebensrollen anlegen, können Sie auch Entwicklungen leicht sehen und besser steuern.

Beispiel einer Rollen-Mindmap:

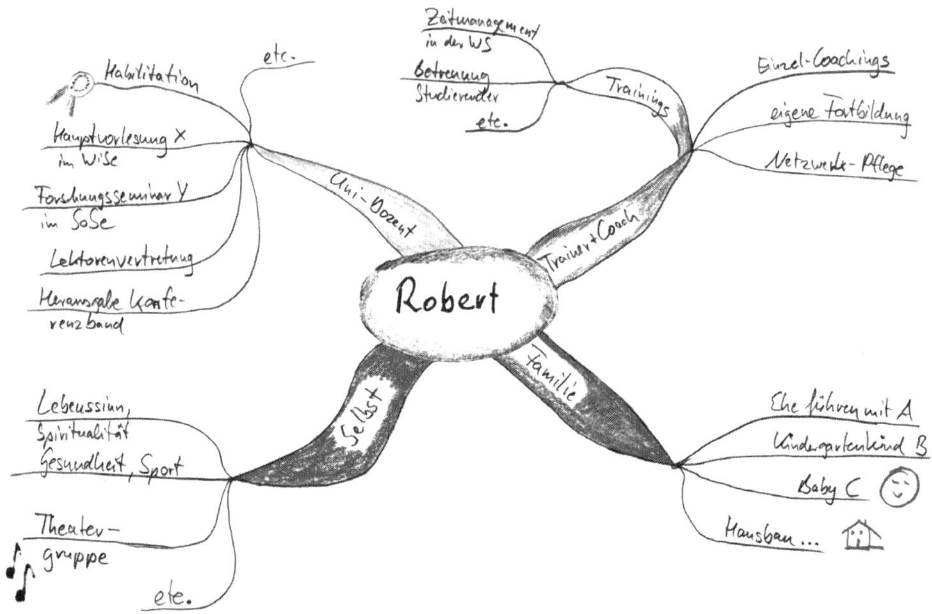

Da mit wissenschaftlicher Tätigkeit im Normalfall verschiedene Rollen verbunden sind, die auch unterschiedliche Anforderungen an Ihre Planung und Ihr Zeitmanagement stellen, kann hierfür und auch für die weitere Arbeit (vor allem mithilfe des Kapitels VI zu den wissenschaftlichen Kernaufgaben) die folgende Tabelle helfen.

Ordnen Sie Ihre wichtigsten Aufgabenbereiche je einer der Hauptrollen zu. Ergänzen Sie einen Satz, der zum Ausdruck bringt, wie wichtig Ihnen jede dieser Rollen ist. In den beiden rechten Spalten fügen Sie Ihre Selbsteinschätzung dessen ein, wie gut Sie jeden dieser Aufgabenbereiche erfüllen und wie lange Sie im Durchschnitt oder in Prozent Ihres gesamten beruflichen Zeitbudgets dafür arbeiten. Auch diese Analyse des Ist-Zustandes erlaubt, Engpässe zu erkennen und erste Konsequenzen zu ziehen.

Meine Rollen als Hochschullehrer/in:

Rolle	**Was? (Aufgaben)**	**Wozu? (Motivationssatz)**	**Wie gut?**	**Durchschnittl. Zeitaufwand**
Forschung				
Verwaltung				
Lehre				
Betreuung Studierender				

Integration aller Lebensbereiche:
Um eine langfristig lebbare, weil gesunde und Ihren übergeordneten Zielen entsprechende Lebensplanung zu erreichen, empfehlen wir Ihnen, grundsätzlich vier Lebensbereiche zu unterscheiden, die für jeden Menschen auf irgendeine Weise unverzichtbar sind.[25] Denn die hergebrachte Zweiteilung in „Beruf" versus „privat" oder „Freizeit" ist zu undifferenziert.

---

[25] Angelehnt an das Modell der Lebensbalance von Lothar Seiwert: Life-Leadership. Sinnvolles Selbstmanagement für ein Leben in Balance, Frankfurt (Campus) 2001, 24.

Beruf/Leistung: Hierunter fällt alles, was mit Ihrer Erwerbsarbeit zu tun hat. Mögliche Rollen: Forscher/in, Lehrende/r, Controller/in, Projektbetreuer/in, Krisenmanager/in, etc.

Familie und tragende Beziehungen: Mögliche Rollen: Mutter/Vater, Schwester/Bruder, (Ehe-)Partner/in, Freund/in etc.

Sinn/Engagement: Die Sorge für den Sinn Ihres Lebens hat eine theoretische und spirituelle Seite sowie eine praktische: wofür Sie sich außerhalb von Beruf und tragenden Beziehungen einsetzen, wo Sie sich ehrenamtlich engagieren, weil Sie so Ihre Werte verwirklichen.
Mögliche Rollen: Nachbarschaftshelfer/in, praktizierte Religion, Meditierende/r, Engagement beim Menschenrechts- oder Tierschutz etc.

Selbstsorge: Was Sie nicht für andere tun, sondern unmittelbar für sich selbst, Ihre Gesundheit, Rekreation, Balance. Mögliche Rollen: Läufer/in, Yogi, Leser/in, Faulenzer/in, Gourmet u.Ä.

Anhand dieser Einteilung sollten Sie zunächst Ihr Leben reflektieren und sich fragen, welche Vision und welche Ziele Sie als Wissenschaftler/in, als Familienmitglied o.Ä., als Sinnsuchende oder einfach für sich selbst haben.

Lebensbereich	**Lebensziel**	**Das bedeutet konkret (Vision)**
Beruf/Leistung		
Familie/tragende Beziehungen		
Sinn/Engagement		
Selbstsorge/Gesundheit		

Spielplan:
Auf der Ebene der Jahres- oder Semesterplanung können Sie die Vierteilung der Lebensbereiche in Form eines sogenannten Masterplans gut anwenden.[26] Dafür das Wort „Spielplan" zu verwenden, bringt zum Ausdruck, dass Planung Arbeit an konkreten Zielformulierungen ist, dass dies aber

---

[26] Vgl. Knoblauch/Hüger/Mockler: Dem Leben Richtung geben, 206–211.

mit der nötigen Flexibilität und einer spielerischen Einstellung einhergehen muss, die unverhofft sich auftuende Chancen wahrnehmen kann. Wenn diese Kombination aus Zielstrebigkeit und Entschiedenheit einerseits, Offenheit und Lebenslust andererseits fehlt, besteht die Gefahr, dass entweder die Illusion erzeugt wird, alles sei steuerbar, oder dass aus Angst vor Spontaneitätsverlust und Überplanung wichtige Lebensbereiche gar nicht berücksichtigt werden. Diese würden so nur nach dem Zufallsprinzip zum Zug kommen. Da berufliche Ziele meist sowieso geplant werden (müssen), heißt das im Normalfall, dass die privaten Ziele zu geringe Verwirklichungschancen erhalten.

Eine andere zu vermeidende Einseitigkeit ist, dass nur Aktivitäten geplant werden, die sich leicht in Form von Projektzielen formulieren lassen, weil diese naheliegende Teilschritte und ein planbares Enddatum haben. Die Herausforderung besteht darin, auch persönliche Weiterentwicklung zu planen und zu operationalisieren, also Dinge, die zu lernen sind, oder neue Gewohnheiten. Denn hier ist es schwierig, Zwischenziele und Endzustände zu definieren. Wann hätten Sie z.B. das Ziel, eine neue Sprache oder ein Musikinstrument zu erlernen, erreicht? Sie müssen selbst ein Kriterium entwickeln, das solch ein Ziel messbar macht, und auf dem Weg dorthin regelmäßig Zeit zum schrittweisen Lernen und Üben einplanen. Oder wann hätten Sie die neue Gewohnheit entwickelt, täglich um acht Uhr mit Ihrer Arbeit zu beginnen? Eigentlich dann, wenn Sie nicht mehr daran denken müssen, weil Sie es „automatisch" tun – bis dahin müssen Sie sich aber genügend Zeit zum Verfestigen des neuen Verhaltens nehmen und sich regelmäßig fragen, inwieweit Sie diesem Ziel schon näher gekommen sind.

Planen Sie nicht nur Projektziele, sondern auch Lern- und Gewohnheitsziele. Wenn Sie diese drei Zielkategorien mit den vier wichtigsten Lebensbereichen schneiden, haben Sie das Grundmuster eines umfassenden Spielplans, der eine balancierte Zeitgestaltung und Selbstorganisation ermöglicht.
Verbinden Sie das mit Ihrer Jahres- oder Semesterplanung (siehe Kapitel IV.5 unter „Mittelfristige Planung"), indem Sie selbst eine solche Matrix in Ihrem Computer erstellen und diese dann regelmäßig ausfüllen und aktualisieren.

Der folgende Muster-Spielplan zeigt die Grundstruktur und anhand kreativer Beispiele, dass es möglich ist, für jeden Lebensbereich jegliche Art von Zielen zu formulieren. Es muss nicht immer in allen Tabellenfeldern ein

Vorhaben eingetragen werden, aber im Lauf mehrerer Spielpläne werden Sie darauf achten, dass nicht ein Lebensbereich auf Dauer zu kurz kommt. Die aktuelle Gewichtung der einzelnen Bereiche wird sich nach objektiven Zwängen richten, vor allem nach beruflichen Pflichten, aber auch nach Ihren persönlichen Werten. Das regelmäßige Planen und Evaluieren mit diesem Instrument erlaubt, Vorhaben z.B. auf das nächste Jahr zu verschieben, ohne sie zu vergessen.

Was im Sinn der ersten, zu Beginn dieses Kapitels behandelten Dimension der Lebensplanung auf jeden Fall in Ihrem Spielplan Platz finden sollte, sind Agenden der Karriere- oder Berufsplanung.

- Welche Projekte sollte ich im nächsten Jahr/im nächsten Semester durchführen, um mir längerfristig berufliche Optionen zu erschließen?
- Was möchte ich im Hinblick darauf lernen, welche zusätzlichen Kompetenzen erwerben?
- Welche Gewohnheiten – vor allem des Zeitmanagements und meiner Selbstorganisation – werden mich hierbei unterstützen? Welche neue Verhaltensweise gewöhne ich mir als erste an?
- Welche Lebensbereiche sind bisher zu kurz gekommen, und welche konkreten, überprüfbaren Ziele setze ich mir jetzt in diesen?

Spielplan von ___________ *bis* ___________ *(Nächster Planungstag:* _________________ *)*

	Projektziele	**Lernziele**	**Gewohnheitsziele**
Beruf	z.B. Konzept für neue Teamstruktur bis 15.5.	z.B. Mindmanager lernen	z.B. täglich mit der wichtigsten Aufgabe beginnen, Post nach Mittag erledigen
Sinn, Engagement	z.B. neue Statuten für Orchideenzuchtverein	z.B. eine spirituelle Praxis einüben	z.B. Chor wöchentlich
Familie, tragende Beziehungen	z.B. neue Küche einrichten bis Ende März	z.B. mit Tochter Schlittschuhlaufen	z.B. jeden Sonntag Beziehungstag/Ehegespräch
Selbst	z.B. monatl. Konzert/Theater/Ausstellung: Juli ☐ Aug. ☐ Sept. ☐ Okt. ☐ Nov. ☐ Dez. ☐	z.B. Spanisch lernen bis 4. Lektion	z.B. wöchentlich Schwimmen

III. Energiemanagement: Vom Stress zum Flow

Worum es geht:

„Alles hat seine Stunde. Für jedes Geschehen unter dem Himmel gibt es eine bestimmte Zeit."

Kohelet 3,1

Wie der populäre Vergleich des menschlichen Gehirns mit einem Computer, des Gedächtnisses mit einer Festplatte usw. manifestiert, gewöhnen wir uns allmählich daran, uns selbst wie Maschinen zu betrachten. Doch zeigt die tägliche Erfahrung, dass unsere Konstitution sehr viel komplexer ist und dass wir eine Einheit von organischem Leib, Seele und Geist sind. Gute Leistungen können wir nur dann erbringen, wenn wir als Ganze in einem guten Zustand sind. Dann fühlen wir uns voller Energie, können kognitive, emotionale oder körperliche Herausforderungen meistern und daran wachsen.

In diesem Kapitel erfahren Sie einiges von der Interaktion dieser dreidimensionalen Einheit mit der Umwelt und bekommen viele Ansatzpunkte präsentiert, um Ihren Energiehaushalt, Ihre Stressresistenz, geistige Leistungsfähigkeit und Motivation zu verbessern.

1 Distress und Eustress

Worum es geht:

Mit den eigenen Energien sorgsam und zielgerichtet umzugehen und Stress aktiv zu begegnen, ist Basis jeder erfolgreichen Lebensführung.

In unserer schnellen und unberechenbaren Welt breiten sich psychische Erkrankungen immer mehr aus und die Weltgesundheitsorganisation erklärte den beruflichen Stress zu „einer der größten Gefahren des 21. Jahrhunderts".[27] *Unsichere Vertragsverhältnisse, permanenter Leistungsdruck, zu viele Aufgaben und mangelnde Wertschätzung der Einzelnen durch die Organisation gehören unserer Erfahrung nach zu den häufigsten Stressverursachern für wissenschaftlich Tätige.*

Sie lesen hier, wie Sie Ihre persönlichen Stressverursacher identifizieren, was Sie für einen gesunden persönlichen Energiehaushalt tun und welche Maßnahmen Sie vorbeugend sowie in einer akuten Stresssituation ergreifen können.

---

[27] Der Spiegel, Nr. 4/2011, 116.

Was ist Stress?

Unter Stress (*engl.:* Druck, Anspannung; *lat.:* stringere: anspannen) versteht man die Beanspruchung durch Belastungen, also objektive, von außen her auf den Menschen einwirkende Größen und Faktoren. Diese können physikalischer Natur sein (Kälte, Hitze, Lärm, starke Sonneneinstrahlung etc.) oder toxische Substanzen (z.B. Rauch). Auf emotionaler Ebene können psychische Belastungen sowie bestimmte eigene Einstellungen, Erwartungshaltungen und Befürchtungen Stressoren sein.

Ursprünglich stammt der Begriff Stress aus der Physik. Stress bedeutet in der Werkstofflehre Zug oder Druck. 1936 hat der Mediziner Hans Selye die „unspezifische Reaktion des Körpers auf jegliche Anforderung" als Stress bezeichnet. Meist geht es um das Gefühl eines Ungleichgewichts zwischen den gestellten Anforderungen und den vorhandenen Mitteln, die zu ihrer Bewältigung zur Verfügung stehen.

Stress ist lediglich in der Umgangssprache fälschlicherweise negativ besetzt, er ist aber keineswegs prinzipiell etwas Schädliches, sondern unvermeidlich, solange sich das Leben mit seiner Umwelt auseinandersetzen muss. Jeder Störfaktor, der die Ruhehomöostase stört, heißt Stressor.[28] Je nach Einschätzung einer Stresssituation – als negativ oder positiv – können zwei Stressformen unterschieden werden:

Distress tritt dann ein, wenn ein Ereignis als unangenehm oder bedrohlich wahrgenommen und als Überforderung eingestuft wird.

Eustress erlebt man dann, wenn ein Ereignis als angenehm oder lustvoll erlebt wird und eine Herausforderung darstellt.

Der Übergang vom Eu- zum Distress kann oft fließend sein. Gerade wissenschaftlich Tätige, die sich mit ihrer Arbeit stark identifizieren, dabei Spaß und Erfüllung erleben, vergessen oft, rechtzeitig für Erholung und Muße zu sorgen. Aus der Burnout-Forschung weiß man, dass vor allem Menschen, die für ihren Job „brennen", ausbrennen können. Auch hier stellt sich also immer wieder die Frage des rechten Maßes, und es erweist sich als notwendig, regelmäßig in sich hineinzuhören und körperliche und seelische Signale rechtzeitig zu erkennen.

Wird eine Situation als stressig eingestuft, so beginnt ein körperliches Notfallprogramm abzulaufen: Vom Hypothalamus alarmiert, schüttet die Hypophyse Botenstoffe aus. Über den Blutkreislauf erreichen sie die Nebennierenrinden. Die Nebennierenrinden produzieren das Stresshormon

---

[28] Georg Stummvoll/M.L. Pretterklieber/F. Kainberger: Bewegung und Leistung, Wien (Facultas) 2009, 63.

Kortisol. Im Nebennierenmark werden Adrenalin und Noradrenalin gebildet. So wird der gesamte Körper in Alarmbereitschaft versetzt. In Situationen, in denen Kraft und Anstrengung notwendig sind, in denen es auf Kampf, Flucht oder Wettbewerb ankommt, profitiert der Mensch von der Energie der Stressreaktion. Im normalen Büroalltag des 21. Jahrhunderts ist dieses biologische Überlebensprogramm, das den Menschen auf außergewöhnliche Herausforderungen reagieren lässt, aber oft kontraproduktiv.[29] Ein Weglaufen aus der Situation ist nicht möglich oder wird als eher unprofessionelle Vorgangsweise betrachtet. Das Denk- und Entscheidungsvermögen ist zugleich eingeschränkt, was auch die gefühlte Handlungsautonomie einengt.

Ist eine bestimmte Konzentration von Stresshormonen im Blut erreicht, wirkt sie beim gesunden Menschen einer weiteren Ausschüttung entgegen. Der Körper entspannt sich wieder. Ist dieser Regelkreis gestört, bleibt der Stresshormonspiegel im Blut dauerhaft hoch, der Körper verliert also die Fähigkeit, seine Funktionen wieder auf sein früheres Niveau zurückzuführen. Die anhaltend hohe Ausschüttung von Stresshormonen schwächt das Immunsystem und kann zu Erschöpfung sowie körperlichen und seelischen Erkrankungen führen. Gefährlich wird Stress also dann, wenn die Erholungsphasen fehlen.

Solange aber der Rhythmus, also der Wechsel zwischen Anspannung und Loslassen, stimmt, kann man an den Anforderungen und Aufgaben wachsen und sogar mehr Selbstbewusstsein entwickeln.

Faktoren der Stressentstehung

Wie Stress erlebt und verarbeitet wird, ist oft eine Frage der subjektiven Empfindung und Einschätzung. Das entscheidende Moment hier ist die *Interpretation* bzw. die *Bedeutung*, die man einer Situation beimisst. Bedeutsam dabei sind meist Erfahrungen und Erwartungen, unabhängig davon, ob sie real oder irreal sind. Stress ist also zum Teil „selbstgemacht", und es ist nicht möglich, allein aus einer Situation abzuleiten, ob und wie starken Stress diese verursachen wird.

Ob eine Situation als „gefährlich" empfunden wird, hängt natürlich in hohem Ausmaß auch von den momentanen Lebensumständen ab. Wer eine fixe Stelle innehat, wird die Gefahr der Arbeitslosigkeit anders einschätzen als eine Person, die nur an einem befristeten Projekt mitarbeitet.

Ein zweiter Faktor ist die *Kontrollierbarkeit*. Wer überzeugt ist, ein bedrohliches Ereignis leicht kontrollieren zu können, bei dem wird Stress

[29] Degener/Hütter: Raus aus dem Zeitstress, 11.

wesentlich geringer ausfallen. „Stress ist definiert als ein Spannungszustand, der durch die Befürchtung entsteht, dass eine stark aversive, zeitlich nahe oder bereits eingetretene subjektiv lang andauernde Situation als nicht vollständig kontrollierbar erlebt wird, deren Vermeidung aber subjektiv wichtig erscheint."[30]

Darüber hinaus entscheiden auch die vorhandenen persönlichen *Ressourcen*, wie sich Stress auswirkt. Äußere Ressourcen sind die Bewältigungsmöglichkeiten eines Menschen, die ihm von der Umwelt angeboten werden, wie Handlungsspielraum und Mitwirkungsmöglichkeiten, soziale Unterstützung, eine interessante Tätigkeit, Aufstiegschancen und ein gutes Organisationsklima. Innere Ressourcen sind die persönlichen Bewältigungsmöglichkeiten eines Menschen wie Fitness und Lebensstil, soziale Einbindung, Selbstwertgefühl, die Fähigkeiten, Probleme zu lösen und sich zu entspannen. Wer hohe Anforderungen bewältigen soll, aber kaum Einfluss auf das Geschehen in der Organisation nehmen kann, ist gesundheitlich am stärksten bedroht.

Auch die *Grundeinstellung* zu sich und anderen[31] spielt beim Umgang mit Stress eine Rolle. Je positiver jemand sich selbst und die Umgebung wahrnimmt, umso konstruktiver gestaltet sich der Umgang mit Problemen, und desto eher werden Lösungen gefunden und können stressige Situationen (auch im Team) gut gemeistert werden. Betrachtet man sich selbst und/ oder die Umgebung aber eher negativ, so führt dies meist zu einer steigenden Problemorientierung und abnehmenden Lösungskompetenz. Es werden Verteidigungspositionen eingenommen, Fehler und Schuldige gesucht, und Druck und Unbeweglichkeit steigen. Statt Sachlichkeit herrschen Emotionalität, Aggression oder auch Rückzug, Resignation und Hilflosigkeit vor.

Ein weiterer Auslöser von Stress ist, wenn das Prinzip der Gegenseitigkeit nicht beachtet wird. Für die erbrachte Leistung verlangen Menschen eine angemessene Belohnung in Form von Gehalt, beruflichen Perspektiven und Wertschätzung. Wird diese unausgesprochene Tauschbeziehung durch Vorgesetzte nicht eingehalten, so kommt es zu ausgeprägten Stressreaktionen.[32]

---

30 http://www.stangl.eu/psychologie/definition/Stress.html (nach Aichinger; 8.7. 2011).

31 Eric Berne, der Begründer der Transaktionsanalyse, unterscheidet vier unterschiedliche Beziehungsmuster von „Ich bin o.k. – Du bist o.k." bis „Ich bin nicht o.k. – Du bist nicht o.k." und ihre Auswirkungen auf die Kommunikation.

32 Der Spiegel, Nr. 48/2008, 153.

Stresstypen

Der Stressforscher Bruce McEwen unterscheidet drei verschiedene Reaktionstypen auf Dauerstress, die auf längere Zeit zu Gesundheitsschäden führen können.[33]

Der erste Typus ist ein Mensch, der jeden Tag einen neuen Stressor braucht, sich etwa ständig neue Projekte auflädt, Termine ausmacht und überdies immer versucht, es seinen Vorgesetzten rechtzumachen.

Der zweite Typus beschreibt einen Menschen, der sich nicht an einen immer wiederkehrenden Stressor gewöhnen kann. Normalerweise reagiert der Mensch auf einen Stressor bei der ersten Begegnung besonders stark, aber sobald er die Gefahr kennt, wird die Stressreaktion mit der Zeit schwächer. Man lernt also, mit der Stresssituation umzugehen.

Der dritte Typus ist jener Mensch, der schwer abschalten kann. Der Stressor ist schon längst verschwunden, trotzdem ebbt die Stressreaktion der Person nicht ab.

- **Wenn Sie die Themen Faktoren, Grundeinstellungen und Stresstypen für sich analysieren – wo erkennen Sie sich und eigene Verhaltensweisen wieder?**
- **Wie würden Sie Menschen, mit denen Sie zusammenarbeiten oder leben, einordnen, um deren Reaktionen in Zukunft besser einschätzen zu können?**

Stress wirkt „ansteckend". Wenn Sie sich und andere besser verstehen, können Sie aus dem Kreislauf der sich aufschaukelnden Emotionen schneller aussteigen.

Mögliche Stressauslöser

Arbeit: Zu viel Arbeit, Arbeit unter Druck, ständige Unterbrechungen

Rhythmus und Erholung: Arbeiten wider den eigenen Rhythmus, zu wenige Pausen und Zeiten für Rückzug, Erholung und Kreativität, ständige Verfügbarkeit (Telefon, E-Mail etc.)

Organisations- und Informationskultur: Mangelnde Wertschätzung und soziale Rückendeckung durch Vorgesetzte, (zu) starkes Konkurrenzden-

---

[33] Unger/Kleinschmidt: Bevor der Job krank macht, 67.

ken und wenig Teamgeist, geringe Mitsprache- und Entscheidungsmöglichkeiten, wenige oder einander widersprechende Informationen, wenige oder keine Entwicklungschancen

Globalisierung und Geschwindigkeit: hohe Geschwindigkeit des (Arbeits-)Lebens, Fachkenntnisse müssen laufend auf den neuesten Stand gebracht werden (sinkende Halbwertszeit des Wissens), ständige Auseinandersetzung und starke Konkurrenz mit der „Scientific Community", Gefühl „es ist nie genug"

Persönliches: Zu viele unterschiedliche Lebens- und Berufsrollen bzw. Anforderungen, die eigenen Ziele bleiben ständig auf der Strecke, innere Antreiber wie Perfektionismus, Schnelligkeit, Leistungsbereitschaft, hohe eigene Erwartungen, vertragliche/finanzielle Unsicherheiten, berufliche und/oder private Konflikte

- Was sind meine Hauptstressoren? Kann ich sie in der Reihenfolge ihrer Bedeutung auflisten? Ist es ein bestimmter Bereich, der mich stresst, oder ist es die Summierung mehrerer Faktoren?
- Welcher eigene innere Anspruch steckt dahinter?
- Welche körperlichen Symptome zeigen sich bei mir?
- Welche Frühwarnsignale erkenne ich bei mir in/vor Stresssituationen?

Abwehrmechanismen und Stress-Bewältigung

Verfügt man über keine angemessenen Strategien im Umgang mit Stress, so ergreift man oft unbewusst Abwehrmechanismen, die zwar im Moment entlasten, aber selten zu einer Lösung beitragen. Dazu zählen z.B. die Verdrängung von Situationen, die Rationalisierung (man sucht für eine enttäuschende Situation eine plausible Erklärung, die aber nicht dem wirklichen Sachverhalt entspricht), der Rückfall auf vergangene Entwicklungsstufen, indem man wie ein Kind reagiert, Rückzug, Projektion eigenen Verhaltens auf andere oder auch die zu starke Beschäftigung mit der eigenen Person. All das sollten Sie vermeiden.

Analysieren Sie stressauslösende Situationen, reflektieren Sie Ihre eigenen Verhaltensweisen und suchen Sie nach Lösungen. Grübeln Sie aber nicht ständig über Belastendes und machen Sie sich nicht vor sich selbst schlecht.

Die hier vorgeschlagenen Lösungsansätze beziehen sich auf die drei Ebenen Bewertung von Gedanken, Körpervorgänge und Verhalten.[34] Jeder Veränderungsansatz hat aufgrund der anthropologischen Einheit auf die anderen beiden Ebenen Auswirkungen, weshalb Sie in einem Bereich Ihrer Wahl und Präferenz beginnen können.

Belastender Stress-Zustand	*Bewältigung*
Bewertungen – Gedanken	
Negative Gedanken und Bewertungen in Bezug auf uns und die Umwelt, sorgenvolles Grübeln.	Förderliche mentale Vorgänge, Neu- und Umbewertung, Sehen anderer Bedeutungen, weniger negative Gedanken, positive Ziele.
Körpervorgänge	
Alarmierung des sympathischen Nervensystems, Körperanspannungen. Hormonelle Veränderungen.	Ent-Spannung, Normalisierung des sympathischen Nervensystems. Hormonelles Gleichgewicht.
Verhalten	
Emotionales Reagieren (z.B. Schimpfen), Aggression, Risikoverhalten, Flucht, Resignation, Selbstmitleid.	Situationen stressfreier gestalten. Zielorientiertes Handeln und Reden.

**Vergegenwärtigen Sie sich einmal eine typische Stresssituation und überlegen Sie, was Sie persönlich daran ändern können.
Welche eigenen Erwartungen, Ansprüche und inneren Antreiber wie Perfektionismus oder der Wunsch, es anderen rechtzumachen, treiben Sie immer wieder in scheinbar ausweglose Situationen?
Was können Sie selbst ändern, und womit müssen Sie aufgrund der hie-**

[34] Vgl. Tausch: Hilfen bei Stress und Belastung, 77.

rarchischen Gegebenheiten und Abhängigkeiten im Moment leben? Das kann etwa dann der Fall sein, wenn Sie administrative Agenden übertragen bekommen und der anweisende Vorgesetzte auch in Ihrer Habilitationskommission sitzt.
Entwickeln Sie ein Gefühl für die taktische Vorgehensweise Ihrer Umgebung und überlegen Sie geeignete Strategien, um dieser erfolgreich zu begegnen. Lassen Sie sich nicht alles gefallen!

Stressverminderung durch förderliche Gedanken, Bewertungen und Einstellungen

Gedanken, Einstellungen, Bewertungen und Vorstellungen über eine Situation spielen eine entscheidende Rolle, ob und wie stressreich diese erlebt wird. Bewertet man sich selbst und die Umwelt förderlich oder neutral statt beeinträchtigend und belastend, so ändern sich das Fühlen, das Verhalten und die Gesundheit.

Sehr hilfreich kann dabei die Einstellung „schauen wir einmal" sein. Versuchen Sie, auch schwierig scheinenden Situationen oder Gesprächspartnern mit Offenheit zu begegnen. Oft entwickeln sich dann Gespräche ganz anders, als wenn man mit der Erwartung „das wird sicher ein Problem" hineingeht.

Eine Änderung der Einstellung oder Bewertung ist oft die einzige, aber auch sehr wirkungsvolle Methode, wenn äußere Gegebenheiten nicht oder nur wenig beeinflussbar sind. Ziel ist dabei aber nicht, die Realität zu verdrängen oder „schönzufärben", sondern neue Perspektiven zu sehen und damit anders handeln zu können, also das persönliche Handlungsspektrum zu erweitern. So gelingt es, sich nicht durch eine negative Überbewertung und sorgenvolles Grübeln in lähmende Ängste und Spannungen hineinzusteigern und körperlich und geistig energielos zu werden. Grübeln führt im Gegensatz zu Nachdenken, das ziel- und aufgabenorientiert ist, sehr selten zu Lösungen. Beim Grübeln ist man meist auf negative Aspekte fokussiert, weshalb sich die emotionale Spirale nach unten bewegt und das ganze Leben oft schwer und belastend erscheint.

Beobachten Sie Ihre Gedanken, Einstellungen und Glaubenssätze[35] und überprüfen Sie, ob diese noch für Sie gültig sind.

- **Müssen Sie wirklich immer „Ja" sagen?**
- **Müssen Sie allen an Sie gestellten Anforderungen immer oder sofort gerecht werden?**
- **Muss ein Mensch oder eine Situation Sie stressen, oder könnten Sie dies auch anders sehen?**

Vieles, was Sie sich in Ihrer Kindheit oder Jugend an Verhaltensweisen angeeignet haben, mag damals sinnvoll gewesen, kann aber für Sie als erwachsener Mensch mit eigener Lebenserfahrung an Gültigkeit verloren haben.

Wenn Sie wiederholt gegenteilige Erfahrungen machen, verändern sich Glaubenssätze und erweisen sich damit als nicht mehr richtig.

Versuchen Sie immer wieder, mehrere Seiten einer Meinung oder Sache zu sehen.
Achten Sie auf Ihre Sprache und vermeiden Sie das Wort „müssen", indem Sie z.B. statt „Ich muss das jetzt noch machen" sagen: „Ich mache das jetzt".
Sprechen Sie von Verhaltensweisen, die Sie ablegen möchten, in der Vergangenheit. Sagen Sie z.B. statt „Ich kann nur gut arbeiten, wenn ich alles perfekt mache" – „ Bisher meinte ich, nur dann gut arbeiten zu können, wenn ich auch alles perfekt mache."
Eine Möglichkeit ist auch, „so zu tun als ob": Wenn Sie beispielsweise mehr Gelassenheit entwickeln wollen, dann beginnen Sie den Tag mit dieser Qualität (entspannte, aufrechte Körperhaltung, ruhige/freudige Erwartung des Tages, Achtsamkeit im Sein und Tun) und durchleben so den ganzen Tag. Erinnern Sie sich mehrmals im Laufe des Tages an Ihre neue Verhaltensweise (mittels Ihres Mobiltelefons, Computers etc.) und nehmen die gewünschte körperliche und mentale Haltung ein.

Eine weitere Möglichkeit der Stressreduktion besteht darin, mental aus der als stressig empfundenen Situation auszusteigen.

---

[35] Glaubenssätze sind Meinungen und Überzeugungen, die sich im Laufe des Lebens aus bestimmten Erlebnissen oder Erfahrungen gebildet haben und die man für Wahrheiten hält.

„Zoomen" Sie das Ereignis oder auch die Person von sich weg.
Stellen Sie sich vor, Sie selbst sitzen auf einem anderen Planeten und schauen sich das Geschehen in Ihrem Büro an.
Überlegen Sie, was Sie in einem oder zwei Jahren über das Problem denken werden.
Wie würde jemand, der mit der Sache gar nichts zu tun hat, diese beurteilen?

Auch das *Relativieren* von Geschehnissen kann sehr heilsam sein. Bedenken Sie, was Sie im Leben alles schon erfolgreich bewältigt haben – da kann doch dieser kleine Ärger für Sie keine Hürde darstellen.

Beobachten Sie auch Ihre *Selbstgespräche* – wie oft sprechen oder denken Sie negativ über sich („Ich war/bin zu ungeschickt, zu schlecht, zu …") und behandeln Sie sich mit dem Respekt, den Sie sich von anderen wünschen.

Mit der Methode des *Gedanken-Stopp* können Sie lernen, negative Gedanken und Sorgen abzustellen. Sobald der Gedanke auftaucht, sagen Sie ganz laut „Stopp" zu sich, klatschen in die Hand und/oder verändern Ihre Körperhaltung und denken bewusst an etwas anderes. Es ist ganz wesentlich, den Körper hier mit einzubeziehen, damit dieser ein positives Signal erhält. Sie können Ihre Gedanken auch in einen imaginären Luftballon packen, ihn zuschnüren und mit den Sorgen davonfliegen lassen.

Ein Beispiel: Sie bekommen eine Tätigkeit übertragen, die mit Ihrem eigentlichen Aufgabengebiet nichts zu tun hat, können aber aus karrieretechnischen Überlegungen nicht ablehnen. Sie haben nun immer mehrere Handlungsoptionen und nicht nur eine, wie es in Stresssituationen manchmal scheint („Tunnelblick"). Schon alleine das Erkennen dieses Aktionsspielraums kann Sie aus der Opferrolle befreien und Ihnen das Gefühl geben, agieren statt nur reagieren zu können.

Es steht Ihnen frei, sich zu ärgern, Ihren Tagesplan über Bord zu werfen und sich sofort und mit Akribie ans Werk zu machen. Sie können aber auch eine Minute innehalten, die neue Situation durchdenken („Es ist, wie es ist"), die zugeteilte Aufgabe mit höchster Effizienz durchplanen und sofort oder auch zu einem späteren Zeitpunkt erledigen. Vermeiden Sie, Gefühle wie Ärger, Frust, Selbstanklagen oder Schuldzuweisungen aufkommen zu lassen. Jedes negative Gefühl kostet Energie, die Sie für Ihre eigentlichen Ziele und nicht für „Nebentätigkeiten" einsetzen sollten. Wenn Sie sich entschlossen haben, dann handeln Sie nach dem Prinzip „Ich mache es einfach."

Zielorientiertes Handeln

Eine realistische und vorausschauende *Zeitplanung* mit ausreichenden Pufferzeiten ist die wirkungsvollste Stressprophylaxe. Nehmen Sie sich gerade dann, wenn es besonders stressig ist oder Ihr Tagesplan durcheinandergeworfen wurde, Zeit für Planung und das Setzen von Prioritäten.

Bemühen Sie sich um eine *sachliche Information* in Bezug auf die objektiven und subjektiven Fakten. Das kann zum Beispiel die Forderung nach einer detaillierten Aufgabenbeschreibung und Abklärung der Agenden im Team oder die Definition fixer Wissenschaftszeiten für Ihre Forschung sein. Möglicherweise müssen erst in einem Gespräch mit Vorgesetzten oder Kolleginnen bzw. Kollegen unterschiedliche Standpunkte ausgetauscht werden, um zu einer für alle zufriedenstellenden Lösung in der Zusammenarbeit zu kommen.

Beugen Sie *Konflikten* vor, indem Sie strittige Punkte ansprechen, bevor sie sich zu einem größeren Problem entwickeln. Versuchen Sie, lösungs- und nicht nur problemorientiert zu denken, denn „problem talk creates problems, solution talk creates solutions".

Wenn Sie aber merken, dass Sie keinen Einfluss nehmen und nichts verändern können, dann distanzieren Sie sich mental von der Angelegenheit. Konflikte in Organisationen kosten oft sehr viel Zeit und Energie. Gestalten Sie Ihr Büro und Ihren *Arbeitsplatz* so, dass Sie sich wohl fühlen und gerne und gut arbeiten können. Achten Sie auf einen ausreichend großen Schreibtisch, der Ihnen Platz und Übersicht gibt, sorgen Sie für die richtige Temperatur (ca. 21 Grad), frische Luft und, wenn Sie dies mögen, Pflanzen und Bilder.

Unterlassen Sie Verhaltensweisen, die Sie persönlich belasten. Lernen Sie, „Nein" zu sagen, sich nicht selbst zu „zerfleischen", und schieben Sie Dinge nicht auf. Umgeben Sie sich mit Menschen, die Freude, Optimismus und Wärme ausstrahlen, und lernen Sie von ihnen.

Haben Sie Geduld für das Einüben neuer Verhaltensweisen. Meist handelt es sich um Muster, die Sie schon viele Jahre gelebt haben und die sich nicht von heute auf morgen abstreifen lassen. Gehen Sie in kleinen Schritten vor, trainieren Sie zunächst in Situationen mit geringem Stressfaktor und steigern sich allmählich. Bedenken Sie, dass Sie das frühere Verhalten möglicherweise schon Tausende Male in Ihrem Leben angewandt haben und es Zeit braucht, um sich neu zu konditionieren.

Körperliche Aktivität

Aktuelle Studien belegen, dass Menschen, die regelmäßig Sport betreiben, vor Stress besser geschützt sind und auch seltener krank werden. Sie halten Arbeitsbelastungen besser aus, leiden weniger an Schlafstörungen und Erkältungen. Wenn Sie in Stress geraten, reagiert der gesamte biologische Organismus bei sportlichen Menschen anders auf Stress als bei unsportlichen: Bei körperlich Aktiven schnellt die Herzrate bei Stress nicht so stark in die Höhe. Es werden Stresshormone in einer anderen Weise ausgeschüttet.

Für die stressdämpfende Wirkung von Sport gibt es zwei Erklärungen:[36] Die psychologische geht davon aus, dass sportlich aktive Menschen ein ausgeprägteres Selbstwertgefühl haben und stärker daran glauben, dass sie das, was sie sich vornehmen, auch schaffen können. Die andere Erklärung hängt mit der Veränderung der Stresshormone durch Sport zusammen.

Es kommt übrigens nicht so sehr auf die Sportart an, sondern auf die Regelmäßigkeit, in der sie ausgeübt wird.

Entspannung

Entspannungsverfahren lösen aktuelle und reduzieren chronische Spannungszustände. Zu den gängigsten zählen das Autogene Training, die Progressive Muskelentspannung, Yoga, Meditation, Qi-Gong, imaginative Verfahren und Biofeedback. Welche Methode für Sie die passende ist, ist vor allem eine Frage der persönlichen Vorlieben sowie des Lern- und Zeitaufwandes, der damit verbunden ist.

Nach drei bis vier Wochen regelmäßiger Übung wird der entspannende und beruhigende Effekt im Alltag spürbar, einerseits als eine größere allgemeine Gelassenheit und andererseits als eine bessere Fähigkeit der Selbstregulation, indem der geübte Entspannungszustand willentlich hergestellt werden kann.

Erstaunliche Ergebnisse liefert die jüngste Forschung zur Meditation. Mithilfe neuer wissenschaftlicher Werkzeuge wie zum Beispiel der Magnetresonanz-Tomographie (MRT) oder der verbesserten Elektroenzephalographie (EEG) sind Hirnforscher und Neurologen in der Lage, die Wirkung von Meditation auf das menschliche Gehirn nachzuvollziehen. Demnach verändert Meditation nicht nur die Struktur des Gehirns, sondern vergrö-

[36] Salzburger Nachrichten, 16.10.2010, Interview mit Univ.Prof. Reinhard Fuchs, Sportpsychologe an der Universität Freiburg.

ßert die Dicke der Hirnareale, die für Erkenntnis, Wohlbefinden und Emotionsregulierung zuständig sind.[37] Die kognitive Belastbarkeit steigt also dank regenerierter und neuer Nervenzellen.

Sowohl körperliche Aktivität als auch Entspannungsmethoden können als Vorbeugung, aber auch in und nach einer Stresssituation sehr wirkungsvoll sein. In der Stresssituation geht es vor allem darum, möglichst bald wieder „arbeitsfähig" zu werden. Solange Sie sehr stark Ihren negativen Gefühlen verhaftet sind, können Sie sich nur schwer konzentrieren, und Ihre Arbeit wird nicht wirklich vorangehen. Werfen Sie mit folgenden Vorschlägen Ihren Ärger möglichst schnell über Bord:

- Verlassen Sie kurz den Schauplatz des Geschehens, verschaffen sich Bewegung und damit wieder einen klaren Kopf. Vielleicht möchten Sie sich einen kleinen Sandsack in Ihrem Büro aufhängen, an dem Sie sämtliche Aggressionen loswerden können.
- Laden Sie Ihren Unmut bei einer guten Freundin oder einem lieben Kollegen ab. Stoppen Sie sich selbst aber nach einigen Minuten, um nicht in eine Spirale des Negativen zu gelangen.
- Hören Sie Musik, die Sie in eine gute Stimmung bringt. Wenn Sie dazu singen, ist der Effekt noch größer.
- Atmen Sie so, dass Ihr ganzer Körper mit frischem Sauerstoff gefüllt ist. Wenn Sie gerne möchten, können Sie sich vorstellen, dass goldene Farbe Ihren Körper ausfüllt oder dass Sie mit jedem Einatmen Energie aus der Erde holen und mit jedem Ausatmen allen Ärger loswerden.
- Tun Sie sich etwas Gutes – eine Tasse Tee oder ein Glas Fruchtsaft, Nüsse, Bananen oder ein Stück Schokolade mit 70% Kakaoanteil. Die Wirkstoffe des Kakao helfen übrigens bei der Bildung von Glückshormonen.
- Denken Sie intensiv an etwas Schönes und konzentrieren Sie sich darauf. Mit etwas Übung gelingt es Ihnen immer besser, Ihre Gedanken und Gefühle zu steuern.
- Körperzustände beeinflussen psychische Zustände.[38] Wenn Sie also Ihren Körper aufrichten bzw. in einen Zustand versetzen, in dem Sie sich normalerweise ruhig und gelassen fühlen, so hat dies Auswirkungen auf Kognition und Emotion: Sie werden sich sehr schnell nicht mehr gestresst fühlen.

---

[37] Cromie, W.: Meditation found to increase brain size, http://news.harvard.edu/gazette/story/2006/02/meditation-found-to-increase-brain-size/ (8.7.2011).

[38] Vgl. Storch, M./ Cantieni, B./Hüther, G./ Tschacher, W.: Embodiment. Die Wechselwirkung von Körper und Psyche verstehen und nutzen, Bern (Huber) 2006, 7.

- Welche Sport- oder Entspannungsmethode hilft mir am besten, um möglichst schnell wieder „herunterzukommen"?
- Was davon kann ich auch tagsüber gut in meinen Alltag einbauen, um fit und stressresistent zu bleiben (z.B. 5 Minuten Autogenes Training, in der Mittagspause eine Runde gehen, Musik hören etc.)?
- Was kann ich tun, um genügend Zeit und Konsequenz für körperliche und geistige Ertüchtigung zu finden? Welche Tätigkeit oder liebe Gewohnheit werde ich dafür aufgeben?
- Bin ich jemand, der lieber früh aufsteht, um z.B. laufen zu gehen, oder nütze ich besser die Abendstunden, um etwa Qi-Gong zu üben? Gibt es Wochentage, die sich besser eignen als andere, oder sollte ich das Training auf das Wochenende verlegen? Übe ich lieber alleine, mit anderen, zu Hause oder in einem Studio?

Gesundheit und Ernährung

Stress ist vor allem dann gefährlich, wenn Sie Ihre Gesundheit vernachlässigen. Sorgen Sie also gut für Ihren Körper, damit er in Stresszeiten etwas entgegenzusetzen hat. Früher sagte man: *mens sana in corpore sano.* Diese Weisheit bestätigt sich in der modernen Forschung.

Die richtige Ernährung ist neben Sport und Entspannung die dritte Säule der Stressprophylaxe. Doch was ist „richtige" Ernährung? Fast jeder Ernährungsratgeber empfiehlt andere Methoden: Rohkost, ausschließlich gekochte Mahlzeiten, Verzicht auf Kohlenhydrate, wenige bis gar keine Kuhmilchprodukte etc.

Wie in anderen Lebensbereichen wird die goldene Mitte, also eine ausgewogene Mischkost mit genügend Obst und Gemüse, Eiweiß, Kohlenhydraten der gesündeste, praktikabelste und auf Dauer auch einhaltbare Weg sein. Lernen Sie aber auch, auf Ihren Körper zu hören: Wann sind Sie nach einer Mahlzeit müde und energielos, wann verspüren Sie neue Kraft? Sehen Sie Nahrungsmittel im ursprünglichen Sinn, nämlich als Lebens-Mittel.

Essen Sie auf jeden Fall genügend Obst und Gemüse und verzichten Sie auf fetthaltige, schwere Nahrungsmittel. Achten Sie auf die Aufnahme der Vitamine B1 und B 6 (Haferflocken, Bananen, Nüsse und Kerne). Sorgen Sie für einen ausgewogenen Mineralstoffhaushalt, insbesondere Magnesium (enthalten in Naturreis, Kürbiskernen, Bananen, Mandeln, Hülsenfrüchten, gekochtem Schinken, Kartoffeln, Tomaten, Vollkorngetreide und

Salaten), Kalium (in Brokkoli, Kohlrabi, Sellerie, Äpfeln und Milch) und Kalzium.
In besonders stressreichen Zeiten, wenn eine gesunde Ernährung zu zeitaufwendig scheint, lassen Sie sich in der Apotheke über Nahrungsergänzungsmittel beraten.
Trinken Sie ca. 2 Liter Wasser täglich. Reduzieren Sie den Konsum von Koffein, Tabak und Alkohol.
Denken Sie unter Umständen auch an eine Nahrungsmittelallergie und lassen sich austesten.

Ob Sie Ihre Ernährung umstellen, mit körperlichem oder mentalem Training beginnen, entscheiden Sie sich für jene Methode, die Ihnen am meisten zusagt oder am leichtesten in Ihren Alltag integrierbar ist. Alles, was Sie für Ihren Körper tun, wird sich auch positiv auf Ihre Psyche und Ihren Geist auswirken und umgekehrt. Beginnen Sie mit Kleinigkeiten, wie etwa morgens 15 Minuten zu Fuß gehen oder 3 Mal täglich fünf Minuten bewusst abschalten. Stellen Sie auch nicht gleich Ihre gesamte Ernährung um, aber ersetzen Sie etwa Weißgebäck durch Vollkornbrot und nehmen als Zwischenmahlzeit ein Stück Obst zu sich. Beobachten Sie, was Ihnen besonders guttut. Sie dürfen aber auch ruhig Abwechslung in Ihr Fitness- und Ernährungsprogramm bringen. Vergessen Sie dabei nicht den Genuss und die Freude, die Ihnen Bewegung, gutes Essen und ein klarer Geist bringen.

Treffen Sie jetzt eine Entscheidung: Womit beginnen Sie ab sofort, um fitter und stressresistenter zu werden? Bedenken Sie: Auch die längste Reise beginnt mit einem ersten Schritt, und unterschätzen Sie nicht die Wirkung kleiner Maßnahmen.
Bleiben Sie zunächst einmal drei Wochen (21 Tage) bei der gewählten Maßnahme, bevor Sie evaluieren, gegebenenfalls korrigieren und ausweiten. Was hat sich körperlich getan, wie fühlen Sie sich, und was ist noch zu tun?
Was ist realistisch, d.h. wie oft pro Woche können Sie sportlich aktiv sein oder wie viele gesunde Mahlzeiten pro Tag werden Sie zu sich nehmen?

2 Energien einteilen, nutzen und stärken

Worum es geht:

Der Umgang mit den eigenen Energien, die Beachtung von persönlichen Leistungskurven und Rhythmen ist ein ganz wesentliches Element jeder guten Selbstorganisation. Je besser es Ihnen gelingt, Ihre Arbeit mit Ihrer inneren Uhr oder Ihrem Chronotyp in Einklang zu bringen, umso besser können Sie planen, und umso effektiver wird das Ergebnis Ihres Tuns sein. Dafür hilft Ihnen dieses Kapitel mit Hinweisen zur Verbesserung Ihrer Rhythmen auf der Tages- und Wochenebene, Ihrer Fähigkeit, im „Flow" zu arbeiten, und Ihrer Selbstmotivation.

Im Prinzip unterscheidet die Chronobiologie ebenso wie die Alltagserfahrung Morgenmenschen und Abendmenschen. Bei *Morgentypen* steigt die Energiekurve morgens schnell an, sie erreichen rasch das Leistungshoch. Morgenmenschen folgen meist stärker dem Rhythmus der Natur, kommen mit Nacht- und Schichtarbeit oder Zeitverschiebungen allerdings schlechter zurecht. *Abendtypen* stehen später auf und brauchen morgens eine längere Anlaufzeit. Sie haben ein elastischeres Schlaf-Wach-Muster und können mit Rhythmusstörungen besser umgehen.

Die innere Uhr – Chronotypen im Detail*[39]*:

Chronotyp	**Bevorzugte Zeit des Aufstehens**	**Primetime = Zeit der höchsten Energie**	**Bevorzugte Bettzeit**
1	05.00–06.30	05.00–08.00	20.00–21.00
2	06.30–07.45	08.00–10.00	21.00–22.15
3	07.45–09.45	10.00–16.00	22.15–00.30
4	09.45–11.00	16.00–21.00	00.30–01.45
5	11.00–12.00	21.00–05.00	01.45–03.00

1 = stark ausgeprägter Morgentyp, 2 = schwach ausgeprägter Morgentyp, 3 = Indifferenztyp, 4 = schwach ausgeprägter Abendtyp, 5 = stark ausgeprägter Abendtyp.

[39] Steiner: Energiekompetenz, 20.

Hochs und Tiefs im Tagesablauf[40]

Beobachten Sie Ihre ganz persönlichen Hochs und Tiefs, wann und wie sie sich bemerkbar machen, und planen Sie diese in Ihren Tagesablauf ein. Folgende Phasen lassen sich unterscheiden:

Alpha-Zustand: Nach dem Erwachen, also noch in einer halben Dämmerphase, ist man im Alpha-Zustand. Man ist zwar noch nicht ganz präsent, dafür sind die Fantasie und die Assoziationsfähigkeit sehr hoch. Nicht selten findet man in diesem entspannten Zustand Ideen und Lösungen, die man schon lange und mühsam gesucht hat.

Up-Phase: Hier steigt der Energiepegel langsam an, das ist vor der Primetime am Morgen und vor dem Hoch am späten Nachmittag.

Prime-Time: Das ist die ausgeprägte Hochphase, wo man sich geistig und energiemäßig am absoluten Höhepunkt befindet. Nützen Sie diese kostbare Zeit für konzentriertes, ungestörtes Arbeiten oder auch Tätigkeiten, die viel Willenskraft in Anspruch nehmen. Denn die Fähigkeit, Unangenehmes zu erledigen bzw. proaktiv zu handeln, ist hier am ausgeprägtesten.

Down-Phase: Sie folgt nach einem Hoch – am späten Morgen/vor dem Mittagessen bis in den frühen Nachmittag hinein.

Die optimale Tagesstruktur (bezogen auf einen Chronotypen, der um halb sieben Uhr aufsteht) könnte laut Verena Steiner so aussehen:[41]

Zeit Phase	**Tagesmaximum für**	**Tätigkeiten**
6–7 Uhr Alpha-Zustand	Phantasie, Ideen, Lösungsfindung	Ideen entwickeln, Lösungen finden
7–9 Uhr Primetime	Konzentration, sowohl Imagination als auch rationales Denken, Kurzzeitgedächtnis	Geistig anspruchsvolle Tätigkeiten
9–11 Uhr Primetime	Rationales Denken, Wille und Leistungsbereitschaft	Geistig Anspruchsvolles, planen, Ungeliebtes und Aufgeschobenes anpacken, unangenehme Gespräche führen

---

[40] Ebenda, 27.

[41] Ebenda, 51.

11–13 Uhr Down-Phase		E-Mails beantworten, Routinearbeiten ausführen, Besprechungen und Sitzungen
13–15 Uhr Tief		Sport, essen, pausieren, anspruchslose Arbeiten. Wenn möglich, ein kurzer Mittagsschlaf
15–16 Uhr Up-Phase		Den kommenden Tag planen, Routinearbeiten, Besprechungen
16–18 Uhr Hoch	Langzeitgedächtnis, manuelle Geschicklichkeit	Gelerntes repetieren, sich aufs Vortragen vorbereiten, anspruchsvollere Routinearbeiten
Nach 18 Uhr	Sinne, Genussfähigkeit, Gefühle	Pausieren, Musik oder Hörbücher hören, das Essen genießen, Gespräche führen

90-Minuten-Rhythmus

Der gesunde Körper entwickelt über den Tag verteilt sieben, acht oder neun Phasen des Anregens, der Anspannung und des Nachlassens.[42] Zwischen Beginn und Ausklang jeder Periode liegen etwa eineinhalb bis zwei Stunden, dann lässt die Aufmerksamkeit deutlich nach und Müdigkeit stellt sich ein. Ist die Aufmerksamkeit ganz besonders gefordert, wie zum Beispiel beim Lesen, ermüdet man oft sogar noch schneller (vgl. Kapitel IV.1 zum „Badewannen-Prinzip").

So kommt es, dass der Organismus in Intervallen von ca. 90 Minuten ein kleines Tief durchläuft. Es zahlt sich aus, die Arbeit entsprechend einzuteilen und in den kurzen Tiefs ein wenig zu pausieren. Die normale Büroarbeit ist so vorstrukturiert, dass darauf keine Rücksicht genommen wird. Fortschrittliche Firmen bieten bereits Kreativ- und Ruhezonen u.Ä. an. Als WissenschaftlerIn haben Sie oft das Privileg, Arbeitszeiten und -orte selbst bestimmen zu können. Nutzen Sie diese große Chance! Erinnern Sie sich eventuell mittels eines Weckers an Ihre Ruhezeiten.

---

[42] Fauteck/Kusztrich: Leben mit der inneren Uhr, 81.

Ein sehr anerkannter Professor hat z.B. während seiner Arbeit zu Hause immer wieder Klavier gespielt. Im Büro hilft manchen eine warme Decke, um im Mittagstief eine Kurz-Siesta oder ein „powernap" auf dem Teppich zu halten.[43]

Die Funktion der Tiefs[44]

Sinn der größeren und kleineren Tagestiefs ist eine Entspannung und Regeneration des Organismus. Die Phasen der An- und Entspannung wechseln einander im Tagesablauf immer wieder ab und sollten nicht übergangen werden. In der Entspannungszeit kann die Erregung der Hochphase abgebaut werden, und der Organismus kann sich erholen. „Die Regeneration kann erst erfolgen, wenn der Organismus in genügendem Maße entspannt ist. Ist er zur Zeit des Tiefs durch Kaffee oder intensive Arbeit noch angeregt, kann er sich nicht erholen.[45] Durch die fehlende Regeneration verflacht der Rhythmus, was zur Folge hat, dass das nachfolgende Hoch kaum wahrgenommen wird."

Entspannung und Regeneration kommen auch zu kurz, wenn man beispielsweise auf die Mittagspause verzichtet. Als Ergebnis davon ist man am späten Nachmittag statt in einem Hoch in einem angespannten und müden Zustand, der nicht nur mit einer geringen Leistungsbereitschaft, sondern auch von einem unsteten Geist, von Nervosität und schlechter Stimmung begleitet wird. So kommt es dann dazu, dass man am Abend schlecht abschalten kann und auch der Nachtschlaf getrübt ist und nicht wirklich der Erholung dient.

Neben der Entspannung und Regeneration haben die Tiefs noch zwei weitere wichtige Funktionen: Nicht nur die physiologischen Funktionen, sondern auch die Denkstile fluktuieren im 90-Minuten-Rhythmus: In den Hochs ist die analytische, logische und kritische Leistung der linken Hemisphäre ausgeprägter, während in den Tiefs eher das kreative und ganzheitliche Denken der rechten Hemisphäre zum Zug kommt. Außerdem ist auch die Wahrnehmung der Stimmung und der Gefühle in den Tiefs oft besser, weil man hier entspannter ist.

---

[43] Nach Meinung von Schlafforschern erhöht sich durch einen kurzen Tagschlaf die Konzentrations-, Leistungs- und Reaktionsfähigkeit, siehe S. Mednick et al.: The restorative effect of naps on perceptual deterioration, Nature Neuroscience 5 (2002), 677–681. In China ist das Recht auf Mittagsschlaf sogar in der Verfassung verankert.

[44] Steiner: Energiekompetenz, 34–35.

[45] Ebenda, 34.

Arbeiten in Runden und mit Pausen[46]

Sie steigern Ihre Produktivität und somit Ihren wissenschaftlichen Output, wenn Sie nicht nur die bewussten, sondern auch die unbewussten Anteile des Denkens nützen, also den Alpha-Zustand einbeziehen.

Die Weisheit unserer Großmütter, eine Sache eine Nacht zu überschlafen und dann erst eine Entscheidung zu treffen, ist mittlerweile wissenschaftlich belegt. Denn wenn man eine Aufgabe nicht in einem Zug bearbeitet, sondern so einteilt, dass eine Nacht dazwischen liegt, werden alle Zustände, die bei der Tagesarbeit zu kurz kommen, durchlaufen. So nützen Sie nicht nur den Delta- und Theta-Zustand, sondern auch die entspannten Alpha-Phasen am frühen Abend, beim Einschlafen und beim Aufwachen. Lesen Sie beispielsweise eine wichtige E-Mail, überlegen und formulieren einen Text, aber senden ihn noch nicht ab. Überlassen Sie das Finden einer besseren Antwort Ihrem Unbewussten. Vierundzwanzig Stunden nach dem Verfassen der Nachricht sehen Sie die Dinge mit mehr Abstand, und Ihre Antwort wird mit hoher Wahrscheinlichkeit besser als die Erstfassung sein.

Beim Konzipieren von Vorträgen oder dem Treffen wichtiger Entscheidungen sollten Sie immer die Vorbereitungs- von der Ausführungsphase trennen.

Pausen, selbst zur Mittagszeit, werden häufig als vergeudete Zeit betrachtet, und in vielen Organisationen gehört es fast zum guten Ton, durchzuarbeiten. Wie wichtig sie für die Regeneration, ja selbst für den Nachtschlaf sind, wurde schon erwähnt. Ohne Pausen können Informationen weder verarbeitet noch eingeordnet, noch im Gedächtnis verankert werden. Natürlich fällt es oft schwer, den richtigen Zeitpunkt für eine Pause zu finden, wenn man gerade im Fluss ist und diesen ausnützen möchte. Aber auch und gerade dann sollten Sie rechtzeitig pausieren, bevor die Erschöpfung Sie einholt. Pausen schaffen auch Distanz zum Thema, und Sie sehen später vielleicht eine gänzlich andere Perspektive.

Halten Sie sich an die 90-Minuten-Einheiten und gönnen Ihrem Körper und Geist alle eineinhalb Stunden rund fünf bis zehn Minuten Entspannung. Stehen Sie auf, bewegen Sie sich, halten Sie inne oder essen eine Kleinigkeit.

---

[46] Ebenda, 159.

Wann immer möglich, verlassen Sie zu Mittag Ihr Büro. Verschaffen Sie sich auf jeden Fall einen entspannten geistigen „Freilauf". Ideen kommen selten am Schreibtisch, sondern z.B. bei der Gartenarbeit, beim Laufen oder vielleicht auch bei handwerklicher Tätigkeit.

Rhythmusfördernde Maßnahmen[47]

Je besser es Ihnen gelingt, im eigenen Rhythmus zu leben und danach zu planen, umso effektiver werden Sie arbeiten und leben können. Verena Steiner schlägt insbesondere folgende Maßnahmen vor:

- Immer zur selben Zeit aufstehen.
- Stets zur selben Tageszeit dieselben oder ähnliche Dinge tun.
- Regelmäßig Mahlzeiten einnehmen.
- Zu Mittag pausieren.
- Sich so oft wie möglich im Freien aufhalten.
- Mehrmals wöchentlich Sport treiben bzw. generell für mehr Bewegung sorgen.
- Dem Wochenende ebenfalls einen regelmäßigen zeitlichen Rhythmus geben.
- Darauf achten, dass die Aufwachzeit am Wochenende nicht allzu stark von jener unter der Woche abweicht. Eine gänzlich anderer Rhythmus am Samstag oder Sonntag würde bedeuten, dass man am Montag nicht mit voller Kraft in die Arbeitswoche starten könnte.

Sie sollten der Erholung und dem Ausgleich genügend Beachtung schenken und regelmäßig Pausen machen, zum Beispiel:

- Am Vormittag, in der Mittagspause, im Nachmittagstief oder nach Arbeitsschluss ganz bewusst entspannen, spazieren gehen, Sport treiben oder ein Nickerchen machen.
- Pausen für sich alleine schaffen, also ohne Kollegen/Kolleginnen, Internet oder Zeitung.
- Die Abende und das Wochenende für Ausgleich und Erholung nützen.
- Falls Sie abends noch arbeiten müssen, dies erst nach einer ausgiebigen Pause und nach einem kleinen Essen tun. Geben Sie sich dann aber wirklich frei und genießen die Zeit ohne schlechtes Gewissen. Definieren Sie den Zeitpunkt, ab wann Sie wieder zu arbeiten beginnen.

---

[47] Ebenda, 47.

Ein guter Wochenrhythmus

Was für den Tag gilt, trifft ebenso für die Woche zu. Schaffen Sie auch hier Abwechslung zwischen intensivem Arbeiten und Erholen. Erfahrungen aus dem Sport zeigen, dass Pausen für die Steigerung der Leistung ebenso wichtig sind wie das Training selbst. Nützen Sie also das Wochenende für Ihre Regeneration und Erholung, um gestärkt und motiviert in die neue Woche zu gehen.

Montag und Dienstag sind quasi die „Primetime" der Woche.[48] Der Mittwoch entspricht dem Mittag und sollte daher lockerer gestaltet werden. Der Donnerstag und Freitag stehen für das Hoch des späten Nachmittags. Die Anstrengung der vergangenen Tage macht sich allerdings bemerkbar, und die Leistung ist nicht mehr dieselbe wie beim Wochenstart. So ist es am Freitag klug, etwas früher mit der Arbeit aufzuhören. Der Samstag kann mit dem dritten kleinen Hoch des Feierabends und der Sonntag mit dem erholsamen Schlaf der Nacht verglichen werden.

Der Wochenrhythmus ist auch ein biologischer Rhythmus. Die Ausheilung körperlicher Verletzungen, die Immunabwehr sowie Anspannungsreaktionen des Organismus etwa gehorchen einem 7-Tages-Rhythmus.[49] Planen Sie die Woche also, indem Sie ihren ganzen Spielraum nützen und möglichst allen Lebensbereichen Zeit einräumen. Je intensiver Ihre Arbeit und Ihr Leben sind, umso wichtiger ist es, wöchentlich innezuhalten und sich bewusstzumachen, ob Sie beruflich und privat in die richtige Richtung gehen.

Tipps zur Pflege des Wochenrhythmus[50]

- Überziehen Sie weder Arbeits- noch Ausgehstunden zu lange.
- Vermeiden Sie, gleich zwei Tage hintereinander später als gewohnt ins Bett zu gehen.
- Vermeiden sie, gleich zwei Tage hintereinander einige Stunden länger zu schlafen.
- Beenden Sie am Mittwoch und Freitag die Arbeit etwas früher.
- Nützen Sie die Primetime am Samstag für Anspruchsvolles.
- Vermeiden Sie Freizeit- und Wochenendstress.
- Pflegen Sie entspannende Rituale und erholsame Gewohnheiten.

---

48 Ebenda, 62.

49 Fauteck/Kusztrich: Leben mit der inneren Uhr, 113.

50 Steiner: Energiekompetenz, 67.

- Lassen Sie die Arbeitswoche spätestens am Samstagmittag ausklingen.
- Halten Sie den Sonntag wirklich frei.

Das Ritual des freien Sonntags muss von Vielbeschäftigen oft erst wieder eingeübt werden, so gefangen sind sie im ständigen Tun. Dieser Tag ist ein bisschen wie ein Kurzurlaub, ein Aussteigen aus dem gewohnten Alltagstrott und sollte ganz bewusst zelebriert werden, indem man in die Natur geht, seine Religiosität pflegt, mit Kindern selbst wieder zum staunenden Kind wird oder einfach auch einmal nichts tut. Die Langeweile zu pflegen kann ein sehr lehrreicher Prozess sein, denn „Langeweile hat den Sinn, eine neue Anpassung an sich selbst und auch eine neue Anpassung an die Welt zu schaffen – verbunden mit der Frage nach einer neuen Vision für das eigene Leben."[51]

Beobachten Sie, was Ihnen guttut. Welcher Rhythmus wäre Ihr ureigenster, unabhängig von den äußeren Anforderungen beruflicher und privater Natur? Versuchen Sie so weit wie möglich, Ihr Leben diesem, Ihrem ganz eigenen Rhythmus anzupassen, und arbeiten Sie so mit und nicht gegen sich. Pflegen Sie Rituale im Laufe des Tages, der Woche und des Jahres. Rituale verleihen dem Leben Ruhe, Sicherheit und Struktur in einer sich laufend verändernden Welt. Nehmen Sie beispielsweise ganz bewusst jeden Morgen vor dem Einschalten des Computers eine Tasse Tee zu sich, halten Sie im Laufe des Vormittags einige Minuten inne oder schließen Sie den Tag ab mit einer Auflistung all dessen, was Ihnen gelungen ist.
Werden Sie achtsamer in allem, was Sie tun. Begehen Sie den Beginn der Jahreszeiten, indem Sie Körper, Geist und Natur beobachten. Erledigen Sie Dinge, die Sie normalerweise ganz automatisch tun, in Ruhe und sehr bewusst. Das kann das Waschen des Geschirrs sein, die Schritte auf dem Weg zum Bus oder ein Gespräch, wo Sie Ihrem Gegenüber aufmerksam Gehör schenken.

Im Flow sein

Der Begriff „Flow" stammt von Mihaly Csikszentmihalyi, der damit das Gefühl des völligen Aufgehens in einer Tätigkeit beschreibt.[52] Wenn man

---

[51] Verena Kast: Vom Interesse und dem Sinn der Langweile, Zürich/Düsseldorf (Walter) 2001, 31.

[52] Vgl. Csikszentmihalyi: Flow im Beruf, 92.

im Flow ist, sind das Fühlen, das Wollen und das Denken in diesen Augenblicken in Übereinstimmung – das energetische Optimum. Während man der Tätigkeit nachgeht, spielt weder die Zeit noch man selbst eine Rolle, und das Handeln geht mühelos vonstatten.

Am besten lässt sich das Phänomen Flow an Kindern beobachten, die in ihr Spiel vertieft sind, oder auch bei Künstlern, die eins sind mit ihrem Schaffen und Werk und dabei Ort und Zeit vergessen.

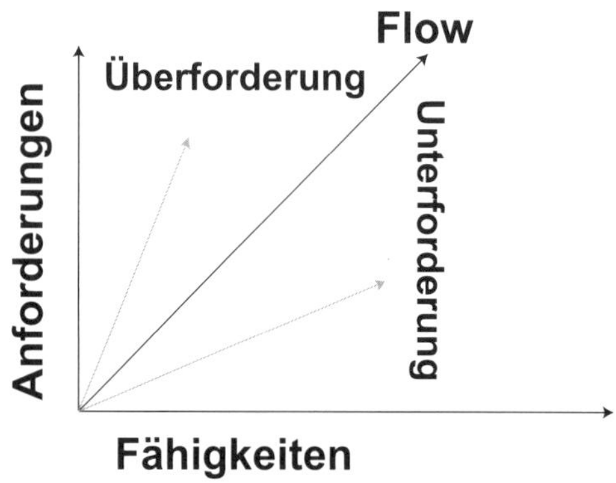

Stress, Überforderung und Angst liegen auf der linken Linie („Überforderung"). Langeweile, Unterforderung und Routine liegen auf der rechten Linie („Unterforderung"). Der „Flow-Kanal" liegt genau dazwischen, und wenn Fähigkeiten und Anforderungen zusammen steigen, wird der Bereich des Flows größer.

Viele Tätigkeiten können Flow erzeugen. Bei einer genaueren Analyse fand Csikszentmihalyi folgende Bestandteile, die flowerzeugenden Aktivitäten gemeinsam sind, wobei nicht alle Bestandteile gleichzeitig vorhanden sein müssen:

1. **Die Aktivität hat deutliche Ziele:** Man weiß, was man tun muss, um das Ziel zu erreichen.
2. **Man ist der Aktivität gewachsen:** Man spürt eine Herausforderung, es braucht hierzu entsprechende Fähigkeiten, die Herausforderung und die Fähigkeit passen zusammen.
3. **Man hat das Gefühl von Kontrolle über die Aktivität:** Dabei ist es nicht wichtig, ob man tatsächlich die Kontrolle hat, sondern das Gefühl für die Kontrolle ist entscheidend.
4. **Man ist fähig, sich auf das Tun zu konzentrieren:** Man konzentriert sich vollständig, ist nicht abgelenkt und lässt sich auch nicht ablenken.

Man hinterfragt die Aktivität nicht. Gleichzeitig (oder auch: dadurch) sind die Sorgen des Alltags nicht im Bewusstsein.

5. **Sorgen um sich selbst verschwinden:** Die Bewusstheit von sich selbst geht verloren. Manchmal erlebt man die Ausweitung des Selbst über die Körpergrenzen hinweg. Es ist keine Zeit zur Selbsterforschung – man ist einfach.
6. **Das Gefühl für Zeitabläufe ist verändert:** Man hat das Gefühl, dass die Zeit schneller vergeht.

- Wann habe ich zuletzt im Flow gearbeitet?
- Wie ist das zustande gekommen?
- Bei welchen Tätigkeiten passiert mir das öfters?
- Welche der oben genannten Parameter kann ich so beeinflussen, dass ich öfter im Zustand des Flow bin?

„Wenn man in der Lage ist, sich selbst so zu organisieren, den Zustand fließender Energie bewusst zu erzeugen, dann verbessern sich auf Dauer die Leistungsfähigkeit und die persönliche Lebensqualität von alleine.“[53] Oft ist es nur eine Einstellung zu den Dingen, und mit etwas Übung kann es gelingen, auch Routinearbeiten mit Freude und Motivation zu erledigen. Denn „auf Glück stößt man nicht durch einen Glücksfall, so wie man zufällig ein vierblättriges Kleeblatt findet. Glück hat etwas mit Anstrengung, mit harter Arbeit zu tun.“[54]

Arbeiten Sie zielorientiert und konzentriert an einer Sache. Vermeiden Sie „Multitasking“ und Unterbrechungen.
Stellen Sie die Handlung und das Tun selbst in den Vordergrund, nicht den Erfolg.
Finden Sie die Balance zwischen persönlicher Herausforderung und Können. Setzen Sie sich immer wieder neue Ziele und versuchen Sie, ein lernender Mensch zu bleiben.
Verlassen Sie Routinewege und gehen Sie die Dinge anders und mit einer anderen Einstellung an.
Sehen Sie die Welt immer wieder mit der Neugier eines Kindes.
Üben Sie sich in Freude und Dankbarkeit.

---

53 Degener/Hütter: Raus aus dem Zeitstress, 40.

54 Vgl. Csikszentmihalyi: Flow im Beruf, Cover.

Die Rücksichtnahme auf den eigenen energetischen Flow sollte durch Beachten des angemessen Zeitpunktes für eine Tätigkeit von der Sache her ergänzt werden. Die Fähigkeit, zu merken, wann ein Gespräch, eine bestimmte Arbeit, ein neues Projekt „dran" oder „reif" ist, wird in der gegenwärtigen westlichen Kultur nicht so hoch geschätzt wie etwa in China – oder auch in der Antike. Denn im Griechischen gibt es zwei Worte für „Zeit": *Chronos* meint die ablaufende, äußere Zeit, während *kairos* die gute Gelegenheit, den sich anbietenden Zeitpunkt für etwas Bestimmtes bezeichnet.[55] In einem solchen Moment wird ein Vorhaben besser und schneller, mit weniger Energieaufwand gelingen.

Daraus ist abzuleiten, dass bei schwierigen Aufgaben wie z.B. einem Konfliktgespräch darauf geachtet werden sollte, wann sich eine gute Gelegenheit dafür bietet, wann Sie selbst dazu bereit sind und auch gegebenenfalls die andere Person.

Sich selbst motivieren

Mehr oder weniger lange Durststrecken tauchen im wissenschaftlichen Arbeitsleben immer wieder auf. Selbst bei bester Planung, dem Zerlegen großer Ziele in kleine Einheiten und einer hohen Selbstdisziplin erleben die meisten wissenschaftlich Tätigen von Zeit zu Zeit Schreib- oder Denkblockaden, Momente der Unlust oder haben einfach das Gefühl, „anzustehen" und nicht weiterzukommen.

Akzeptieren Sie diese Phasen einfach, ohne sie zu bewerten. Sie können dies mit einer Bergwanderung vergleichen. Auch hier gibt es Stunden, wo das Gehen einfach nur Freude macht, solche, wo das Erklimmen des Gipfels eine lustvolle Herausforderung darstellt, und die Stunden, wo man zweifelt, sich fragt, ob man aufgeben sollte und warum man sich diese Mühe angetan hat. Der letzte Punkt stellt einen „Knackpunkt" in der persönlichen Motivation dar. Schreiben Sie sich daher bei der Definition von Projekten detailliert Ihre Beweggründe und Ihre Ziele auf (siehe auch Kapitel IV.4. Ziele). So können Sie sich später bewusst werden, warum Sie alle Mühe auf sich genommen haben, und sich entsprechend motivieren.

Entwickeln Sie bereits vor Beginn jedes längeren Projektes oder jeder anspruchsvollen Schreibphase Strategien, wie Sie Motivationslöcher „stopfen" werden. Dazu einige bewährte Vorschläge aus unserer Praxis:

---

[55] Das ist auch der biblische Zeitbegriff: „Achte auf die rechte Zeit!" (Jesus Sirach 4, 20)

1. **Überlegen Sie, was oder wer Sie bisher motiviert hat, und nützen Sie Ihre vorhandenen Ressourcen:**
   a) Vielleicht hilft Ihnen ein kleiner Erfolg weiter, möglicherweise aus einem ganz anderen Gebiet als dem fachlichen. Erledigen Sie einen längst fälligen Anruf bei Ihrem Bankinstitut oder der Schule Ihrer Kinder, schreiben Sie endlich den Dankesbrief an Ihre Erbtante ö.Ä.
   b) Motivieren kann das Aufräumen und Sichten von Unterlagen, um Ordnung, Überblick und Klarheit zu gewinnen. Man spricht sogar von einer kathartischen Wirkung, die das Wegwerfen von Dingen mit sich bringt.
   c) Aktiv werden, etwas tun: eine Runde laufen, die Wäsche aufhängen o.Ä.
   d) Ein Gespräch mit Ihrer besten Freundin führen, die für Sie immer Verständnis hat und an Sie glaubt.
   e) Lachen, lachen, lachen.

Die Willenskraft lässt sich übrigens am besten mit einfachen Aufgaben stärken.[56] Wer körperlich untrainiert ist oder krankheitsbedingt seine Leistungsfähigkeit aufbauen muss, wird auch nicht mit einem Marathon beginnen, sondern mit ganz kurzen Laufstrecken. Man sollte scheinbare Kleinigkeiten nicht verachten, anhand derer der Wille geübt werden kann, wie z.B. das Aufräumen des Schreibtischs am Abend, zwei Stationen zu Fuß zu gehen, statt mit der Straßenbahn zu fahren, einen notorisch unfreundlichen Menschen anzulächeln.

2. **Machbare und motivierende Teil-Ziele setzen:**
   Prioritäre Aufgaben werden oft nicht erledigt, weil sie aufgrund ihrer Komplexität kaum wirklich gut gemacht werden können, weil sie neu sind, man sich unsicher fühlt oder die Unterstützung anderer dafür braucht. Vor allem Menschen mit einem hohen G-Faktor (siehe auch Kapitel II.2) weichen dann gerne auf etwas aus, das sie gut beherrschen.
   Wenn Sie sich nicht bereit fühlen, eine schwierige oder große Aufgabe anzugehen, versuchen Sie die Taktik des „Als-ob“, die es in zwei Varianten gibt:

   a) Sie planen das Projekt so, als ob Sie es gut könnten:
      - Wenn ich das souverän tun könnte, wie würde ich es angehen? Welche Teilschritte würde ich in welcher Reihenfolge setzen?

---

[56] Siehe auch Kapitel IV.4. unter „Zielkonsequenz“ sowie Martens/Kuhl: Die Kunst der Selbstmotivierung, besonders zu einer Verstärkung der Gestalterrolle gegenüber der Opferrolle und zur Selbstaktivierung.

b) Sie tun so, als ob Sie es nicht selbst durchführen müssten:
- Wenn ich nur einen Plan machen sollte, den dann wer anderer ausführt – was würde ich ihm oder ihr raten? Welche Schritte würde ich vorschlagen?

Anschließend machen Sie eine Pause, am besten in einem anderen Raum. Wenn Sie danach den Plan wieder anschauen, fragen Sie sich:
- Was davon könnte ich selbst gut machen? Was kann ich dem imaginierten anderen schon vorbereiten oder abnehmen?

Damit fangen Sie dann an! Um dran zu bleiben, sollten Sie – aufgrund des guten Planes – immer den nächsten Schritt parat haben.

3. **Anfangen üben (siehe auch Kapitel IV.6 unter „Schreibblockaden"):** Gibt es etwas, das Sie schon lange vor sich herschieben, weil es zu groß erscheint und immer die Zeit zu knapp ist, um sinnvollerweise anzufangen? Ein einfaches Beispiel: Sie nehmen sich seit langem vor, täglich eine halbe Stunde Yoga zu üben, aber nie hat sich diese halbe Stunde ergeben. Machen Sie einfach fünf Minuten Yoga, nicht mehr. Das gibt Ihnen das Gefühl, endlich angefangen zu haben, und Ihre Motivation steigt sofort.[57]

   Sich sofort involvieren lassen: Mit einer Tätigkeit beginnen, die Sie in das Projekt „hineinzieht", z.B. einen Artikel zum Thema wieder lesen, der Sie geärgert hat – oder inspiriert.

   Stimmungen, die von der wichtigsten Aufgabe ablenken können, können oft auch genutzt werden, um eine emotionale Verbindung damit aufzubauen.

   - Was kann ich tun, das meiner Stimmung oder einem dringenden Bedürfnis entspricht, aber zugleich mit der unbeliebten Aufgabe in einem Zusammenhang steht?

   Einmal begonnen, wird Sie Ihr Bewusstsein der Prioritäten dazu drängen, für dasselbe Projekt etwas Wichtigeres zu tun. Wenn Sie z.B. an einer wissenschaftlichen Arbeit schreiben sollten, aber lieber mit jemandem reden wollen, könnten Sie mit einem Kollegen darüber sprechen, was Sie schreiben wollen.

---

[57] Vgl. die Anfangsstrategie von Joan Bolker: Writing your dissertation in fifteen minutes a day.

4. Den Austausch mit anderen pflegen:

a) Tun Sie sich mit Kollegen oder Kolleginnen zusammen und pflegen Sie einen regelmäßigen Jour fixe (alle zwei Wochen oder einmal pro Monat), in dem Sie sich über Probleme und Fortschritte des wissenschaftlichen Arbeitens und Alltags austauschen. Oft ist es übrigens der Sache dienlicher, wenn die anderen nicht aus dem gleichen Institut oder Forschungsgebiet wie Sie kommen, da man so offener reden kann. Versuchen Sie, bei diesen Treffen strukturiert vorzugehen – eine Tagesordnung hat sich bewährt, ebenso klare Ziele und Spielregeln in der Kommunikation. Bleiben Sie positiv, ein bisschen Jammern muss aber auch erlaubt sein.

b) Suchen Sie einen Mentor oder eine Mentorin (siehe Kapitel IV.7). Im Kleinen können Sie eine demotivierende Einsamkeit der wissenschaftlichen Arbeit dadurch aufbrechen, dass Sie eine Verpflichtung gegenüber einer anderen Person eingehen, z.B. ein Treffen am Nachmittag vereinbaren, bei dem Sie Ihre Idee erklären werden.

5. Abgewöhnen destruktiver Gedanken:

Vergleichen Sie sich nicht mit anderen und machen Sie sich nicht vor sich selbst schlecht. Stoppen Sie also entmutigende innere Dialoge, die Sie nur weiter in eine Negativspirale laufen lassen und zu noch mehr Demotivation führen.

- Die Annahme, dass ich etwas nicht kann, ist nur eine Meinung. Was an der Aufgabe kann ich gut? Wo habe ich Fortschritte gemacht? Worauf bin ich stolz?

Konzentrieren Sie sich auf das, was Sie gut können, und stärken so Ihr Selbstbewusstsein. Was sagt ein Sporttrainer zu seinem Team? „Ihr könnt das! Bleibt dran!" „Wie es ausgeht, wisst ihr erst, wenn ihr es versucht habt!" „Hör auf, dich selbst zu bemitleiden – letzte Saison ist es auch gegangen!"

Beenden sie das Grübeln. Auch hierbei gerät man meist immer tiefer in ein negatives Fahrwasser und sieht statt Lösungen nur mehr Probleme.

Vielleicht hilft Ihnen die Methode der „Sorgenecke". Ein ganz bestimmter Fleck Ihrer Wohnung ist für das Grübeln reserviert und das auch nur für eine bestimmte Zeitspanne, z.B. 15 Minuten nach dem Heimkommen. Immer, wenn sich im Laufe des Tages negative Gedanken bemerkbar machen, verschieben Sie diese auf die dafür reservierte Viertelstunde im Sorgeneck. Stellen Sie den Wecker, geben Sie sich ganz allem Schlechten

dieser Welt hin und schütteln sich kräftig, sobald Sie die Übung beenden.

6. **Abwechslung und Aktivierung:**
   Jeder Mensch braucht immer wieder neue Reize, denn Reizarmut demotiviert. Um vor allem nach einer längeren Arbeit an einer Sache wieder in Schwung zu kommen, suchen Sie eine Abwechslung, die etwas mit der Aufgabe zu tun hat, z.B. ein anderes Kapitel der Dissertation bearbeiten, einen Fachbegriff nachschlagen, eine neue Tätigkeit wählen (etwa einen deutschen statt eines englischen Artikels lesen, schreiben statt lesen oder umgekehrt), mit der Hand konzipieren statt zu tippen, sich auf einen anderen Platz setzen oder aufstehen (ein Stehpult anzuschaffen hilft vielen) etc.
   Je mehr körperliche Aktivierung dabei geschieht, desto besser. Allgemein helfen Bewegung und Tätigkeiten, die andere Areale des Gehirns beanspruchen, wie z.B. Musik (machen oder hören) oder Malen und Zeichnen etc.
   Wenn gar nichts mehr zu gehen scheint, gibt es das Notfallprogramm, nichts zu tun. Das heißt, überhaupt nichts Bestimmtes: Setzen Sie sich in einen Sessel oder auf den Besucherstuhl und versuchen Sie, für fünfzehn Minuten nichts zu tun. Beobachten Sie die Wirkung!

Werden Sie sich bewusst, dass Abwechslung, fallweise auch Nichtstun, Ihrer Kreativität und Ihrer Arbeit förderlich sein kann. Betrachten Sie dies bewusst als Motivationsstrategie, um weiterzukommen. Flüchten Sie aber nicht in Scheinaktivitäten, die Sie vom Wesentlichen ablenken.

IV. Methoden effektiver Planung und Evaluation

Worum es geht:

In diesem zentralen Teil des Buches wird der „Werkzeugkoffer“ für Zeitmanagement in der Wissenschaft geöffnet und die einzelnen Methoden erklärt. Im übernächsten Kapitel VI werden diese dann auf die vier wichtigsten Aufgabenfelder der Forschung, der Lehre und Betreuung Studierender, der Administration und Führungsaufgaben sowie auf das wissenschaftliche Vorfeld angewendet und angepasst.

„Jeder drängt sein Leben vorwärts und leidet an Sehnsucht nach der Zukunft, an Überdruß der Gegenwart. Wer jedoch alle Zeit zu seinem Gebrauch verwendet, wer jeden Tag so ordnet, als wäre er sein ganzes Leben, der wünscht weder den folgenden, noch fürchtet er ihn.“

Seneca: Von der Kürze des Lebens 7

1 Prinzipien

Worum es geht:

Zeitgestaltung besteht im Wesentlichen aus Planung und Evaluation. Die Notwendigkeit dieser beiden Tätigkeiten dürfte im wissenschaftlichen Bereich außer Zweifel stehen – dennoch kann das ein Unbehagen verursachen, insoweit es nach Einschränkung von Möglichkeiten und Spontaneität klingt, nach Kontrolle oder gar Askese und insofern es zusätzliche Planungsarbeit, Disziplin und Verzicht auf zweit- oder drittrangige Tätigkeiten bedeutet. Dieses Bedenken stellt aber nicht die Planung und ihre ständige Verbesserung durch Evaluation an sich in Frage, sondern erfordert, gut zu planen, das heißt auf eine arbeits- und lebensförderliche Weise. Planung ist weit mehr als bloße Terminverwaltung.

Dann können Sie darauf vertrauen, dass Ihre großen und wichtigen Ziele verwirklicht werden und auch andere, nicht-wissenschaftliche Lebensrollen ihre gebührenden Entwicklungschancen und Zeiträume erhalten. Dem dienen die Prinzipien, von oben nach unten zu planen (methodisch ausgeführt im Unterkapitel „Ziele“), und der Integration aller Lebensbereiche in die Planung (siehe hierzu Kapitel II.3). Das Prinzip der zwei Dimensionen, nämlich der projektorientierten und der kalendermäßigen Planung, leitet dann zu den konkreten Schritten, Überlegungen und Methoden über.

Planung von oben nach unten

Häufiger Anlass, um sich mit Zeitmanagement zu befassen, ist das Gefühl, sich zu verzetteln, nur dem Dringlichen nachzulaufen, nicht zu den wichtigen Aufgaben zu kommen, große Ziele immer wieder vor sich herzuschieben, zu viele Unterbrechungen zu erleben, oder die Angst, einfach nicht alles zu schaffen. Stellen Sie sich einmal vor, Ihnen wird ein Eimer gegeben und die Aufgabe, darin Folgendes so zu schlichten, dass alles hinein passt: ein paar größere Steine, mehrere Kieselsteine, ein Haufen Sand und ein paar Liter Wasser. In welcher Reihenfolge müssen Sie diese Dinge in den Eimer schlichten? Richtigerweise würden Sie mit den großen Steinen beginnen, mit den kleinen fortfahren, anschließend den Sand in die Zwischenräume rieseln lassen und erst am Schluss das Wasser hinzufügen, das sich von selbst verteilt. In ähnlicher Weise soll die verfügbare Zeit zuerst mit den größeren „Brocken", also Zielen und Aufgaben, verplant werden, um sie nicht so mit Kleinigkeiten anzufüllen, dass am Ende Ihre großen Vorhaben keinen Platz mehr haben.

Ein Einwand gegen dieses Vorgehen lautet, dass das im Prinzip richtig sei, aber ein minutiöses Schlichten alles festen Materials in jeder Schicht noch besser wäre. Doch in dieser Hinsicht können wir ganz beruhigt sein: Das Einrieseln der Kleinigkeiten passiert sowieso jeden Tag und auch jede Woche, laufend. Das kann und muss auch nicht geplant werden.

Ein erstes Planungsprinzip ist also, dem Wichtigen einen vorrangigen Platz zu geben. Die kleineren Aufgaben, insoweit sie unverzichtbar und schon vorauszusehen sind, werden dann pauschal mit eingeplant (bildlich gesprochen: als Menge) und schließlich auf der Wochen- oder Tagesebene eingestreut, wenn kurze Zwischenzeiten, die keine Konzentrationstiefe zulassen, Müdigkeit oder ähnliche suboptimale Bedingungen gegeben sind. Naturgemäß werden die großen „Brocken" langfristig und vorerst nur grob geplant. Erst bei der kurzfristigen Planung kommen die Details hinzu und werden mit dem täglich anfallenden Sand und Wasser abgestimmt.

Das ist deswegen so wichtig, weil anspruchsvolle geistige Arbeit eine Eigenheit aufweist, die man das „Badewannenprinzip" genannt hat:[58] Um ein Vollbad zu nehmen, müssen Sie ganz und tief im Wasser liegen. Dafür müssen Sie in die Wanne hineingleiten – und das dauert bei geistiger Arbeit länger als beim Baden, etwa eine halbe Stunde. Nach ungefähr dieser Zeit sind Sie am besten konzentriert, ganz bei der Sache, leistungsfähig und kreativ. Dieser Zustand dauert etwa eine Stunde, danach gleiten Sie wegen der natürlichen Ermüdung des Gehirns automatisch wieder am anderen

---

[58] Vgl. oben Kapitel III.2 zum Energiemanagement.

Ende der Badewanne hinaus, was Sie daran merken, dass es zunehmend anstrengend wird, konzentriert bei der Sache zu bleiben.

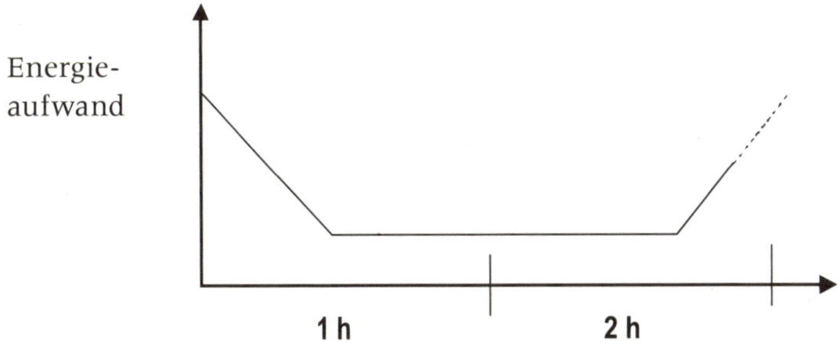

Daraus folgt, dass Sie für die wichtigen Aufgaben Zeiteinheiten von etwa 90 Minuten ungestörter Arbeit sicherstellen müssen, während derer Sie nicht unterbrochen werden sollen. Natürlich ist es optimal, nach einer kurzen Erholungspause einen weiteren Zeitblock für dieselbe Tätigkeit anzuhängen. Auch das minimiert die wenig effiziente Einarbeitungsphase. Für die größeren Aufgaben genügend Zeitblöcke vorzusehen, ist besonders wichtig in der Wissenschaft, da die Kernaufgaben in Forschung und Lehre besonders hohe Konzentration, Ruhe und geistige Präsenz erfordern.

Planen Sie von oben nach unten, vom größeren Zeithorizont zum kleineren, beginnend mit den wichtigeren Aufgaben und Zielen, den Prioritäten. Denn was wirklich wichtig ist, zeigt sich in langfristiger Perspektive. Im Normalfall sind das die eigene Forschung und deren Publikation, besonders am Beginn einer Lehrtätigkeit auch das erstmalige Erarbeiten von Haupt- und Standardvorlesungen, das Verfassen von Bewerbungen für Drittmittelprojekte oder eine gute Stelle, manchmal aber auch, ein neues Curriculum zu entwickeln oder ein altes an veränderte Bedingungen anzupassen – alles Dinge, mit denen Weichen für längere Zeit gestellt werden.

Eine vollständige Planung von oben nach unten umfasst mindestens fünf Horizonte:[59]

1. Angesichts der sich rasch wandelnden Lebensbedingungen und oft nicht absehbarer Herausforderungen und Chancen in der wissenschaftlichen Laufbahn ist das, was in etwa fünf Jahren möglich sein wird,

---

[59] Wie im Kapitel IV.4 „Ziele" erläutert, steht hinter diesen Planungshorizonten noch der Entwurf oder die Vision eines gelungenen Lebens im Ganzen.

nicht genau zu planen. Für diesen Horizont sprechen wir darum von einem *Visionszeitraum*. Das heißt, hierfür sind zwar keine detaillierten Pläne möglich, wohl aber Überlegungen anzustellen, was ich dann tun und erreicht haben, wie ich dann leben möchte. Das gibt dann meinen mittelfristigen Planungen Orientierung und Richtung:

2. Ein *Jahr* oder im akademischen Bereich auch ein *Semester* ist der mittelfristige Planungshorizont.
3. Nach der Jahres- oder Semesterplanung schließt sich die Planung des jeweils nächsten *Monat*s an.
4. Der aktuelle Monatsplan gibt die Aufgaben und Projekte, welche in der nächsten *Wochenplanung* zu berücksichtigen sind.
5. Der kleinste Planungshorizont ist der des morgigen oder heutigen *Tag*es.

- In welchen Horizonten habe ich bisher geplant?
- Habe ich einen Horizont „übersehen"?
- Plane ich im Allgemeinen von oben nach unten?

Das erste Prinzip der Planung von oben nach unten:
Planung beginnt immer mit dem größeren Horizont (mindestens einem Semester) und wird dann für den je nächsten Monat, die Woche und den nächsten Tag konkretisiert, um sicherzustellen, dass die großen Brocken abgearbeitet werden und die kleineren Aufgaben nicht die Zeit „auffressen".

Integraler Ansatz

Die spezifische Lage wissenschaftlich Tätiger, wie im Kapitel I skizziert, macht es besonders schwer, die Balance verschiedener Lebensbereiche zu leben. Schließlich ist für viele der Beruf zugleich eine Berufung. Die damit gegebene Freiheit wird viel häufiger zur Selbstausbeutung genutzt als dafür, sich ein bequemes Leben zu machen. Das Heilmittel gegen das Risiko des Burnout ist, die Balance aller Lebensbereiche zu berücksichtigen – beginnend bei der Planung.

Wahrscheinlich haben Sie auch schon Stimmen gehört, dass das utopisch sei, wenn man es in der Wissenschaft zu etwas bringen will. Gefordert sei vielmehr das Opfer anderer und privater Interessen, der Verzicht auf Sport und die Pflege von Freundschaften, auf Kunstgenuss und ausreichende Erholung und vieles mehr. Aber gilt das nicht auch für Ärzte oder im Management Tätige? In jedem Fall entscheiden Sie persönlich, ob Sie das so leben wollen – und wie lange Sie das durchhalten. Auch wenn

Sie in der Hierarchie unten stehen und dementsprechend wenig Einfluss haben, können Sie doch überlegen, inwieweit Sie dieses System durch Ihr Mitmachen stützen wollen.

Diesseits der Grundsatzfragen: Vielleicht erscheint Ihnen ein gewisser Verzicht auf das Ausleben anderer Lebensbereiche derzeit richtig, zum Beispiel weil Sie auf einer Juniorprofessur mit neuen Lehraufgaben und Pflichten in der Verwaltung zusätzlich zu Ihrer Habilitation konfrontiert sind. Dann stellen Sie sich nüchtern der Frage:

- Für wie lange bin ich bereit und fähig, alle meine Energie und Zeit in die Wissenschaft zu stecken und anderes zurückzustellen?

In einem größeren Zeitrahmen von etwa drei Jahren kann auch ein mittelfristiges Ungleichgewicht Platz haben – wenn es zeitlich begrenzt und kritisch reflektiert ist. Grundsätzlich gehen wir aber davon aus, dass es möglich sein muss, als Wissenschaftler oder Wissenschaftlerin Erfolg zu haben, ohne auf alles andere zu verzichten.

Die Sorge um sich selbst, um sein Leben als Ganzes könnte die hohe Kunst vernünftiger Lebensführung sein. Immerhin hat ein Spitzenmanager eines Weltreichs das gelebt: der römische Kaiser und stoische Philosoph Marc Aurel.[60]

Trotz enormer beruflicher Anforderungen sein Leben in allen Dimensionen gelingen zu lassen, hat mit einem ganzheitlichen Annehmen seiner selbst zu tun, das heißt auch mit dem Akzeptieren von Endlichkeit. Es geht darum, die Grenzen der eigenen Leistungsfähigkeit, auch in zeitlicher Hinsicht, zu respektieren, und um die Notwendigkeit von Rekreation, Schonung und Auffüllen der eigenen Ressourcen sowie das Leben mit Grenzen auch im Alltag.

- Inwieweit akzeptiere, inwieweit verdränge ich meine Grenzen? Lasse ich mich von der transindividuellen, viele Generationen umfassenden Idee wissenschaftlichen Fortschritts zu der Illusion verführen, meine eigene Endlichkeit sei vernachlässigbar?

---

60 „Zerren dich die von außen kommenden Ereignisse hin und her? Nimm dir doch einmal Zeit, etwas wirklich Gutes hinzuzulernen und hör auf, im Kreis umherzuirren! Du musst dich aber auch vor dem anderen Irrweg hüten: Toren sind nämlich auch die, die durch ihr Tun müde geworden sind zum Leben und kein Ziel haben, auf das sie jeden Anlauf, überhaupt jeden Gedanken richten." (Marc Aurel: Selbstbetrachtungen II,7)

- Welche Grenzen habe ich bereits überschritten und meine Gesundheit, meine außerwissenschaftlichen Interessen oder Beziehungen aufs Spiel gesetzt?
- Habe ich von meinem Körper oder von nahestehenden Menschen Warnsignale erhalten?

Wenn von Balance die Rede ist, wird meistens der Beruf vom Privatleben oder die Arbeit von der Freizeit unterschieden. Wie oben im Kapitel II.3 erläutert, ist das zu undifferenziert und als ein dualistisches Schema konfliktträchtig. Besonders für Frauen ist es oft fatal, weil Be- und Erziehungsarbeit sowie Haushaltsführung dann als „privat" gelten und in der Zeitbilanz verschleiert wird, dass ganze Lebensbereiche und -rollen notorisch zu kurz kommen: unbezahltes Engagement zur Verwirklichung von Werten (beispielsweise für Menschenrechte, für Arme, für Kinder, für Tiere und Natur), das Pflegen von Freundschaften, Sinn und Spiritualität, sowie Aktivitäten für je mich selbst.

Dieses Thema wird im Unterkapitel „Ziele" noch einmal aufgegriffen.

Das zweite Prinzip des integralen Ansatzes:
Um eine gesunde und nachhaltig, das heißt über viele Jahre hin lebbare Balance zu erreichen, empfehlen wir, statt des Dualismus von „Beruf versus privat" vier wesentliche Lebensbereiche zu planen, die in irgendeiner Form für jeden wichtig sind (vgl. Kap. II.3):
- **Beruf**
- **Familie/tragende Beziehungen**
- **Sinn und Engagement**
- **Selbstsorge**

Zweidimensionale Zeitplanung

Die erste Dimension einer guten Planung (mit Ausnahme von regelmäßig wiederkehrenden, kleineren Routineaufgaben) ist die Aufgaben-, Ziel- und Projektplanung. Sie folgt im Wesentlichen der Sachlogik, der Notwendigkeit aufeinanderfolgender Schritte und Teilziele. Ein gutes Beispiel ist die Planung einer Dissertation, deren einzelne Schritte von der Vorauswahl eines Themengebiets über Literaturrecherche, evtl. Laboruntersuchungen o.Ä. bis hin zum Schreiben und Korrigieren einer logischen Reihenfolge unterliegen.

Selbstverständlich planen Sie in beiden Dimensionen schriftlich. Dabei sollte das Format der Projektplanung besser sein als nur die häufig verwendete Liste der Agenden, nämlich eine Tabelle mit mindestens folgenden Spalten:

- Nummerierte Teilschritte, die hinreichend vollständig sein sollten;
- eine realistische Abschätzung des Zeitbedarfs für jeden Schritt;
- sodann unter Berücksichtigung von Einschränkungen im Kalender Zieldaten für die Vollendung der entsprechenden Tätigkeiten und das Erreichen der Teilziele.[61]

Damit wird die Integration der Projektplanung in die kalendarische Dimension geleistet, was dort allerdings noch einmal festgehalten und terminisiert werden muss.

Im Alltag planen fast alle Menschen in der zweiten, der chronologischen Dimension, das heißt dem Zeitablauf folgend mit enorm vielen Vorgegebenheiten: Jahres- und Semestereinteilungen, Feiertage und Urlaubszeiten, Wochenrhythmus. Hierhin gehören neben einzelnen Terminen alle regelmäßigen Termine wie Sprechstunden, Teambesprechungen, Redaktionsschluss einer Zeitschrift, einzuhaltende Termine für das Bekanntgeben von Lehrveranstaltungen und das Reservieren von Räumen usw. Das Format für diese Dimension ist irgendeine Art von Kalender.

Die Kunst besteht nun darin, beide Dimensionen zusammenzuführen. Viele Fehler passieren beim Übersetzen von Projektplanung oder sachorientierten Agenden in Kalenderform, weil die Eigengesetzlichkeiten beider Dimensionen nicht genügend berücksichtigt werden oder die Projekte gar nicht im Kalender ihren Niederschlag gefunden haben..

- **Welche meiner Projekte sollten zuerst in Form eines Projektplans strukturiert werden?**
- **Habe ich, wo es nötig und sinnvoll ist, sowohl eine Aufgaben- und Projektplanung als auch eine Routine zur Übersetzung in die chronologische Form?**

Das dritte Prinzip der zweidimensionalen Zeitplanung:
Regelmäßige, terminartige und kleinere Agenden werden immer gleich in die Kalender-Planung eingetragen. Alle anderen, vor allem größeren Ziele und Aufgaben werden zuerst in Form einer Projektplanung geordnet und gegliedert und dann sorgfältig mit der im Alltag genutzten kalendarischen Planung abgeglichen.

[61] Im nächsten Kapitel finden Sie ein Beispiel für die Tabellenmethode, unter „Fokus Forschung" (Kap. VI.1).

2 Aufgabenorganisation

Worum es geht:

Alles, was Sie tun, kann als „Aufgabe“ bezeichnet werden, auch die selbstgesetzten Vorhaben. Allerdings schwingt bei diesem Wort die Fremdbestimmung mit (denken Sie an Schulaufgaben!). Der Übergang zu den Begriffen „Projekt“ oder „Ziel“ ist fließend – ein und dasselbe Vorhaben kann Ihnen einmal als frei gewählt, ein andermal als Pflicht erscheinen. Auch ein großes, selbstbestimmtes Projekt (z.B. die Dissertation) wird in seinen kleinen Teilschritten zu einer Reihe von Aufgaben oder Agenden.[62]

In diesem Unterkapitel verstehen wir die zu organisierenden Aufgaben als einen Oberbegriff und widmen uns im übernächsten Unterkapitel „Ziele“ spezieller den besonders wichtigen selbstgesetzten Aufgaben und ihrer Planung.

Prinzip der Schriftlichkeit

In Ihrem Kalender müssen nicht nur Termine, sondern auch die anstehenden Aufgaben mit dem dafür erforderlichen zeitlichen Aufwand notiert werden. Tun Sie dies nicht, so werden Sie Ihren Kalender vermutlich mit Terminen überfrachten und für die Erledigung Ihrer Agenden zu wenig Zeit erübrigen.

Das Prinzip der Schriftlichkeit sollten Sie auf jeden Fall beachten. Bei der Wahl Ihres Zeitplan-Systems (siehe auch Kap. IV.8) und der Art und Weise, wie Sie Ihre Aufgabenliste strukturieren, experimentieren Sie ruhig ein bisschen, bis beides Ihren Bedürfnissen entspricht. Entscheiden Sie sich aber dann für eine Methode.

Wann immer eine neue Aufgabe hinzukommt oder Ihnen ein neues Agendum einfällt, so schreiben Sie dies auf. Ob elektronisch, in Ihrem Kalender oder in einem schönen Notizbuch – notieren Sie jede Aktivität und auch Idee sofort und belasten Sie Ihre Gedanken damit nicht weiter. „Aufschreiben und vergessen“ lautet die bewährte Devise eines erfolgreichen Notizmanagements. Voraussetzung ist natürlich, dass Sie jederzeit – am besten auch nachts – griffbereit etwas zum Schreiben bei sich haben.

Ein Geheimnis guter Planung ist die Abschätzung des Zeitbedarfs für jede Tätigkeit. Dies ist manchmal nicht ganz einfach, insbesondere wenn man das erste Mal eine wissenschaftliche Arbeit verfasst. Nehmen Sie für Monate die Abkürzung m, für Wochen w, für Tage t und für Stunden h.

---

[62] Lateinisch *agendum*, das zu Tuende, Plural *agenda*.

- Welche Einstellung habe ich zum Thema Planung?
- Liebe ich das Detail, plane ich sehr gerne und genau? Oder bin ich eher der Typ, der sich nicht gerne festlegt und glaubt, alles im Kopf behalten zu können?
- Wie viele Lebens- oder Berufsrollen bewältige ich derzeit?
- Arbeite ich lieber mit Papier und Bleistift oder mit EDV?

Drei Methoden des Aufgabenmanagements

1. Tabellen-Methode:
Diese Methode ist einfach anzuwenden, bedarf keiner großen Vorbereitung und eignet sich sowohl für berufliche als auch private Aufgabenorganisation.

Erstellen Sie zunächst eine Struktur für Ihre Aufgabenliste. Schreiben Sie Tätigkeiten unabhängig vom Aufgabenbereich sofort auf, sobald sie Ihnen einfallen oder zugeteilt werden. Diese teilen Sie dann nach der Art der Tätigkeiten ein (z.B. Telefonate, E-Mails, Besprechungen etc.) oder nach Aufgabenbereichen (Dissertation geordnet nach Kapiteln, EDV, Kongresse, Lehrveranstaltungen, Curricula etc.) und/oder betroffenen Personen (Vorgesetzte/r, Kollegin X, Studierende, Partner/in etc.).

Beträgt der Zeitaufwand für eine Tätigkeit weniger als drei Minuten, so erledigen Sie diese sofort. Andernfalls notieren Sie die zu erledigende Aufgabe gleich im entsprechenden Bereich. Halten Sie den jeweils erforderlichen Arbeitsaufwand, den Endtermin, eventuelle Zwischentermine sowie Prioritäten fest.

Durch das Abschätzen des voraussichtlichen Aufwands quantifizieren Sie ihre Agenda, und durch die Priorisierung qualifizieren Sie diese. Dafür brauchen Sie eine Tabelle statt einer bloßen Liste, und haben damit auch einen entscheidenden Vorteil gegenüber den üblichen, nicht quantifizierten und nicht qualifizierten „To-do“-Listen.

Erstellen Sie im Computer eine Matrix, die Sie monatlich oder wöchentlich neu ausdrucken und von Hand ausfüllen. Wenn das schwer lesbar wird, tippen Sie die Aufgaben, welche Sie schon wissen, in die Felder ein, speichern die Tabelle unter dem Namen des Monats oder Nummer der Kalenderwoche und drucken sie dann aus – am besten auf Papier einer bestimmten Signalfarbe.

Ein Beispiel für eine Agenda-Tabelle, die auch Privates enthält:

Agenda	Termin	Zu erledigen/zu berücksichtigen	Zeitaufwand	Zeitpunkt/-raum
Symposium X	2.3.20..	Referentenauswahl Referenten einladen Offerte Raum einholen Raum auswählen Plakatentwurf Gespräche mit Druckerei etc.	6 Std. 20 Std. etc.	Woche 02 Woche 03/04 Woche 04
Schreiben des Artikels Y	4.4.20..	Recherche Ziel, Struktur, Gliederung Schreiben Korrigieren etc.		
Drucker kaufen	baldigst	Anforderungen definieren Angebote einholen Auswahl treffen (Kriterien!)		
Urlaub	1.7.	Visum Impftermin Postnachsendeauftrag etc.		
Hasenkäfig für Kinder bauen		Bauanleitung besorgen Material einkaufen etc.		

2. Getting Things Done (GTD) nach David Allen:[63]

Diese Methode eignet sich für Menschen, die viel organisieren müssen, sehr viele Ideen haben oder befürchten, etwas zu vergessen. Die Grundidee ist, einen Kalender für Termine und jeweils eine kontextbezogene Aufgabenliste zu benutzen.

Entscheidend ist auch hier das Prinzip der Schriftlichkeit, allerdings wird auf die Einteilung der Aufgaben nach Prioritäten verzichtet. Wesentlich ist eine möglichst rasche Erfassung aller Dinge, die Sie zu tun haben, nach einem einfachen und verlässlichen System (siehe das Ablaufdiagramm auf Seite 104).

Allen geht davon aus, dass die vielen Kleinigkeiten, die zu erledigen sind, Ihren Arbeitsfluss immer wieder stören. Sie beginnen Ihren Tag also mit Ihrer obersten Priorität, etwa dem Schreiben Ihrer Dissertation, doch laufend stören Gedanken wie: „Eigentlich sollte ich Kollegen X anrufen", „meine Mails habe ich auch noch nicht durchgesehen" oder „wann bringe ich diese Woche nur mein Sportprogramm unter?" Deshalb werden auch die vielen Kleinigkeiten und Gedanken sofort erfasst.

Mit drei Schritten bereiten Sie GTD vor:[64]

a) Besorgen Sie alles, was Sie für die Umsetzung der Methode brauchen: einen Posteingangskorb, ein Wiedervorlagesystem (z.B. Pultordner, Hängeregistratur oder elektronisch), einige Mappen zum Sammeln von Informationen, eine Reihe von Listen und einen Terminkalender oder ein Zeitplanbuch.

b) Richten Sie Ihre Eingangsbox ein:
Alles, was für Sie in irgendeiner Weise eine Aufgabe darstellt, gehört in EINE Eingangsbox, wo zukünftig alles landet. Sie haben beispielsweise während der Arbeit an einem Projekt einen Gedankenblitz, dann schreiben Sie schnell ein Stichwort und legen die Notiz in Ihre Eingangsbox.

c) Sammeln Sie alle „losen Enden" ein und leeren damit Ihren Kopf.
So beginnen Sie: Sammeln Sie zunächst alles, was sich innerhalb und außerhalb Ihres Kopfes befindet, also alle lose in Ihrem Büro herumliegenden Unterlagen und Zettelchen. Anschließend notieren Sie alle Projekte und Angelegenheiten, die Sie beschäftigen, jeweils auf einem Blatt. Denken Sie nicht weiter darüber nach, schreiben Sie ein Stichwort auf und geben den Zettel in die Eingangsbox. Berücksichtigen Sie wirk-

---

[63] Allen, David: Wie ich die Dinge geregelt kriege, Selbstmanagement für den Alltag.

[64] Vgl. Einfach organisiert, www.orgenda.de (März 2010).

lich alle Dinge, die nicht so sind, wie sie sein sollten, und mit denen Sie noch nicht zufrieden sind.

Die Eingangsbox durcharbeiten:
Nehmen Sie alles, was in Ihrer Eingangsbox gelandet ist, in die Hand und entscheiden Sie die weitere Vorgangsweise nach der Grafik auf Seite 104. Was Sie nicht tun dürfen, ist, das Papier wieder zurückzulegen. Sie entscheiden jetzt im Moment, wie es weitergehen soll, ob etwas getan werden muss oder nicht.

Muss nichts getan werden, kommt das entsprechende Blatt in den Papierkorb, in die „Irgendwann-Mappe“ (für nicht terminierbare Dinge), die Wiedervorlage (z.B. Tagesordnung einer Sitzung in drei Wochen) oder in die Ablage. Werfen Sie immer so viel wie möglich weg. Lesen Sie nur, was Sie wirklich brauchen. Denken Sie daran, dass in Zeiten des Internet fast alles wiederbeschaffbar ist.

Muss etwas getan werden, so ist der nächste Schritt zu überlegen. Das ist ein wesentliches Merkmal der Methode. Es geht immer um die Frage, wie es unmittelbar weitergeht. Sie haben in Ihrer Box zum Beispiel eine Notiz „Büro aufräumen“. Was ist hier der nächste Schritt? Das könnte das Ausräumen und Ordnen einer einzigen Schreibtischlade sein oder das Besorgen neuer Ordner.

Alle Aktionen, die Sie nicht sofort erledigen können, halten Sie schriftlich auf „Nächster-Schritt-Listen“ fest. Dabei ist es sinnvoll, mehrere solcher Listen zu führen, die ähnliche Aktivitäten zum Ziel haben, z.B.:

@ Computer
@ E-Mails
@ Telefon
@ Büro
@ Baumarkt etc.

Mit dem @-Zeichen signalisieren Sie, wo Sie sich befinden müssen, um die Aufgabe zu erledigen. Bewahren Sie die Listen auf einem zentralen Platz auf, damit Sie einen schnellen Zugriff haben.

Den nächsten Schritt direkt erledigen:
Wichtig ist das Direkt-Prinzip: Stellen Sie fest, dass Sie für den nächsten Schritt nicht mehr als drei Minuten brauchen, so erledigen Sie ihn gleich. Sie brauchen dann nichts aufschreiben und werden vielleicht erstaunt sein, wie viel Zeit und Nerven Sie durch die sofortige Bearbeitung sparen.

Die Erledigung terminisieren:
Sie bekommen etwa eine Einladung zu einer Vortragsveranstaltung, die in fünf Wochen stattfindet. Falls Sie zusagen, notieren Sie den Termin in Ihrem Kalender und legen die Einladung in Ihre Wiedervorlagemappe. Dort landen aber auch Schriftstücke, die Sie zu einem bestimmten Termin beantwortet haben müssen, wenn das länger als drei Minuten dauert, oder Aufgaben, die an einem bestimmten Termin erledigt werden müssen.

Ganz wesentlich ist aber, dass Sie in Ihrem Kalender auch Zeit für die Erledigung dieser Aufgaben reservieren.

Die Erledigung delegieren:
Wenn Sie Mitarbeiter/innen haben, dann delegieren Sie alle Agenden, die Sie nicht notwendigerweise selbst erledigen müssen. Legen Sie sich eine Liste mit dem Vermerk „Warten auf" an, in der vermerkt ist, wann Sie welche Ergebnisse zurückerwarten.

Projekte:
Als Projekte werden alle Aufgaben bezeichnet, für die mehrere Tätigkeiten erforderlich sind. Auch hier empfiehlt David Allen, immer den nächsten Schritt festzuhalten. Begleitende Unterlagen, Gesprächsnotizen, Mindmaps oder Abrechnungen legen Sie in einer separaten Projekt-Mappe ab. Idealerweise ist die Mappe auch leicht zu transportieren, damit Sie sie bei Besprechungen immer mit dabei haben können.

Damit GTD funktioniert, müssen Sie Ihre Listen regelmäßig durchsehen, und zwar täglich bzw. mehrmals täglich: Ihre Schreibtisch- und Ihre E-Mail-Eingangsbox, Ihre Wiedervorlagemappe für diesen Tag, Ihre Kalendereinträge sowie Ihre Liste mit den nächsten Schritten.

Einmal in der Woche bearbeiten Sie: Ihre gesammelten Notizen, Ihren Terminkalender und all Ihre Listen (Projekt, Warten auf, „Irgendwann-Mappe" und sonstige Listen, die Sie führen).

Ablaufdiagramm nach David Allen:

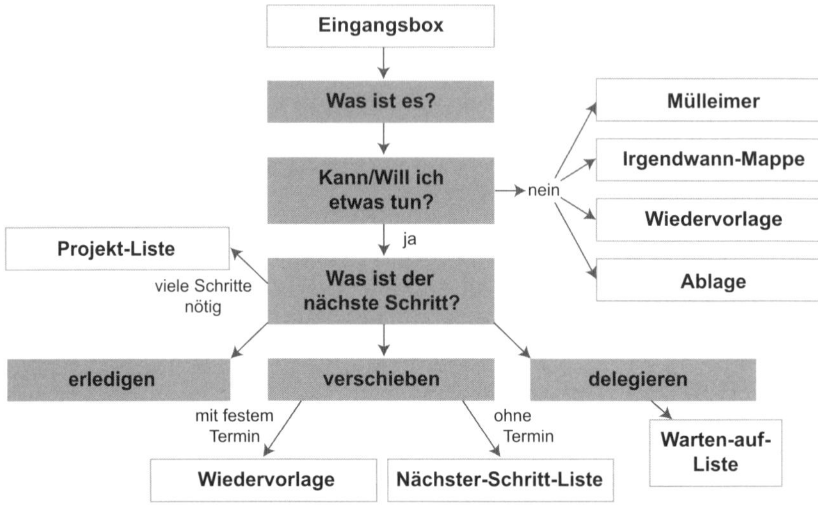

3. Selbstorganisation ohne Listen:

Wenn alle Zeitmanagementtechniken bisher bei Ihnen versagt haben, dann liegt es vielleicht daran, dass Sie ein ausgeprägter I-Typ gemäß dem Persönlichkeits-Profil (siehe Kapitel II.2) sind und eine Abneigung gegen Listen und übliche Kalender hegen.

Verwenden Sie in diesem Fall Hilfsmittel, die Ihnen Spaß machen und Buntheit und Freude in Ihr Leben bringen. Entscheiden Sie, ob Sie Ihre Agenda-Listen in einem Word-Dokument, in Outlook oder handschriftlich in einem schönen Buch, auf Post-its oder bunten Moderationskärtchen notieren. Schreiben Sie auf eine Weißwandtafel, arbeiten Sie mit Mindmaps, einem Ringbuch und viel Farbe.

Vielleicht wollen Sie bunte Klebezettelchen (die es auch als Punkte, Pfeile, Sprechblasen, Smilies etc. gibt) verwenden, um unterschiedliche Aktivitäten und Projekte zu markieren. So bleiben Sie innerhalb eines vorgegebenen Zeitrahmens flexibel, können Termine und Aufgaben verschieben mit dem Wissen, dass alles notiert ist und Sie daher nicht ständig daran denken müssen.

Sie können Ihre Aktivitäten auf Zettel schreiben, die Sie nach getaner Arbeit lustvoll zerreißen und wegwerfen (das hilft kinästhetischen Typen). Aber auch elektronische Kalender erlauben Ihnen ein Maximum an Flexibilität und die Möglichkeit einer spielerischen und kreativen Zeitplanung.

Leisten Sie sich ansprechende und wertvolle Schreib- und Kalenderutensilien, die Sie gerne verwenden. Kreative Menschen sind meist Ästheten, denen schöne Dinge wichtig sind und die gerne benützen, was einen hohen finanziellen oder emotionalen Wert hat.[65] Wenn Ihre bisher verwendeten Hilfsmittel beginnen, Sie zu langweilen, dann gönnen Sie sich Abwechslung bei der Auswahl Ihrer Methoden und Materialien, auch wenn die meisten Zeitmanagementbücher Ihnen davon abraten.

Überfrachten Sie Ihren Tagesplan nicht mit Terminen und Pflichten, die Ihnen keinen Spielraum für Spontanes lassen. Ein durchorganisierter und perfekt strukturierter Zeitplan wirkt auf Sie vielleicht schon beim Betrachten so abschreckend, dass Sie Ihren Kalender nicht einmal mehr aufschlagen mögen. Tragen Sie in Ihren Kalender auch Zeiten für „Spiel und Spaß" ein. Gestalten und planen Sie Ihren Tag, indem Sie ganz bewusst zwischen unterschiedlichen Tätigkeiten wie Besprechungen, Lehrveranstaltungen und Schreiben wechseln.

Schreiben Sie Ihre Agenden nicht in Form von Listen, sondern mit Hilfe von Mindmaps. So können Sie Ideen jederzeit einfügen, mit Farben und Kärtchen arbeiten und bleiben flexibel, ohne den Überblick und das Ziel aus den Augen zu verlieren.

[65] Nussbaum, Cordula: Organisieren Sie noch oder leben Sie schon?, 94.

Beispiel für eine Planung mit Mindmap:

3 Prioritäten

Worum es geht:

Prioritäten helfen Ihnen, Ihre Kräfte auf Ziele und Erfolge hin zu fokussieren, Ihre Arbeiten wie geplant zu erledigen, Termine einzuhalten, aktiv Ihren Arbeitsablauf zu steuern, Dringlichkeiten zu überprüfen und am wirklich Wichtigen zu bleiben. Ihre Arbeitsergebnisse werden damit befriedigender, Sie vermeiden Doppelarbeiten und unnötigen Stress, weshalb Sie insgesamt mit Ihrem Leben zufriedener sind.

Mit hoher Wahrscheinlichkeit werden Sie nie alles, was Sie im Leben tun könnten oder wollten, auch tatsächlich machen.[66] *Jedenfalls wird Ihnen dies nicht an einem Tag, in einer Woche oder in einem Jahr gelingen. Sie werden gewichten, eine (zeitliche) Reihenfolge für Ihre Wünsche, Ziele und Aufgaben festlegen und Ihre Energie einteilen müssen, um zwar nicht alles, aber alles für Sie wirklich Wichtige zu schaffen.*

Wenn Sie nicht selbst Schwerpunkte setzen, dann werden es Ihre Vorgesetzten, Kollegen/Kolleginnen oder Partner/innen für Sie tun, was konkret heißt, dass Sie weniger an Ihren Aufgaben und Zielen, sondern an jenen Ihrer Umgebung arbeiten und sich möglicherweise bald wie der berühmte Hamster im Rad fühlen. Dieses Unterkapitel hilft Ihnen, Ihre Prioritäten zu definieren.

Zielorientierung und Entscheidungskriterien

Prioritäten zu setzen, heißt vor allem, Entscheidungen zu treffen. Sich für eine Sache oder Aufgabe zu entscheiden, bedeutet, sich – zumindest für den Moment – gegen eine andere zu entscheiden. Der Zeitgeist, der suggeriert, dass alles machbar ist und auch sofort und gleichzeitig zu geschehen hat, erschwert das Setzen von Prioritäten. Als Ausweg aus diesem Dilemma arbeitet man dann gleichzeitig an vielen verschiedenen Projekten, oft allerdings nicht aus Überzeugung, sondern eher halbherzig, worunter wiederum die Zufriedenheit mit dem Tun und den Ergebnissen leidet.

Entwickeln Sie Entscheidungsstärke und Zielorientierung. Um gute Entscheidungen zu treffen, muss die Sachlage analysiert und durchdacht werden, und es gilt Alternativen zu bewerten und abzuwägen.
Überlegen Sie auch, was Ihnen hilft oder bisher geholfen hat, gute Entscheidungen zu treffen. Vielleicht brauchen Sie eine kurze Bedenkzeit,

[66] Vgl. Tracy, Brian: Eat that frog. 21 Wege, um sein Zaudern zu überwinden und in weniger Zeit mehr zu erledigen, Offenbach (Gabal) 2004, 5.

wollen eine Nacht darüber schlafen, möchten Ihre Pro- und Contra-Argumente verschriftlichen, sich mit Menschen Ihres Vertrauens austauschen oder hören auf Ihre Intuition. Vermeiden Sie aber ein unnötiges Aufschieben von Entscheidungen, jedes Zaudern und Zögern oder ständiges Revidieren von Entscheidungen. Das kostet nur Zeit und Energie.

Prioritäten zu setzen, heißt, Aufgaben nach ihrer Wichtigkeit und Dringlichkeit zu kategorisieren und ihnen dann einen entsprechenden Platz in der Planung und dem Tages- oder Wochenablauf zu geben. Die Priorität einer Aufgabe herauszufiltern, stellt sich manchmal als gar nicht so einfaches Unterfangen dar, scheint doch in der Hektik des Alltags oft alles gleich wichtig und dringend zu sein. Ohne eine Differenzierung werden Sie allerdings mit hoher Wahrscheinlichkeit nie genügend Zeit für Ihre eigenen Ziele und Arbeiten finden und sehr schnell ein Opfer des Dringlichen werden.

Auch wenn im Tagesgeschehen Platz für Spontaneität, Spaß und Kreativität sein sollte – Ihre initiativen Anteile werden dies ohnehin einfordern – so vermeiden Sie, alleine nach dem „Lust-und-Laune"-Prinzip zu arbeiten. Auch das ständige Hin- und Herpendeln zwischen verschiedenen Aufgaben ist für die Konzentration kontraproduktiv, ebenso wie das Ausführen mehrerer Tätigkeiten zur gleichen Zeit. Das können Computer gut, aber Menschen arbeiten dadurch erwiesenermaßen langsamer. Entscheiden Sie sich für eine Tätigkeit und bleiben Sie dann konsequent und konzentriert dabei, bis sie erledigt oder ein Teilergebnis erreicht ist. Tun Sie etwas oder tun Sie es nicht. Halbherzige Aktivität mag zwar das schlechte Gewissen beruhigen („ich habe ja versucht, am Kapitel X zu arbeiten, aber ..."), fördert jedoch den Arbeitsfortschritt nicht wirklich.

Zielklarheit ist die Basis für das Setzen von Prioritäten (siehe hierzu das folgende Unterkapitel „Ziele"). Kennen Sie Ihr vorrangiges Ziel und müssen zwischen zwei Tätigkeiten wählen, so legen Sie die für Sie wichtige Aufgabe in einen Zeitraum, in dem Sie ungestört arbeiten können und Ihr Energiepegel hoch ist. Weniger wichtige Agenden werden dann gebündelt und in Phasen erledigt, wo Sie energetisch nicht in Höchstform sind.

Was ist aber wirklich wichtig und vor allem für wen? Selbst die beste Arbeitsplatzbeschreibung wird nicht verhindern, dass Ihre Vorgesetzten oder Ihr Arbeitgeber manchmal andere Prioritäten sehen als Sie selbst. Diesem Problem kann zum Teil mit Absprachen begegnet werden. Stellt sich der Interessenskonflikt als Dauerzustand heraus, so sollten Sie die vorgesetzte Person um ein klärendes Gespräch (eventuell Mitarbeiter/innengespräch) bitten, in dem Sie garantierte Zeiten für Ihre wissenschaftliche Tätigkeit vereinbaren, z.B. in Form eines fixen Dissertationstages pro Woche.

Instrumente zur Prioritätensetzung

1. Die ABC-Analyse:
Trennen Sie Wichtiges von Unwichtigem. A-Aufgaben sind Ihre derzeit wichtigsten Aufgaben, B-Aufgaben durchschnittlich wichtige Aufgaben und C-Aufgaben (meist zeitraubende) Routineaufgaben. Versuchen Sie, ausreichend Zeit für A-Aufgaben zu reservieren, diese dann zu erledigen, wenn Sie sich gut konzentrieren und (relativ) ungestört arbeiten können. Untersuchungen zufolge tragen A-Aufgaben zu 65 Prozent zum Gesamterfolg einer Tätigkeit bei, allerdings werden ihnen meist nur 15 Prozent der verfügbaren Zeit gewidmet. Bei den B-Aufgaben halten sich Aufwand und Ergebnis die Waage. C-Aufgaben brauchen die meiste Zeit (65%), beeinflussen aber den eigentlichen Arbeitserfolg am wenigsten (15%).

B- und C-Aufgaben sollten Sie bündeln, gut vorbereiten, in leistungsschwächere Zeiten legen und immer wieder überlegen, ob diese vielleicht anders oder effizienter erledigt werden könnten. Vielleicht besteht bei der einen oder anderen Aufgabe auch die Möglichkeit, sie zu delegieren.

Wie kommen Sie nun zur Einteilung in A, B und C und zur Einschätzung der jeweils beanspruchten Zeit? Beginnen Sie damit, Ihre Arbeiten über einen längeren Zeitraum, beispielsweise über vier Wochen, quantitativ und qualitativ zu erfassen (z.B. wie viele Anrufe oder E-Mails Sie zu welchem Thema erhalten, wie viel Zeit Sie für Besprechungen oder administrative Tätigkeiten benötigen, wie lange Sie sich täglich mit einzelnen Projekten beschäftigen, wie viel Zeit Recherche und Schreiben benötigen etc.). Notieren Sie jede Kleinigkeit, denn gerade diese benötigen in Summe oft eine Menge Zeit. Eventuell werden Sie zwischen Semesterzeiten mit Lehrveranstaltungen und vorlesungsfreien Zeiten differenzieren.

Ordnen Sie dann die einzelnen Tätigkeiten nach ihrer Wichtigkeit. Kriterien dafür sind die Funktion in der Organisation (z.B. nach der Aufgabenbeschreibung Ihrer Stelle) und natürlich Ihre eigenen Ziele. Wenn Sie diese Übersicht haben, werden Sie oft erkennen, dass C-Aufgaben zu viel Zeit beanspruchen und Sie mit ihnen kritischer uund selektiver umgehen müssen. Eine durchschnittliche und gute Proportion der drei Kategorien sieht so aus, dass bei der Planung eines Standard-Arbeitstages mit acht Stunden Arbeitszeit für A-Aufgaben rund 3 Stunden, für B-Aufgaben 1 Stunde und für C-Aufgaben 45 Minuten reserviert sind. Der Rest der Zeit bleibt für Ungeplantes und Unvorhergesehenes frei (siehe zu diesen Pufferzeiten im Kapitel IV.5 unter „ALPEN-Regel").

2. Die Eisenhower-Matrix:
Auf den amerikanischen General und Präsidenten Dwight D. Eisenhower (1890–1969) geht eine Methode des Arbeits- und Zeitmanagements zurück, die nach ihm benannt wurde. Man bezeichnet sie auch als Eisenhower-Methode, Eisenhower-Fenster oder Eisenhower-Prinzip. Mit dessen Hilfe kann man die zu erledigenden Aufgaben nach ihrer Dringlichkeit und Wichtigkeit gruppieren und erhält damit zugleich für jede Tätigkeit eine eindeutige Handlungsanweisung, ob sie sofort von einem selbst, erst später, von jemand anderem oder eventuell gar nicht zu bearbeiten ist. Anhand der Faktoren Dringlichkeit und Wichtigkeit ergeben sich nach der Eisenhower-Methode vier Kategorien von Prioritäten:
- wichtig und dringend
- wichtig, aber nicht dringend
- nicht wichtig, aber dringend
- weder wichtig noch dringend

Erfahrungsgemäß sind es meist die dringenden Aufgaben, denen vorrangig und hauptsächlich Aufmerksamkeit geschenkt wird, während wichtige Aufgaben mit keiner oder wenig Dringlichkeit immer wieder aufgeschoben werden. Viele Menschen heute befinden sich in einer „Dringlichkeitsfalle“[67], die sich zu einer Sucht entwickeln kann. Dringendes zu tun, ist oft spannender, als am wichtigen langwierigen Projekt weiterzuarbeiten, es gibt raschere und spürbarere Erfolgserlebnisse und gibt das Gefühl, viel geleistet zu haben. Dringendes meldet sich, es läutet wie das (Mobil-)Telefon, es blinkt (E-Mails) oder es klopft an (unerwartete Studierende). Wenn Sie sich bei den untenstehenden Fragen öfters angesprochen fühlen, sollten Sie Ihren Umgang mit Dringlichem reflektieren.

- Arbeite ich am besten, wenn ich unter Druck stehe?
- Mache ich die Hektik der von außen auf mich einstürmenden Ereignisse dafür verantwortlich, dass ich keine Zeit für eine tiefe Auseinandersetzung mit mir und meinen Zielen habe?
- Habe ich Schuldgefühle, wenn ich nicht arbeite oder mir von der Arbeit freinehme?
- Fühle ich mich unruhig, wenn ich eine Stunde lang oder auch am Wochenende keine E-Mails abrufe (im Büro oder auch von unterwegs)?
- Stelle ich mir öfters vor, dass ich eines Tages, etwa in der Pension, tun kann, was ich wirklich machen möchte?

---

[67] Covey: Der Weg zum Wesentlichen, 33.

- Gibt mir ein großer Stapel erledigter kleiner Dinge am Ende eines Arbeitstages das Gefühl, viel geleistet zu haben?

Eisenhower-Matrix mit Beispielen:

	DRINGEND	NICHT DRINGEND
WICHTIG	I. Krisen drängende Probleme plötzliche Abgabe-termine	II. Planung, Strategie Werteklärung Beziehungsarbeit Kommunikation Erholung
NICHT WICHTIG	III. Unterbrechungen Anrufe, manche Post einige Berichte Besprechungen	IV. Triviales Geschäftigkeiten irrelevante Dinge „Flucht"-Aktivitäten

In Quadrant I müssen Sie selbst und sofort tätig werden. Wenn z.B. der Computer abstürzt, einem Kollegen geholfen werden muss, das Kind verletzt ist, ist die Sache wichtig und dringlich zugleich. Ist man zu häufig in diesem Quadranten tätig (dem „Feuerwehrbereich"), so ist dies auf Dauer ein enormer Stressfaktor.

Quadrant II ist der „Quadrant der Qualität". Hier geht es um langfristige Planung, Verfolgung von Projekten, Vorbeugung von Problemen im fachlichen, persönlichen und gesundheitlichen Bereich. Ignoriert man diesen Bereich, so wird manches dringend (z.B. durch eine gesundheitliche Krise), und es beginnt der Quadrant I zu wachsen. Das führt auf Dauer zu Stress, Unzufriedenheit und mangelndem Erfolg.

Quadrant III ist der „Quadrant der Täuschung". „Der Trubel des Dringlichen erzeugt eine Illusion von Wichtigkeit. Aber die entsprechenden Tätigkeiten sind höchstens für jemand anderen wichtig."[68] Versuchen Sie, Tätigkeiten aus diesem Bereich möglichst effizient zu erledigen oder in Ihr Leistungstief zu legen, und lernen Sie auch, rechtzeitig „Nein" zu sagen.

Quadrant IV ist der „Quadrant der Verschwendung" und wird oft auch als Papierkorbbereich bezeichnet. Tätigkeiten, die hier hereinfallen, sollten Sie eliminieren oder zumindest reduzieren, ihnen nicht in Ihrem Tageshoch nachgehen und vor sich selbst nicht mehr als Ausreden gelten lassen.

---

68 Vgl. ebenda, 37.

Lassen Sie die vergangene Woche Revue passieren und überlegen Sie, in welchem Quadranten Sie die meiste Zeit verbracht haben. Dazu hilft es, sich die Eisenhower-Matrix auf ein A4-Blatt zu zeichnen und typische Tätigkeiten in die vier Quadranten zu schreiben.
Versuchen Sie, in Zukunft den Tätigkeiten aus Quadrant II in Ihrem Kalender einen fixen und unumstößlichen Platz einzuräumen. Erlauben Sie anderen nicht, über Ihr Leben und Ihre Wichtigkeiten zu bestimmen.

3. Das Pareto-Prinzip

Das Pareto-Prinzip, auch 80-zu-20-Regel, besagt, dass 80 Prozent der Ergebnisse eines Projekts in 20 Prozent der Gesamtzeit erarbeitet werden. Die verbleibenden 20 Prozent der Ergebnisse verursachen die meiste Arbeit, ohne auch nur annähernd einen ähnlichen Erfolg zu bringen.

Zurückgeführt wird das Prinzip auf den Nationalökonomen Vilfredo Pareto (1848–1923), der die Verteilung des Volksvermögens in Italien untersuchte und dabei herausfand, dass ca. 20 Prozent der Familien 80 Prozent des Vermögens besitzen. Banken, so seine Empfehlung, sollten sich also vornehmlich um diese 20 Prozent der Menschen kümmern, und ein Großteil ihrer Aufträge wäre gesichert.

Das Pareto-Prinzip lässt sich bei vielen – auch alltäglichen – Fragestellungen beobachten:[69]

- 20 Prozent der gelesenen Bücher ergeben 80 Prozent des Weiterbildungserfolgs
- 20 Prozent der Produkte machen 80 Prozent des Umsatzes aus
- 20 Prozent aller Gäste geben 80 Prozent des Trinkgeldes
- 20 Prozent der Kleider tragen wir in 80 Prozent der Zeit
- 20 Prozent der Kostenpositionen verursachen in einem durchschnittlichen Haushalt 80 Prozent der Kosten
- 20 Prozent des Teppichs in einer Wohnung weisen 80 Prozent der Gesamtabnutzung auf

Die Proportion von etwa 80 zu 20 hat sich immer mehr in verschiedenen Bereichen bestätigt. Beispielsweise gibt es weltweit viele kleine Dörfer mit wenigen Einwohnern, die Masse der Menschen wohnt in einigen großen Städten; 75 Prozent des Welthandels finden unter 25 Prozent der Menschen statt; uvm.

---

[69] Vgl. Knoblauch/Hüger/Mockler: Ein Meer an Zeit, 120.

Auf Ihr Zeitmanagement übertragen, kann das Prinzip bedeuten, dass

- Sie in 20 Prozent der strategisch richtig eingesetzten Zeit 80 Prozent der wesentlichen Ergebnisse erzielen,
- sich viele Aufgaben mit einem Mitteleinsatz von ca. 20 Prozent so erledigen lassen, dass sie zu 80 Prozent gelöst werden,
- Sie die 20 Prozent jener Zeit, in der Sie besonders leistungsstark sind, bewusst für die Erledigung Ihrer wichtigen Aufgaben nützen sollten,
- dass Sie die 20 Prozent Ihrer herausragenden Begabungen und Fähigkeiten einsetzen sollten, um Ihren beruflichen Erfolg zu optimieren, und auch,
- dass kein Grund zur Nervosität besteht, wenn Sie nicht alles schaffen – solange Sie nur die erfolgsrelevanten 20 Prozent erledigen.

Das ist die frohe Botschaft des Pareto-Prinzips, die Ihnen erleichtern sollte, Ihre eigene Endlichkeit zu akzeptieren und Perfektionismus zu verabschieden.

Finden Sie heraus, welche 20 Prozent an Aufwand in Ihrem beruflichen, insbesondere wissenschaftlichen sowie im privaten Bereich 80 Prozent Ihres Erfolges bringen, und geben Sie diesen die höchste Priorität.

4 Ziele

Worum es geht:

Ziele als definierte und angestrebte Endpunkte von Prozessen sind Basis jeder erfolgreichen Lebens- und Berufsplanung. Ziele geben Sinn, strukturieren Lebensabschnitte und -phasen bis hin zur Tagesebene, sie motivieren und spornen an.

Schon als Sie ein Studium begonnen haben, verfolgten Sie damit ein Ziel. Vielleicht wollten Sie Ihren Interessen nachgehen, diese vertiefen oder sich bestimmte Berufsmöglichkeiten eröffnen. Vielleicht war Ihnen nach der Reifeprüfung aber auch noch nicht klar, wie es weitergehen sollte, und das Studium erwies sich hier als ein Ausweg. Ein Ziel kann also bedeuten, sich für etwas Positives zu entscheiden oder etwas Unangenehmes zu vermeiden.

Wenn Sie sich für einen Beruf entscheiden, Zusatzausbildungen beginnen, Hobbies ausüben, eine Lebensform wählen oder auch abwählen, so stecken immer Motive, Wünsche und Erwartungen dahinter, die sich in einer Zielformulierung konkretisieren lassen. Wissenschaftlich zu arbeiten, bedeutet sehr oft, sich von Projekt zu Projekt und damit von Ziel zu Ziel zu bewegen. Aber auch für Ihre anderen Lebensbereiche ist es sinnvoll, sich in regelmäßigen Abständen mit den eigenen Vorstellungen und Wünschen auseinanderzusetzen, entsprechende Ziele zu definieren und so einem selbstbestimmten Leben näherzukommen. Dieses Unterkapitel erklärt, wovon das Erreichen abhängt: davon, wie realistisch, motivierend und konkret das Ziel und dessen Etappen formuliert sind. Da Ziele immer im Zusammenhang mit konkurrierenden Möglichkeiten stehen, werden Entscheidungshilfen bei Zielkonflikten und für eine Zielplanung gegeben, die zu einem insgesamt gelingenden Leben beitragen.

Ziele und Zeitmanagement

Vor der Planung („Wann" und „Wie" etwas getan wird) bedarf es einer Klärung, welches Ziel mit der jeweiligen Aktivität erreicht werden soll („Was?" und „Wozu?").[70] Ziele und Zeit hängen sehr stark zusammen, scheitern doch Projekte oft schon daran, dass die Ressource Zeit nicht beachtet, nicht realistisch eingeschätzt oder der veranschlagte Zeitrahmen nicht eingehalten wurde.

Aber es ist nicht nur der Zeitfaktor, der für eine erfolgreiche Zielverfolgung verantwortlich ist. Oft werden zu viele Ziele auf einmal in Angriff ge-

---

[70] „Wer einen Pfeil abschießen will, muss wissen, worauf er zielt, und dann das Geschoß lenken... Wer nicht weiß, in welchen Hafen er will, dem ist kein Wind günstig." (Seneca: Epistulae morales VIII, 71)

nommen oder zu wenige konkrete Überlegungen in die Zielformulierung investiert. Sollen Ziele halten, so müssen sie herausfordernd, motivierend und gleichzeitig erreichbar sein, realistisch und aktiv formuliert werden und in der eigenen Verantwortung liegen.

Für eine rasche Überprüfung, ob ein Ziel richtig formuliert ist, erweist sich die SMART-Formel als sehr hilfreich. Demgemäß müssen Ziele **S**pezifisch, **M**essbar, **A**ktiv, **R**ealistisch und **T**erminisiert sein.

Im Falle einer Doktorarbeit lässt sich diese Formel folgendermaßen einsetzen:

Spezifisch setzt voraus, dass das Ziel konkrete Kriterien enthält, die seine Erreichung beschreiben. Für die Dissertation bedeutet dies eine klar umrissene Aufgabenstellung der Arbeit mit Definitionen von Ausgangssituation, Ziel, Methodik, Vorgangsweise/Arbeitsplan und Hypothese oder voraussichtlicher Conclusio.

Messbar betrifft das Kriterium, an dem Sie erkennen werden, ob Sie Ihr Ziel erreicht haben. Das ist im Falle des Doktoratsstudiums die Promotion. Sie können aber auch qualitative Messkriterien entwickeln und sich fragen, woran Sie festmachen werden, dass die Arbeit den in Ihrem Fach üblichen oder den vom Betreuer oder Ihnen selbst vorgegebenen Standards entspricht.

Aktiv betrifft alles Tun, das in Ihrem Einflussbereich steht, um das Ziel zu erreichen. Sie können weder die Arbeitsweise Ihres Betreuers oder Ihrer Betreuerin bestimmen noch die administrativen Abläufe der Universität steuern. Sie können nicht den Kommunikationsstil oder die Entscheidungsfreude von Teamkollegen und -kolleginnen im Alleingang verbessern. Aber Sie können an Ihrer Selbstdisziplin arbeiten, die für die Dissertation reservierten Arbeitszeiten strikt einhalten, sich um Erfüllung der zu Beginn der Arbeit entwickelten Qualitätskriterien immer wieder bemühen und so die selbst gesteckten Etappenziele erreichen.

Realistisch meint Orientierung an der (Lebens-)Situation und den Fakten, wie sie eben sind. Sie müssen Ihre ganz persönliche Arbeitsweise betrachten, insbesondere was Ihre Herangehensweise an Themen und Problemstellungen betrifft, aber auch Ihre Geschwindigkeit, Genauigkeit und Ihr Energiemanagement im Tages- und Wochenablauf. Sie müssen berücksichtigen, wie lange Sie sich in einem Stück konzentrieren können, wie viele Pausen Sie brauchen, welchen Rhythmus und wie viel Erholung Sie für eine gute Arbeit benötigen. Sie müssen die üblichen Abläufe und Fristen im Institut und an der Universität, Ferienzeiten und Kongresstermine für Ihre Planung ins Kalkül ziehen. Sie müssen Pufferzeiten für Unvorhergesehenes – technische Pannen, Schreibblockaden oder auch Krankheiten – einplanen und Ihre private Situation realistisch sehen.

Terminisiert meint, dass Ziele ein exaktes Datum für Beginn, Teiletappen und Ende brauchen. Formulierungen wie „Semesterbeginn", „Monatsende" oder „im Laufe der Woche" sind zu vage und daher nicht empfehlenswert. Je weiter in der Zukunft ein Termin liegt, umso schwieriger ist natürlich die zeitliche Einschätzung, und insbesondere die Initiativen gemäß dem Persönlichkeits-Profil (siehe oben Kapitel II.2) fühlen sich durch fixe Termine oft eingeengt.

- Wie habe ich bisher meine Ziele definiert?
- Welche Probleme kann ich durch schriftliche Zielformulierungen gemäß der SMART-Formel vermeiden?

Wie immer liegt die Herausforderung hier im Detail. Ein Ziel muss konkret und detailliert vorstellbar sein. Die Setzung sehr spezifischer Ziele kann dann allerdings realistische Planungsmöglichkeiten überfordern und einen zu starren Projektplan aufbürden.[71]

Ist ein Ziel zwar realistisch, aber nicht wirklich eine Herausforderung, so wird möglicherweise schon bald die Motivation nachlassen. Wird der tägliche Arbeitsalltag mit all seinen größeren und kleineren Verpflichtungen, Ärgernissen und Störungen nicht realistisch eingeschätzt und bleibt daher zu wenig Zeit für die Arbeit am Ziel, so führt dies oft zu Frustration bis hin zu Schreibblockaden.

Besteht keine ausreichende Klarheit darüber, was genau Sie erreichen wollen und warum, so kann sich dies später als stark hinderlich erweisen. Das ist häufig dann der Fall, wenn Aufgabenstellungen sehr unpräzise an Sie delegiert werden oder Sie selbst sich über den Fokus Ihres Themas oder Ihrer Botschaft – insbesondere bei Präsentationen – nicht im Klaren sind. Wenn Sie selbst hier keine exakte Zielvorstellung für sich herausarbeiten können, so können es schwerlich andere tun.

Es gilt also, von Beginn an eine Bestandsaufnahme aller Faktoren, die Ihrer Zielerreichung entgegenstehen, vorzunehmen. Diese Überlegungen sollen Sie keinesfalls in eine Problemtrance führen, sondern dazu, schon im Vorfeld Strategien für das Überwinden von Schwierigkeiten zu entwickeln.

Nehmen Sie sich zu Beginn einer Arbeit genügend Zeit für die Definition, Strukturierung und Ableitung Ihrer Ziele. Berücksichtigen Sie dabei Ihren persönlichen Arbeitsstil und Rhythmus, aber auch die äußeren beruflichen und privaten Gegebenheiten.

---

[71] Echterhoff/Neumann: Projekt- und Zeitmanagement, 22.

Besprechen Sie Ihre Ziele und den daraus erwarteten zeitlichen (Mehr-) Aufwand mit Ihrer engsten Umgebung, damit auch Ihr Partner oder Ihre Partnerin sich darauf einstellen kann.
Nehmen Sie sich nicht zu viele Ziele gleichzeitig vor.
Kontrollieren Sie von Anfang an anhand der von Ihnen gesteckten Etappenziele, ob Sie auch realistisch planen, und korrigieren Sie laufend.

Zielkonflikte und Zielsynergien

Verfolgt man gleichzeitig mehrere Ziele, so begünstigen oder behindern diese einander. Je mehr Lebensrollen Sie unter einen Hut bringen müssen oder wollen, umso mehr Ziele werden Sie sich wahrscheinlich stecken. Dies kann bezüglich der Menge der damit verbundenen Aufgaben und der Frage der Priorisierung zu Konflikten führen.

Zwei oder mehrere Ziele befinden sich im Konflikt zueinander, wenn durch das Erreichen des einen Ziels das Erreichen mindestens eines anderen Ziels unwahrscheinlicher wird. Das trifft etwa auf die Ziele „die Rolle als Vater bewusst leben" und „Habilitation schreiben" zu. Je mehr Zeit Sie mit Ihren Kindern verbringen, umso weniger Zeit und Energie bleibt Ihnen für die Wissenschaft.

Von Zielsynergien spricht man dann, wenn das Erreichen des einen Ziels auch das Erreichen eines anderen Ziels wahrscheinlicher macht. Das ist etwa bei den Zielen „Erwerb von Zusatzqualifikationen" und „Vertragsverlängerung" der Fall. Je eher das notwendige Wissen erworben wird, umso wahrscheinlicher ist auch die Verlängerung des Vertrags.

Unserer Erfahrung nach werden Konflikte zwischen Zielen anders – meist stärker – wahrgenommen als Synergien, die auf den ersten Blick oft gar nicht auffallen. Um beim ersten Beispiel der Ziele „Vater" und „Habilitation" zu bleiben: Die Zeit, die im einen oder anderen Lebensbereich abgeht, führt meist zu einem Konflikt. Auf der anderen Seite können beide Rollen einander ergänzen und befruchten. Die Energie und Freude, die in der Beschäftigung mit den Kindern gewonnen werden, wirken sich auch positiv auf das berufliche Fortkommen aus. Auch die Erfahrung, nicht in einer einzigen Rolle gefangen zu sein, und das Wissen, wofür man auch Schweres durchhält, kann befreiend wirken.

Jede sportliche Betätigung kostet Zeit und wird daher sehr oft als Erstes dem engen Zeitkorsett geopfert. Doch Bewegung bringt Energie, beugt Problemen im Bewegungsapparat vor, baut Stress ab, und überdies werden bei sportlicher Betätigung oft die besten Ideen geboren.

Ähnliches zeigt sich im Bereich der Kommunikation. Persönliche Gespräche kosten Zeit, und um Zeit zu sparen, werden diese im heutigen Berufsalltag immer häufiger durch E-Mail-Korrespondenz ersetzt. Viele Konflikte in Organisationen entstehen aber nur deshalb, weil selbst Büronachbarn einander kaum mehr kennen und zwischenmenschliche Probleme weder angesprochen noch gelöst werden. Die ursprüngliche Zeitersparnis stellt sich dann im Nachhinein als großer Zeitfresser heraus, was nicht bedeuten soll, dass Sie jedem Gesprächsbedürfnis – eigenem oder der anderen – unmittelbar und sofort nachgeben sollen. Planen Sie aber ausreichend Zeit für persönliche und fachliche Gespräche ein, bereiten Sie sich gut darauf vor und überlegen Sie auch immer wieder, welche Form der Kommunikation – persönlich, telefonisch, E-Mail oder Brief – im jeweiligen Fall die geeignetste ist.

Wägen Sie Konflikte und vor allem mögliche Synergien zwischen Zielen immer erst ab, bevor Sie eine endgültige Entscheidung für oder gegen eine Maßnahme treffen. Überlegen Sie die Konsequenzen, wenn Sie einen Bereich – z.B. Kommunikation oder Sport – reduzieren bzw. streichen. Mit guter Planung profitieren Sie meist stärker von den Vor- als von den Nachteilen unterschiedlicher Lebensbereiche und Tätigkeiten.

Der Preis eines Ziels

Wann immer Sie sich Ziele stecken, müssen Sie sehr realistisch und ohne jede Beschönigung den dafür notwendigen Einsatz bedenken. Häufig scheitern Pläne einfach daran, dass der dafür notwendige Aufwand – Zeit, Mühe, Fleiß, Selbstdisziplin, Freiheit, Freizeit, Geld oder der Verzicht auf Tätigkeiten, die Freude machen – im Vorfeld nicht berücksichtigt oder bewertet wurde. Viele Probleme, die im Laufe der Zielverfolgung auftauchen, wären bei realistischer Betrachtung vorhersehbar und ließen sich bei zeitgerechter Berücksichtigung gut bewältigen. Aber oft möchte man der Wirklichkeit nicht ins Auge sehen und ignoriert lieber den tatsächlichen zeitlichen Aufwand, eigene Verhaltensweisen oder die Reaktionen der Umgebung. Hat man noch wenig Berufs- oder Projekterfahrung, so kann übrigens die Expertise anderer weiterhelfen, und man sollte sich auch nicht scheuen, diese einzuholen.

Schätzen Sie für jedes Detail den dafür notwendigen Zeitaufwand ab, entwickeln Sie daraus einen Ablaufplan und überlegen Sie Strategien für die Bewältigung äußerer Hindernisse und Motivationslöcher.

Ohne Selbstmotivation und -disziplin werden Sie Ziele schwer erreichen. Überlegen Sie daher:

- **Welche Strategien, Methoden oder Menschen haben mir bisher geholfen, Ziele zu erreichen?**
- **Gehe ich lieber den harten Weg der Selbstdisziplin oder bevorzuge ich „weiche" Methoden wie zum Beispiel Belohnung?**
- **Welche Glaubenssätze oder Einstellungen sind für meine Zielerreichung förderlich und welche hinderlich?**

Eine der effektivsten Methoden der Selbstmotivation ist die der Visualisierung. Stellen Sie sich immer wieder bildlich vor, wie es sein wird, wenn der Rektor oder die Rektorin Ihnen die Promotionsrolle überreicht oder wenn Sie Ihre erste Vorlesung halten. Sie können sich in die Gefühle, die Sie dabei empfinden werden, hineinbegeben und so Ihre Motivation für die bis dahin notwendigen Schritte aufrechterhalten.

Eine andere Technik ist die, so zu tun, „als ob". Dabei stellt man sich vor, man hätte das angestrebte Ziel bereits erreicht, und lebt zum Beispiel schon den Alltag in der angestrebten Position.

Jedes Ziel hat seinen Preis, der sich zusammensetzt aus Komponenten wie dem zeitlichen Mehraufwand, der Entwicklung von Selbstdisziplin und den sogenannten Opportunitätskosten,[72] das heißt der Frage, worauf Sie bewusst verzichten werden. Stellen Sie sich zum Beispiel vor, Sie werden für Ihre körperliche Fitness ab nun täglich laufen. Listen Sie dann alle Vor- und Nachteile des Laufens sowie mögliche Alternativen mit ihren Vor- und Nachteilen auf.[73]

In einem nächsten Schritt betrachten Sie die „Tun-als-ob-Entscheidungen", wobei dann alle Vorteile der nicht gewählten Alternativen zu „Opportunitätskosten" der ausgesuchten Alternative werden. Die Nachteile der nicht gewählten Alternativen, die Sie ja vermeiden, werden zum „Opportunitätsnutzen" der gewählten Alternative.

---

[72] Stollreiter/Völgyfy: Selbstdisziplin, 63.

[73] Ebenda, 60.

Ein Beispiel: Tun-als-ob-Entscheidung für das Ziel „Täglich laufen":

TUN „Täglich laufen"	**LASSEN „Fernsehen"**	**LASSEN „Romane lesen"**	**LASSEN „Mehr Zeit für Kinder"**
Nutzen: + Energie + gute Figur + Gesundheit + ...	**Vorteile = Opportunitätskosten** + informiert sein + bequem + kostet nichts + ...	**Vorteile = Opportunitätskosten** + unterhaltsam + angenehm + mitreden können + ...	**Vorteile = Opportunitätskosten** + genug Zeit für Erziehung + ein gutes Gewissen + ...
Kosten – Belastung für Gelenke – wetterabhängig – zeitintensiv – ...	**Nachteile = Opportunitätsnutzen** – weniger Zeit für Familie und Freunde – passiv – ...	**Nachteile = Opportunitätsnutzen** – Bücher müssen gekauft oder ausgeborgt werden – kostet also Zeit und Geld – ...	**Nachteile = Opportunitätsnutzen** – anstrengend – Kinder streiten – ...

Was eben noch positiv, nämlich der Vorteil einer Alternative war, verwandelt sich durch die Entscheidung plötzlich in etwas Negatives, insofern Sie darauf verzichten.

Sich der Opportunitätskosten bewusst zu werden, heißt, sich über den notwendigen Verzicht für ein Ziel klar zu werden und diesen auch ganz bewusst in Kauf zu nehmen. Geschieht dies nicht, so melden sich später oft Mechanismen, die in einer fast selbstzerstörerischen Art die wissenschaftliche Tätigkeit blockieren. Da muss dann jede noch so banale Anforderung oder Tätigkeit als Grund dafür herhalten, warum auch diese Woche nichts an der Dissertation weiter gegangen ist. „Nie war meine Wohnung so aufgeräumt wie in Prüfungszeiten" – dieser Satz eines unserer Seminarteilnehmer beschreibt die Problematik sehr treffend.

Setzen Sie sich mit dem Preis Ihres angestrebten Ziels von Anfang an realistisch auseinander.
Überlegen Sie aber auch immer, ob die Vorteile anderer Optionen nicht mit anderen Zielen oder in anderen Lebensbereichen verwirklicht werden können (Denken in Synergien). Je stärker Sie ein Ziel als Gewinn erleben, umso leichter werden Sie es auch erreichen.

Zielkonsequenz durch Willensstärke und Gewohnheiten

Wann immer Sie sich Ziele setzen, wird die Frage auftauchen, wie Sie diese konsequent durchhalten. Selbst bei starker intrinsischer Motivation[74] können innere oder äußere Einflüsse Ihren Arbeitsfluss stören. Das können eine unzureichende Betreuung sein, wenn Sie eine Qualifizierungsarbeit schreiben, unerwartete Probleme und sich plötzlich auftuende Fragestellungen, Selbstzweifel, eine falsche Einschätzung des Arbeitsaufwandes, mangelnde Ausdauer oder der ganz normale Arbeitsalltag mit all seinen zahlreichen Aufgaben.

Was Sie brauchen, sind Zielorientierung, Willensstärke und der Aufbau guter Gewohnheiten:

Zielorientierung:
Fokussieren Sie Ihr Ziel, indem Sie Ihre Energie und Konzentration immer wieder in Richtung des angestrebten Ziels lenken und diesem die oberste Priorität in Ihrem Leben geben.

Überlegen Sie, welche Strategien Ihnen bisher im Leben geholfen haben, um Ziele zu erreichen. Halten Sie sich täglich, zu Wochen- und Monatsbeginn Ihr großes Ziel vor Augen, erinnern Sie sich daran und entwickeln Sie es weiter.
Visualisieren Sie Ihr Ziel immer wieder, um motiviert zu bleiben: Stellen Sie sich vor, wie Sie sich körperlich und seelisch fühlen werden, wenn Sie

---

[74] Unter intrinsischer Motivation versteht man einen Zustand, bei dem wegen eines inneren Anreizes, der in der Tätigkeit selbst liegt, gehandelt wird.
Im Gegensatz dazu bezieht sich extrinsische Motivation auf einen Zustand, bei dem wegen äußerer Gründe, d.h. wegen der Konsequenzen der Handlungsergebnisse (z.B. positive Personalbeurteilung, Gehaltssteigerung etc.), gehandelt wird. Aus: http://wirtschaftslexikon.gabler.de/Archiv/57321/extrinsische-motivation-v4.html (April 2011).

z.B. Ihre Doktorarbeit abgeben, wenn Ihnen Ihre Freunde und Kolleginnen gratulieren etc.
Holen Sie sich Verbündete, die Sie unterstützen und anspornen. Halten Sie sich generell an positiv orientierte Menschen, die an Sie glauben und Ihnen helfen, Durststrecken zu meistern.
Nützen Sie die zahlreichen Angebote der Personalentwicklung Ihrer Universität (Mentoring, Doktorandinnenprogramme, Seminare, Coachings).

Willensstärke:
Sie werden sich möglicherweise im Laufe Ihres Lebens immer wieder im Kampf zwischen „Ich muss“ und „Ich will (jetzt) nicht“ befinden.[75] Hat man die Wahl zwischen leichteren und schwereren Aufgaben, so wird man häufig die leichtere vorziehen und damit also in eine Ersatzhandlung oder Scheintätigkeit fliehen (siehe auch Kapitel IV.6 unter „Aufschieben“). Würde man gar nichts tun, hätte man ein schlechtes Gewissen. Also ergreift man Zuflucht zu Ersatzhandlungen, die Hauptaufgabe aber schiebt man vor sich her.

Doch der Wille kann mit körperlichen und kleinen Alltagsübungen trainiert werden. „Jede körperliche Übung ist in Wirklichkeit eine Tat des Willens, ein Befehl, der dem Körper gegeben wird. Und die absichtliche Wiederholung dieser Taten – mit Aufmerksamkeit, Sorgfalt und Ausdauer – übt und kräftig den Willen. Dadurch werden organische Empfindungen erweckt: Sie erzeugen ein Empfinden der inneren Stärke, der Entschlossenheit, die die Spannkraft des Willens stärken.“[76]

Der Alltag bietet eine Fülle an Übungsmöglichkeiten: So kann man sich etwa vornehmen, langweilige Arbeiten mit Entschiedenheit und Freude zu tun, beim Heimkehren den aufgestauten Ärger nicht gleich beim Partner loszuwerden, bei Besprechungen statt Kaffee Wasser zu trinken oder sich beim Essen zu mäßigen.

Nützen Sie jede sich bietende Gelegenheit, um Willensstärke zu trainieren. Beginnen Sie bei kleinen Dingen, etwa täglich einige körperliche Übungen wie Kniebeugen, eine kalte Dusche, Verzicht auf die geliebte Schokolade oder Routineaufgaben mit Liebe und Freude zu erledigen.

---

[75] Vgl. Simon: Gabals großer Methodenkoffer, 29.

[76] Assagioli: Die Schulung des Willens , 41–48.

Aufbau von Gewohnheiten:[77]
Sind Abläufe und Tätigkeiten einmal fest im Tages- oder Wochenrhythmus verankert, kostet es wenig Überwindung, diesen nachzugehen. Alltag besteht zum Großteil aus eingeübten Gewohnheiten, für die man sich nicht (mehr) bewusst entscheiden muss. Denken Sie einmal daran, wie das mit dem Zähneputzen ging.

Wenn Sie sich Ziele setzen, konsequent dabei bleiben wollen und die eine oder andere Gewohnheit zugunsten einer für das Ziel förderlichen aufzugeben, so können schon ganz kleine Maßnahmen positive Wirkungen zeigen.

Beginnen Sie mit einer neuen Gewohnheit sofort und so intensiv wie möglich. Üben Sie die Gewohnheit wenigstens 21-mal oder bis zu einem von Ihnen fixierten Zeitpunkt (Semesterende, Weihnachten etc.) ein. So verliert die Maßnahme den Charakter „lebenslänglich" und kann auch spielerischer erlernt werden. Erst dann überprüfen Sie die Wirksamkeit der neuen Verhaltensweise und ob Sie kleine Änderungen vornehmen möchten.
Lassen Sie nach Möglichkeit keine Ausnahme zu, solange die Gewohnheit nicht festen Fuß gefasst hat.
Sollten Sie aber dennoch einmal eine Ausnahme gemacht haben, so tun Sie am nächsten Tag einfach weiter. Sich zu bestrafen, zu ärgern oder abzuwerten, bringt wenig.

Verhaltensweisen zu ändern, kostet Zeit und Mühe. Seien Sie konsequent, haben Sie Geduld und gehen Sie liebevoll mit sich um. Arbeiten Sie immer mit, nicht gegen sich.

Jede Gewohnheit, die Sie bisher gepflogen haben, ob förderlich oder schädlich, hatte in der Vergangenheit auch einen Vorteil für Sie. Perfektionismus etwa hat Sie vor Kritik und Fehlern geschützt. Oder wenn Sie zu den Menschen gehören, die immer „Ja" sagen, auch wenn ein „Nein" angebracht wäre, dann haben Sie bei jeder Tätigkeit, die Sie zusätzlich angenommen haben, auch etwas gelernt oder Sie hatten den Gewinn, beliebt zu sein. Schätzen Sie sich und Ihr bisheriges Verhalten, aber verändern Sie es so, dass Sie in Zukunft gut und produktiv Ihre Ziele verfolgen können.

Schaffen Sie eine positive Stimmung für sich und Ihre Vorhaben. Glauben Sie an sich und bedenken Sie die Kraft der Worte und der Sprache. Analysieren und sprechen Sie über Ihre Fortschritte und Erfolge und nicht

---

[77] Vgl. Knoblauch/Hüger/Mockler: Ein Meer an Zeit, 135.

nur über die Hindernisse und Probleme. Umgeben Sie sich mit positiv gesinnten Menschen, die Sie bei Ihrer Arbeit und Ihren Zielen bestärken.

Schritte zur Zielerreichung – ein Zielfahrplan:

1. Klare, spezifische Definition des Ziels.
2. Festsetzen eines Beginn- und Zieldatums.
3. Definition von Teilzielen (Zeitaufwand für jedes Teilziel festlegen, jeweils Beginn- und Enddatum fixieren).
4. Preis des Ziels: Was werde ich dafür loslassen, aufgeben? Was werde ich lernen, welche Mühe auf mich nehmen?
5. Liste der möglichen Hindernisse (eine kurze, spontane Liste) und was Sie dann unternehmen können, wenn sie wirklich auftauchen.
6. Liste von Personen oder Institutionen, die behilflich sein können.
7. Liste des nötigen Wissens und Könnens. Was ist vorher noch zu tun?
8. Überprüfung des Ziels: Ist mein Ziel machbar, messbar und motivierend formuliert?

5 Planung und Umsetzung im Alltag

Worum es geht:

Eine vollständige Planung nach dem Prinzip „von oben nach unten" schreitet von einer Vision, wie das eigene Leben als Ganzes gelingen könnte, bis hinunter zur Ebene des nächsten Tages fort. Dabei werden Ziele zunehmend untergliedert und konkretisiert, während in den kleineren Planungshorizonten immer mehr kurzfristige, selbstverständliche, alltägliche und regelmäßige Aufgaben hinzukommen. Dieses Unterkapitel bietet diverse Planungsmethoden vor allem auf den Ebenen Monat, Woche und Tag.

Ziel- und Planungshorizonte

1. Vision: Vor der Zielplanung steht die Visionsentwicklung. Ihre Vision leitet und motiviert Sie bei der Zielerreichung. Sie hilft Ihnen, auch Durststrecken zu überwinden, etwa wenn die Frage auftaucht, „warum tue ich mir das alles an?"

Wozu möchte ich ein bestimmtes schwieriges Ziel erreichen? Wie passt es in mein Lebenskonzept? Wie wird mein Leben sein, wenn ich das Ziel erreicht habe? Wie werde ich mich fühlen, auftreten, meine Beziehung zu anderen gestalten etc.?

2. Längerfristig (3–5 Jahre): Das ist der Planungshorizont für Ihre Dissertation, Habilitation oder wenn es um Ihre nächsten Karriereschritte geht (zur Planung eines Forschungsprojektes siehe Kap. VI.1). Hier können Sie grob Ihre Ziele und die dafür notwendigen Schritte planen, aber auch Alternativstrategien überlegen, falls sich die Dinge anders als erwartet entwickeln. Dies betrifft natürlich auch den privaten Bereich mit Fragen wie zum Beispiel: „Was soll oder wird in 3–5 Jahren anders sein (z.B. eigene Wohnung, Auslandsaufenthalt, Familiengründung etc.)?"

3. Jahresplanung (ein Kalenderjahr oder akademisches Jahr von Herbst bis zum folgenden Sommer oder semesterweise): Das wird im Folgenden als „mittelfristige Planung" behandelt.

4. Monatsplanung

5. Wochen- und Tagesplanung

Lebensvisionen, -bereiche und -phasen für längerfristiges Planen

Weil die größeren Planungshorizonte eine besondere Reflexion erfordern, haben wir uns damit schon im Kapitel II.3 befasst. Um dem Leben als Ganzem gerecht zu werden, gilt es, die beruflichen, insbesondere wissenschaftlichen Ziele mit den übrigen Lebenszielen in Einklang zu bringen und dabei langfristig zu denken. Es geht darum, den Fokus der Energie und Zeit auf bestimmte Bereiche, Rollen und Ziele, die für Sie im Moment vorrangig sind, zu legen, um das für Sie wirklich Wichtige zu verwirklichen. Andernfalls besteht die Gefahr, sich in Routine oder Dringlichkeiten zu „verzetteln".

Listen Sie ein- bis zweimal jährlich Ihre derzeitigen Lebensbereiche und die Ziele, die Sie sich in diesen setzen, auf. Je mehr Rollen Sie in den einzelnen Bereichen wahrnehmen wollen oder müssen, umso wichtiger ist eine Priorisierung. Das bedeutet aber nicht, einen Bereich gänzlich zu vernachlässigen. Versuchen Sie hierzu die Methode des Spielplans (Kapitel II.3). Eine Abfolge von Spielplänen über mehrere Semester oder Jahre hin erlaubt, längerfristig zwischen den Rollen auszugleichen und in Balance zu bleiben.

Bevor Sie für jeden Lebensbereich Ziele definieren, ist eine Vision zu entwickeln (lat. *videre* = sehen): ein Bild oder eine konkrete Vorstellung davon, was Ihnen im Leben wirklich wichtig ist, wie Sie Ihr Leben gestalten und leben möchten. Dazu helfen Fragen wie:

- Welche Werte sind mir im Leben wichtig?
- Als wer/was sehe ich mich im Berufs- und Privatleben?
- Was möchte ich wie und mit wem erreichen?
- Was möchte ich am Ende meines Lebens über das Ganze denken, und was möchte ich wie bis dahin getan haben, um sagen zu können: „Genau so wollte ich es" oder „Ich bin zufrieden mit dem, wie es war oder was ich getan habe"?

Eine Lebensvision zu entwickeln und daraus Ziele zu formulieren, ist natürlich kein Unterfangen, das sich in ein paar Minuten und mit dem Ausfüllen einer Liste erledigen lässt, sondern ein längerer Nachdenkprozess, eventuell sogar in einer Auszeit und fern des gewohnten Alltags.

Hilfreiche Methoden für die Entwicklung der Lebensvision können Meditationen, das Schreiben oder Malen eines Lebensdrehbuchs sein oder die Übung „Ich feiere meinen 40., 50. oder 70. Geburtstag":
Überlegen Sie, wie die Feier verlaufen wird. Wer wird bei dieser Feier dabei sein? Wie werden Sie sich körperlich, geistig und seelisch fühlen? Wer soll eine Rede halten, und welche Aspekte Ihres Lebens sollen angesprochen werden:
Welche positiven Eigenschaften und Erfahrungen mit Ihnen heben die Redner/innen hervor?
Welche Verdienste, Erfolge und Lebensstationen würdigen sie?
Was sollte vielleicht unerwähnt bleiben?
Schreiben Sie dies alles möglichst genau nieder. Dann wird Ihnen schnell deutlich, was Ihnen wirklich wichtig ist.

Es wird kaum ein Leben geben, wo nicht fallweise Abstriche in der einen oder anderen Rolle gemacht werden müssen. Wenn Sie in den Beruf einsteigen, werden Sie zunächst einmal viel Zeit und Energie investieren, um sich einzuleben, zu profilieren und voranzukommen. Möglicherweise werden in dieser Phase Freundschaften, Kontakte, kulturelle und sportliche Aktivitäten etwas in den Hintergrund treten.

In einer späteren Lebensphase, etwa der Familiengründung, wird sich der Schwerpunkt Ihrer Interessen etwas verschieben. Zu den bisherigen Lebensrollen kommt noch die der Mutter bzw. des Vaters hinzu, aus Partnern werden Eltern, und das Leben wird teurer. Das alte und fast unlösbare Dilemma der Gleichzeitigkeit von Familiengründung und Karriere erweist sich als ständiger Balanceakt zwischen gänzlich unterschiedlichen Anforderungen.

Die Bereiche Selbstsorge und Sinn sind es, die immer wieder Gefahr laufen, vernachlässigt zu werden, und fallweise überhaupt erst in der zweiten Lebenshälfte, wenn Körper und Psyche sich warnend melden, Beachtung finden. Je besser es Ihnen gelingt, alle vier in Kapitel II.3 erläuterten Bereiche zu leben, umso stärker und erfüllter werden Sie sich fühlen.

Nachstehende lebensaltersgemäße Darstellung von Zielkategorien[78] kann als grobe Orientierung dienen und zeigt, wie sich Werte und Ziele innerhalb der Lebensalter verschieben können.

---

78 Knoblauch/Hüger/Mockler: Dem Leben Richtung geben, 156–157. Die Werte der reiferen Phase werden heute unter dem Stichwort „Generativität" untersucht.

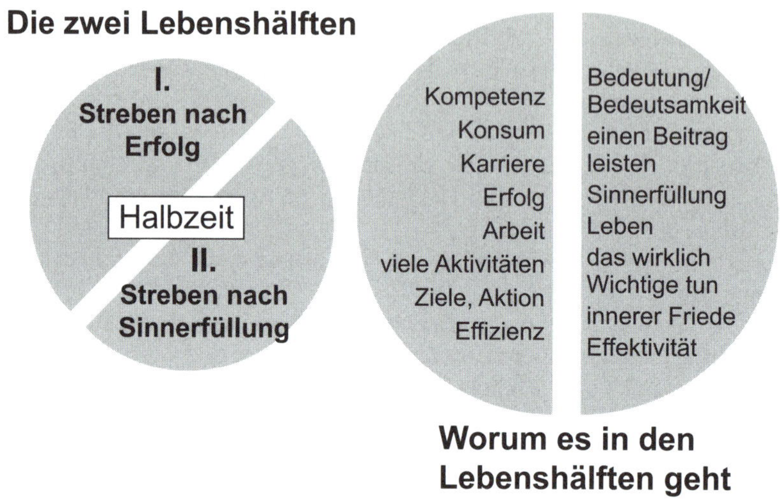

Für die Übersetzung der Lebensziele in die mittel- und kurzfristige Planung, um die es im Folgenden gehen soll, ist es hilfreich, sich in regelmäßigen Abständen folgende Fragen zu stellen:

- Welche Rollen in welchen Lebensbereichen sind mir im Moment besonders wichtig?
- Haben sich Änderungen meiner Gewichtungen zwischen oder innerhalb meiner Lebensbereiche seit der letzten Bestandsaufnahme ergeben?
- Wenn ja, warum und was bedeutet das konkret?
- Gelingt es mir, allen Lebensbereichen gerecht zu werden, oder vernachlässige ich auf längere Sicht einen der Bereiche?
- Was kann ich tun, um in Balance zu bleiben?

Mittelfristige Planung

Im Zeitrahmen eines Kalenderjahres, eines Arbeitsjahres oder eines Semesters können Sie schon recht präzise planen und Entscheidungen sehr konkret berücksichtigen.

Entscheiden Sie sich, welcher dieser drei mittelfristigen Planungszeiträume für Sie am besten passt und wann Sie damit beginnen!

- **Was möchte ich bis Ende des Jahres (Semesters) erreicht, fertiggestellt oder gelernt haben?**
- **Wie möchte ich mich persönlich weiterentwickelt haben?**
- **Welche Gewohnheiten oder Verhaltensweisen möchte ich mir aneignen?**

Mit jeder Jahres- oder Semesterplanung sollten Sie auch eine Evaluierung des vergangenen Planungszeitraums verbinden. Sondieren Sie Ihre Altlasten, setzen Sie sich mit Ihren Stärken und Schwächen auseinander und nehmen Sie Ihre Erfolge bewusst wahr. Bedenken Sie wirklich alle Lebensbereiche und betrachten Sie diese von verschiedenen Seiten. Auf diesen Erfahrungen bauen Sie Ihren neuen Jahresplan auf.

Fragen Sie sich, was im nächsten (Halb-)Jahr an kurz- und mittelfristigen Projekten auf Sie zukommt („ich muss..."), was Sie erreichen möchten („ich will...") und wie Sie die Zeiten für das Müssen und das Wollen in Einklang bringen werden.

Tragen Sie als Erstes Ihre notwendigen kurz- und mittelfristigen Aufgaben in Ihren mittelfristigen Plan ein. Von deren Umfang hängt es ab, wie viel Raum und Zeit Ihnen für Ihre langfristigen Projekte bleibt. Anders gesagt, es erlaubt Ihnen eine realistische Planung Ihrer wissenschaftlichen Tätigkeit, zeigt Ihnen schon jetzt, wo Zeiten mit großer Arbeitsbelastung auf Sie zukommen bzw. ob Sie vielleicht versuchen sollten, Ihre Alltagsaufgaben anders zu organisieren oder, wenn möglich, abzugeben.

Erstellen Sie eine Liste der konkret anstehenden Aufgaben und berücksichtigen Sie dabei auch alles, was Sie an Nichterledigtem ins neue Jahr (Semester) hinübernehmen müssen. Schieben Sie ein Ziel oder ein Agendum schon lange auf, so entscheiden Sie nun, ob Sie dieses zügig in Angriff nehmen oder vielleicht ganz bleiben lassen. Denn offenbar kommen Sie auch so gut durchs Leben, wohingegen ein schlechtes Gewissen nur Ihren Energiehaushalt belastet. Achten Sie darauf, dass Sie wirklich *alle* bereits feststehenden Termine (Abgabe von Manuskripten, Kongresse, Vorträge etc.) eintragen. Schätzen Sie den Zeitaufwand sämtlicher damit zusammenhängenden Aufgaben ab und priorisieren Sie nach der Eisenhower-Matrix (siehe oben in Kapitel IV.3).

Je weiter entfernt ein Ereignis ist, umso verführerischer ist es, Projektzusagen zu machen und den damit verbundenen Zeitaufwand gar nicht oder zu optimistisch einzuschätzen.

Halten Sie alle Überlegungen, Gedanken und Vorstellungen immer schriftlich fest. Überprüfen Sie jedes einzelne Ziel auf Ihre Motivation hin, bevor Sie sich festlegen. Wenn Ihnen Zweifel kommen, analysieren Sie nochmals alle Zielparameter, modifizieren Sie gegebenenfalls oder überlegen schon jetzt Strategien für Motivationslöcher (siehe die Übersicht „Zielfahrplan" am Ende des Kapitels IV.4).

Monatsplanung

Der nächste Planungshorizont ist der jeweils folgende Monat. So kontrollieren Sie während des Jahres regelmäßig den Stand Ihrer Fortschritte und konkretisieren die größeren Ziele in weiteren Teilschritten. Dazu gehören Fragen wie:

- Bin ich noch auf dem richtigen Weg?
- Inwieweit erfülle ich meinen mittelfristigen Zeitplan?
- Hält sich der Aufwand im geplanten Rahmen?
- Entsprechen die Zwischenergebnisse meinen Vorstellungen?
- Ist abzusehen, ob ich das Ziel erreiche? Was muss ich modifizieren?

Beachten Sie Ihre Zwischenerfolge und freuen Sie sich darüber. Feiern Sie diese und belohnen Sie sich!

Eine Checkliste für die Monatsplanung sollte etwa so aussehen:

1. **Bereitlegen:**
   Ziele und Aufgaben des Vormonats
   Jahres-/Semesterplan (Spielplan)
   Kalender o.a. Planungsinstrumente
   Formulare für neue Aufgaben (mit Priorisierung und Zeitbedarf!) und die nächste Wochenplanung

2. **Evaluierung:**
   Welche Ziele sind erreicht? → feiern!
   Welche nicht? Warum? → lernen und entscheiden!

3. **Neuplanung:**
   Offene Ziele und Aufgaben in neues Formular und in den Kalender eintragen!
   Termine vervollständigen (aus dem Jahreskalender u.Ä.): Konferenzen, Reisen, Besprechungen, Geburtstage, …

Zeiten für Wochenplanungen und die nächste Monatsplanung reservieren

Aus dem Jahres-/Semesterplan: → Projekt-Ziele konkret fixieren
→ Lern-Ziele und Gewohnheits-Ziele eintragen

4. **Kritischer Blick** auf den ganzen Monat: Ist das machbar? Motivierend? Sind die Prioritäten klar? Gibt es Möglichkeiten zu delegieren? Wir empfehlen, gleich die erste Wochenplanung anzuschließen.

5. **Belohnung!**

Erstellen Sie sich Ihre eigene Checkliste, die Sie sich in Ihrem Buchkalender jeweils an das Ende eines Monats heften (oder bei elektronischer Planung als Dokument mit dem entsprechenden Planungstag in Ihrem Kalenderprogramm verknüpfen).

Bei der Monats-, spätestens aber bei der Wochenplanung werden sämtliche Ziele, daraus abgeleitete Aufgaben mit Teiletappen sowie feststehende Termine (Lehrveranstaltungen, Abgabetermine, regelmäßige Teambesprechungen etc.) in den Kalender eingetragen und laufend aktualisiert. Schätzen Sie realistisch den Zeitaufwand für bestehende und neue Ziele sowie für schon vorgegebene Pflichten (das „Tagesgeschäft") ein. Jetzt kann noch reagiert werden, der eine oder andere Termin verschoben, Absprachen mit Vorgesetzten, Kollegen oder Kolleginnen getroffen werden.

Für die Abschätzung des Zeitaufwandes bei Projekten haben sich zwei Methoden bewährt:[79]

Gemäß den Prinzipien (wie Kapitel IV.1 erläutert) empfiehlt sich meistens auch hier die „top-down"-Methode: Ausgehend vom Ganzen (dem Projekt) werden die Teile (die Etappen) bestimmt. Oder aber Sie wählen die „bottom-up"-Methode, die den umgekehrten Weg einschlägt und von den Teilen auf das Ganze schließt. Letzteres ist insbesondere dann geeignet, wenn die Zergliederung des Projekts in einzelne Etappen einleuchtend ist und man gut abschätzen kann, welche Ressourcen zur Etappenbearbeitung erforderlich sind.

Kontrollieren Sie laufend anhand der Teiletappen, ob Ihre Arbeitszeiteinschätzung der Realität entspricht oder ob Sie nachjustieren müssen. Beobachten Sie, wie viel Zeit Sie für einzelne Arbeitsschritte benötigen,

---

[79] Vgl. Echterhof/Neumann: Projekt- und Zeitmanagement, 27.

und sehen Sie jede notwendige Korrektur als Lernchance für zukünftige Projekte. Mit zunehmender Berufserfahrung werden Sie auf diese Weise Ihre Zeit immer realistischer planen können.

Kennzeichnen Sie Projekte und Einzelaufgaben in Ihrem Kalender mit verschiedenen Farben (siehe auch Kapitel IV.8 „Zeitplan-Systeme"). So haben Sie immer einen guten und raschen Überblick über die anstehenden Agenden und können im Nachhinein leichter kontrollieren, wie viel Zeit Sie für welche Aktivität verwendet haben. Vergessen Sie keine Ihrer Rollen, vor allem nicht die der Selbstsorge, der Sie einen besonderen Platz in Ihrem Kalender einräumen sollten.

Wochen- und Tagesplanung

Im Alltag zeigt sich, ob Systeme funktionieren. Im Großen zu planen, gelingt oft leichter, als im Alltag an den gesteckten Zielen zu arbeiten. Alte Gewohnheiten und die Einflüsse von außen stellen Sie täglich auf die Probe. Planungsinstrumente müssen zu Ihrer Persönlichkeit, Ihrem Arbeitsstil und Ihrer Arbeitsumgebung passen, wenn sie nachhaltig funktionieren sollen. Probieren Sie aus, welche Werkzeuge für Sie hilfreich sind, entscheiden Sie sich für eine Methode und bleiben Sie bei dieser. Seien Sie aber in der Anwendung Ihrer Planungs- und Zeitinstrumente flexibel, wenn sich Lebensumstände und Gewohnheiten ändern.

Abgeleitet von den Zielen und Aufgaben gemäß Jahres-, Semester- und Monatsplanung planen Sie jede Woche. Mehr als die Tagesplanung erlaubt die Wochenplanung den Blick auf das Wesentliche. Sie verbinden Ihre Lebensperspektive (Ihre langfristigen Ziele) mit der Tagesperspektive (den Notwendigkeiten des Alltags). Die Tagesplanung hingegen orientiert sich am Dringlichen, und Sie richten so den Blick nur auf Ereignisse, die unmittelbar vor Ihnen liegen, und werden möglicherweise rasch zum Sklaven der Dringlichkeit.

Die Woche ist ein Abbild Ihres Lebens, denn hier gelingt es, einen Großteil Ihrer Rollen unterzubringen. Sie können also Ihr ganzes Leben – das persönliche, private und berufliche – berücksichtigen und erhalten eine tragfähige Grundlage für Ihre Entscheidungen. So entscheiden Sie über Termine und nicht diese über Sie. Mit der Wochenplanung verschaffen Sie sich also die notwendige Zeit, um wichtige Aufgaben in Ruhe und gut zu erledigen.

Leben, Woche und Tag:

Methoden der Wochenplanung:
Jede Wochenplanung geschieht am Ende der Vorwoche, wenn die Ereignisse für die Folgewoche feststehen (meistens am Freitag oder Samstag im Laufe des Tages).

Bis Ihnen die regelmäßige Wochenplanung zur Routine geworden ist, empfehlen wir Ihnen, eine kurze Checkliste zu erstellen, welche Sie an die Schritte der Evaluation, des Blicks auf die Monatsziele, der Priorisierung von alten und neuen Aufgaben und des Abgleichens mit Kalenderterminen erinnert (vgl. die strukturell ähnliche Liste für die Monatsplanung oben). Diese Liste heften Sie am Ende jeder Woche in Ihren Kalender ein (oder verknüpfen ein entsprechendes kleines Dokument mit der Planungszeit im Kalenderprogramm). So werden Sie automatisch an die Wochenplanung erinnert.
Ist es für Sie noch ungewohnt, sollten Sie eine halbe Stunde für die Wochenplanung reservieren, nach wenigen Wochen Routine kann sich diese Zeit halbieren.
Vergessen Sie nicht auf eine kleine Belohnung als Übung der Dankbarkeit für das von Ihnen Erreichte.

Legen Sie fest, welche Ergebnisse und Ziele Sie am Ende der Woche erreicht haben möchten. Die damit verbundenen Arbeiten kommen in den flexiblen *Wochenarbeitskorb*. Zu Beginn eines Tages wählen Sie jene Arbeiten aus dem Wochenarbeitskorb aus, die Ihrer Tagesform und den zeitlichen

Vorgaben wie Besprechungen, Lehrveranstaltungen oder Sprechstunden am besten entsprechen.

Bei der Zusammenstellung Ihres Wochenarbeitskorbes priorisieren Sie nach A-, B- und C-Aktivitäten, wobei Aufgaben, die weder dringend noch wichtig sind, keine besondere Kennzeichnung erhalten. A- und B-Aufgaben haben absolute Priorität und sollten an Tagen und zu Zeiten, wo Sie ungestört und konzentriert arbeiten können und über genügend Energie verfügen, erledigt werden. C-Tätigkeiten können Sie in Phasen des Leistungstiefs oder des Wartens erledigen. Am Ende der Woche muss Ihr Korb allerdings leer sein.

Dieses Vorgehen hat den Vorteil, dass Sie tagesaktuelle Veränderungen berücksichtigen und gleichzeitig kräfteschonend arbeiten können. Sie brauchen bei schlechter Tagesverfassung nicht viel Energie für eine Arbeit aufwenden, die bei guter Tagesform schnell erledigt ist.

Das Mehr an Freiheit setzt allerdings auch ein gewisses Maß an Selbstdisziplin voraus, müssen doch am Ende der Woche alle geplanten Aufgaben erledigt sein. Diese Methode ist also für Menschen, die Aufgaben gerne aufschieben, nur bedingt geeignet.

Der Name „Wochenarbeitskorb" stammt von der Idee, das wirklich in Form eines Korbes oder einer Schachtel zu gestalten, wo hinein farbige Zettel gelegt werden – eine Farbe für jede Priorität, z.B. rot für die A-Aufgaben, gelb für B-Aufgaben, blau für C-Aufgaben.

Falls Sie diese Methode wählen, gestalten Sie Korb und Zettel ansprechend, sodass Sie auch gerne damit arbeiten. Die Methode eignet sich besonders gut für Menschen, die stark kinästhetisch funktionieren, d.h. die weniger visuell oder auditiv lernen, sondern mehr durch eigenes Tun mit ihren Händen.

Andernfalls bevorzugen Sie vielleicht einen **Wochenarbeitsplan in Tabellenform:**

Aufgabe	**Zeitaufwand**	**Priorität A/B/C**	**erledigt**

Wochenplanung von oben nach unten – das Kiesel-Prinzip:[80]
Erst die großen Steine – dann die kleinen!

Stellen Sie sich vor, Ihre wirklich wichtigen Aufgaben sind große, schwere Kiesel, Ihre B- und C-Aufgaben bestehen dagegen aus kleineren Steinen, aus Sand und aus Wasser. In welcher Reihenfolge würden Sie all das in einen „Aufgaben-Eimer" füllen? Wer sich entscheidet, zuerst die großen Steine unterzubringen, macht es richtig. In der Realität jedoch liegt der Fokus häufig auf den „Lückenfüllern", den B- und C-Aufgaben, denen ein Großteil der Zeit gewidmet wird.

Die wirklich wichtigen und meist größeren Agenden benötigen aber in der Planung oberste Priorität. Wenn diese in dem Eimer – d.h. in der Arbeitsorganisation – Platz finden sollen, müssen sie zuerst hineingelegt bzw. in der Planung berücksichtigt werden.

Die dringenden Aufgaben dagegen sind die kleinen Kiesel oder auch der Sand und das Wasser. Sie füllen sehr rasch den Eimer, sobald man ihnen die Möglichkeit dazu lässt, den großen Leerraum ebenso wie alle Lücken.

Seien Sie also achtsam, was die sogenannten kleinen Tätigkeiten betrifft. Welche sollen in Ihrem Eimer Platz haben, und welche sortieren Sie in Zukunft aus?

Setzen Sie die aus Ihrer Jahresplanung resultierenden Ziele kontinuierlich in Aktivitäten um und geben diesen einen vorrangigen und fixen Platz in Ihrer Monats- und Wochenplanung.
Halten Sie stets alle notwendigen Agenden schriftlich fest, dann können Sie Ihre Energie immer für das aktuell Wichtige und Notwendige einsetzen und verlieren dabei Ihre Ziele nicht aus den Augen.

Tagesplanung:
Beim Tagesarbeitskorb (oder -plan) können Sie ähnlich wie beim Wochenarbeitskorb (oder -tabelle) vorgehen. Ist Ihr Tagesablauf aber stark von äußeren Einflüssen abhängig, so empfiehlt sich nur eine grobe Tagesplanung. Denn wenn sie zu detailliert ist und nicht eingehalten wird, verursacht das nur Frustration und ein schlechtes Gewissen.

Man sollte in groben Zeitblöcken, in Einheiten von 30 Minuten bis zu Halbtagen planen. Manchen Menschen hilft das Instrument der Themen-(Halb-)Tage, d.h. dass sie einen (Halb-)Tag vor allem mit kommunikativen Tätigkeiten (Sprechstunden, Lehrveranstaltungen, Besprechungen) ver-

[80] Oben in Kapitel IV.1 wurde dieser Vergleich bereits erklärt, weil er ein wichtiges Prinzip veranschaulicht.

bringen und einen anderen (Halb-)Tag mit Forschen und Schreiben. Ein ständiger Wechsel zwischen Tätigkeiten mit gänzlich unterschiedlichen Anforderungen (wie z.B. Kommunikation und wissenschaftliche Arbeit) erweist sich meist als unproduktiv. Es sei denn, Ihr initiativer Anteil ist sehr hoch (siehe oben Kapitel II.2) und Sie brauchen diese Abwechslung, die Sie motiviert und Ihnen Energie bringt.

Wissenschaftliches Arbeiten benötigt längere Zeiteinheiten. Trotzdem gibt es auch hier Tätigkeiten, die in kurzen Zeitfenstern erledigt werden können und die Arbeit weiterbringen, z.B. ein paar Seiten Korrektur lesen, eine Grafik oder Abbildung einfügen, wichtige Textstellen markieren, eine Bibliografie überarbeiten u.Ä. Die Erledigung von kleinen Aufgaben hilft nicht nur, kurze Zeitintervalle sinnvoll zu nützen, sondern auch an der großen Arbeit und am Thema „dranzubleiben". Selbst Unterbrechungen von nur einem oder zwei Tagen bringen viele Schreibende aus ihrem Rhythmus, und die Weiterarbeit wird oft wie ein Neubeginn empfunden – und darum aufgeschoben.

In Ihrem Projektplan sollten nicht nur die „großen" Aufgaben, sondern auch die vielen kleinen vermerkt sein. So können Sie sich immer wieder und sehr rasch kleine Erfolge verschaffen, sehen Fortschritte in Ihrer Arbeit und nützen auch kleine Zeitfenster gut aus.
Wenn Ihr Tagesplan einmal völlig durcheinandergerät, dann arbeiten Sie nicht einfach weiter, sondern halten zunächst einmal inne und strukturieren den (verbleibenden) Tag neu. Schreiben Sie die neuen Prioritäten nieder und überlegen, welche Agenden des ursprünglich geplanten Pensums auf jeden Fall noch am selben Tag erledigt werden müssen und wie Sie mit jenen Tätigkeiten, die nun unerledigt bleiben, umgehen werden – verschieben, kürzen, delegieren oder eliminieren.

Beispiel für einen Tagesplan*[81]*:

Datum ______________ Arbeitszeit von – bis ______________

Arbeit an Hauptzielen	**von – bis**	**Dauer**
1.		
2.		
3.		
4.		
E-Mail Block 1		
E-Mail Block 2		
Telefon Block 1		
Telefon Block 2		
Besucher/innen, Besprechungen etc.		
1.		
2.		
3.		
4.		
5.		
Pufferzeit		
Sonstiges		
1.		
2.		
3.		
4.		
Zeit verplant insgesamt		

[81] www.orgenda.de: Einfach organisiert (März 2010).

ALPEN-Methode – eine Tagesstruktur in fünf Schritten:

Die sogenannte ALPEN-Methode ist ein einfaches, aber bei richtiger und regelmäßiger Handhabung sehr effektives Mittel der Tagesplanung. Die Methode umfasst 5 Arbeitsschritte, die in der Regel nacheinander abzuarbeiten sind:

Aufgaben und Termine definieren
Länge der Tätigkeiten abschätzen
Pufferzeiten festlegen
Entscheidungen treffen und Prioritäten setzen
Nachkontrolle

Aufgaben, Aktivitäten und Termine definieren:

Der erste Schritt ist die Erfassung aller Aufgaben, die am nächsten Tag zu erledigen sind. Wichtig dabei sind die Art der Tätigkeit, der Ort, wo Sie die Tätigkeit ausführen möchten und wann Sie die Aufgabe beginnen möchten.

Wichtig ist, *alles* zu notieren, was zu erledigen ist: Alltägliches, Neues, Ziele und auch Liegengebliebenes.

Länge der Tätigkeiten (Zeitbedarf) schätzen:

Gehen Sie von Ihren bisherigen Erfahrungen aus. Handelt es sich um eine neue Tätigkeit, so richten Sie sich nach den Erfahrungswerten anderer.

So entdecken Sie auch, wo es zu Fehleinschätzungen kommt, und lernen, Ihre Arbeit immer besser und realistischer zu planen. Sie wirken so auch der Tatsache entgegen, dass sich Arbeit entsprechend der vorhandenen Zeit ausdehnt (das sogenannte Parkinsonsche Gesetz).[82]

Pufferzeiten für unvorhergesehene Ereignisse einplanen (ca. 40 Prozent):

Interessanterweise sind die meisten Menschen bei der Einschätzung des Zeitbedarfs zu optimistisch, sie verschätzen sich um bis zu 50 Prozent!

Wie viel Pufferzeiten Sie tatsächlich einplanen müssen, hängt davon ab, wie selbstbestimmt und diszipliniert Sie arbeiten bzw. auch wie realistisch Sie planen. Bei einem sehr autonomen Arbeitsumfeld mit hoher Selbstdisziplin brauchen Sie natürlich wesentlich weniger Pufferzeiten, als wenn Sie sehr fremdbestimmt arbeiten. Wahrscheinlich wird es Ihnen nicht

---

[82] Das Parkinsonsche Gesetz (nach C. Northcote Parkinson) besagt, dass die bürokratische Verwaltung in Behörden und in Unternehmungen mit einer mathematisch errechenbaren Zuwachsrate wächst, unabhängig davon, ob die Arbeit zunimmt, abnimmt oder ganz verschwindet.

gelingen, täglich genügend Pufferzeiten einzuplanen. Über die gesamte Woche gesehen, sollte Ihre Bilanz an Pufferzeiten jedoch stimmen. Bei einer 40-Stunden-Arbeitswoche können Sie im Voraus also nur rund 25 Stunden verplanen.

Entscheidungen treffen:
Bei der Erstellung Ihrer Agenda-Liste werden Sie möglicherweise feststellen, dass die eingetragenen Aufgaben an einem Tag nicht alle zu bewältigen sind. Sie werden daher Entscheidungen über Prioritäten, Kürzungen, Streichungen und Delegationsmöglichkeiten treffen.

Nachkontrolle:
Die Nachkontrolle hilft Ihnen, Ihren Tagesablauf immer besser zu organisieren. Beim erstmaligen Anwenden der ALPEN-Methode werden Sie wahrscheinlich feststellen, dass das Ganze noch nicht reibungslos funktioniert. Überlegen Sie sich, ob Sie ausreichend Pufferzeiten eingeplant haben, überprüfen Sie, ob die Prioritäten richtig gesetzt wurden, und vor allem nehmen Sie Ihr Gefühl wahr: Haben Sie das Tagespensum ohne Stress geschafft und beschließen Sie zufrieden den Tag? Wenn ja, haben Sie alles richtig gemacht – wenn nein, müssen Sie Ihre Planung noch verfeinern.

Flexibilität und Planung

Die Herausforderung des Alltags besteht heute darin, die Kompetenzen der Zielsetzung und Planung mit jener der Flexibilität und Spontaneität in Einklang zu bringen. Besprechungen oder auch universitätsinterne Maßnahmen werden oft sehr kurzfristig angekündigt, müssen aber dennoch im Terminkalender Platz finden. Es ist also immer wieder erforderlich, sich innerlich vom Geplanten zu lösen und das im Moment Vorrangige und Notwendige zu erledigen. Wenn Sie hier Gefühle wie Ärger oder Wut wachsen lassen, schaden Sie nur sich selbst und lenken den Fokus Ihrer Energie weg von Ihren wesentlichen Vorhaben hin zum Negativen und demotivieren sich auf diese Weise. Wenn Dinge getan werden müssen, so tun Sie diese einfach, ohne zu viele Gefühle zu investieren und so Zeit und Nerven zu vergeuden.

Passiert es häufig, dass Ihr Wochen- oder Tagesplan umgestoßen wird, so planen Sie möglicherweise zu optimistisch. Beobachten Sie dann eine Zeit lang Ihre ganz normalen Tage, halten Sie den zeitlichen Aufwand der einzelnen Tätigkeiten fest und überlegen Sie, was Sie verbessern können. Gehen Sie dabei realistisch vor und fragen sich:

- Was für ein Planungstyp bin ich selbst?
- Wie schaut es in meiner Umgebung aus, und welche Tätigkeiten sind wie lange im Voraus planbar?
- Warum gebe ich den dringenden Dingen immer wieder Vorrang?

Wenn es Ihnen schwerfällt, von Ihren Plänen loszulassen, so helfen Ihnen vielleicht folgende Hinweise:

Rechnen Sie mit Veränderungen. Veränderungen begleiten unser aller Leben und dies zu akzeptieren, wird Ihren Alltag vereinfachen. Die Fähigkeit, sich bereits im Geiste auf Neues einzustellen, erleichtert es Ihnen im konkreten Fall, sich konstruktiv mit neuen Gegebenheiten auseinanderzusetzen bzw. auch neue Chancen zu sehen und zu nützen.
Gewöhnen Sie es sich an, flexibel zu denken, indem Sie andere Sichtweisen und Perspektiven zu Alltagsthemen entwickeln. Bedenken Sie, dass Ihre Lebenswirklichkeit (immer auch) ein Konstrukt der persönlichen Denk- und Betrachtungsweise ist, die Sie selbst bestimmen und verändern können.[83]
Planen und handeln Sie in Alternativen. Es gibt für alles mehr als nur eine Lösung oder einen Weg.

Tipps zur Tagesstruktur

Tagesbeginn:

1. Stehen Sie rechtzeitig auf, um den Tag in Ruhe zu beginnen (besonders, wenn Sie Kinder haben).
2. Wann immer möglich, machen Sie etwas für Körper und/oder Geist (Laufen, Gymnastik, Yoga, Meditation, Gebet) und frühstücken eine Kleinigkeit.
3. Stellen Sie sich auf den Tag positiv ein, vergegenwärtigen Sie sich Ihre Ziele und Prioritäten.
4. Beginnen Sie möglichst rasch mit der Schwerpunktaufgabe des Tages und nicht mit der Bearbeitung von Post oder E-Mails. Legen Sie am Vorabend alles so zurecht, dass Sie rasch starten können.
5. Sprechen Sie Termine und neue Prioritäten mit Ihrer Umgebung ab.

---

[83] Vgl. Paul Watzlawick: Wie wirklich ist die Wirklichkeit? Wahn, Täuschung, Verstehen, München (Piper) 1996.

Tagesverlauf:

Nützen Sie Ihre Hochleistungsphase(n) für wichtige Arbeiten und sorgen Sie dafür, dass Sie in diesen ungestört arbeiten können.

6. Machen Sie rechtzeitig Pausen und stehen dabei auch einmal vom Schreibtisch auf.
7. Vermeiden Sie ungeplante, impulsive Tätigkeiten.
8. Lehnen Sie nach Möglichkeit zusätzliche Dringlichkeitsfälle ab.
9. Nützen Sie Leistungstiefs oder Wartezeiten – es bleiben noch 10 Minuten bis zum Besprechungstermin oder Sie versuchen gerade, jemanden telefonisch zu erreichen – für kleine C-Tätigkeiten.
10. Bündeln Sie die vielen kleinen Dinge des Alltags, z.B. Bearbeitung von Nachrichten und Telefonate. Was können Sie noch erledigen, wenn Sie XY anrufen, Z bei der Tagung sehen oder zum Kaffeeautomaten gehen?
11. Investieren Sie Zeit in die Vorbereitung von Besprechungen und Telefonaten, das macht sie effizienter.
12. Schließen Sie angefangene Arbeiten ab.
13. Arbeiten Sie antizyklisch – vor 9 Uhr und nach 17 Uhr sind die besten Zeiten für ungestörtes Arbeiten.
14. Kontrollieren Sie Ihre Zeitpläne regelmäßig – das kostet mit zunehmender Erfahrung immer weniger Zeit.

Tagesschluss:

15. Schließen Sie Unerledigtes ab, jedenfalls mental. Lassen Sie Ihre Sorgen und Ängste am Arbeitsplatz. Das gilt umso mehr, wenn Sie häufig zu Hause arbeiten.
16. Rekapitulieren Sie den abgelaufenen Tag im Sinne einer Evaluation. Womit sind Sie zufrieden, was könnten Sie verbessern?
17. Erstellen Sie einen groben Zeitplan für den nächsten Tag, ordnen Sie Ihre Unterlagen, legen Sie alles für einen raschen Arbeitsbeginn am folgenden Morgen zurecht und beenden Sie Ihren Arbeitstag in positiver Stimmung.

6 Zeitfresser bewältigen

Worum es geht:

Bisher haben wir uns fast nur mit positiven Prinzipien, Instrumenten, Erfahrungen und Tipps befasst. Jeder Mensch hat aber – aufgrund seiner Verhaltenspräferenzen, wie oben in Kapitel II.2 erläutert – typische Fallen, die herausfordernde Kehrseite seiner Persönlichkeitsstärken. Das macht sich in Form von „Zeitfressern" bemerkbar. Wenn Sie sich diesen stellen und ein paar Gegenstrategien entwickeln, werden Sie Ihre Stärken und die Zeitmanagement-Methoden erheblich besser einsetzen können.

Zu den häufigsten „Zeitfressern" zählen:
- Aufschieben von Aufgaben („Aufschieberitis")
- Perfektionismus
- Unterbrechungen und Störungen
- Nicht nein sagen
- Schreibblockaden
- Kommunikation und Medien
- Überquellender Schreibtisch[84]

- Zu welchen Zeitfressern neige ich in meinem Alltag?
- Welcher ist der gefräßigste?

Aufschieben von Aufgaben

„Das Hinausschieben ist der größte Verlust fürs Leben; es verzettelt immer den nächsten Tag, es entreißt die Gegenwart, indem es auf die Zukunft verweist. Das größte Hindernis des Lebens ist die Erwartung, die vom Morgen abhängt."[85]

Die Gründe, warum Menschen Aufgaben aufschieben, sind individuell sehr unterschiedlich, aber meist auch abhängig von der jeweiligen Situation. Es kann sich um Agenden handeln, die man nicht gerne macht, wo Informationen fehlen, man nicht genau weiß, was oder wie es zu tun ist, das Aufgabenvolumen insgesamt zu groß ist oder Bedenken bestehen, die Aufgabe zu schaffen. (Wo sich das als Schreibblockade auswirkt, sollten Sie auch die Hinweise am Ende dieses Kapitels beachten.)

---

[84] Zu diesen beiden letzten Zeitfressern siehe das Kapitel V. „Ordnung"!

[85] Seneca: Von der Kürze des Lebens 9.

Zusätzlich zu der Ursache für das Aufschieben, dass ein Agendum als überwältigend erscheint oder als unangenehm, kann auch beides zugleich zutreffen. Wer z.B. nach einer überlangen Lesephase die Größe der Aufgabe fürchtet, die Dissertation jetzt wirklich zu schreiben, kann zugleich das Gespräch mit dem Betreuer oder der Betreuerin fürchten, der schon drängt, möglicherweise an dem Projekt zweifelt und damit die Selbstzweifel verstärkt.

Wo Unkenntnis und darauf folgende Unsicherheit Aufschieben verursacht, kann mehr oder bessere Information sowie Einsicht in das Umfeld des Themas das Interesse steigern. Je stärker eine Sache mit vorhandenem Wissen verknüpft werden kann, umso mehr motiviert sie. Bisweilen entmutigt aber auch zu viel Information, jenseits des optimalen Niveaus kann Verwirrung entstehen.

Vielleicht handelt es sich ja auch nur um eine schlechte Gewohnheit aus Studienzeiten, als Sie immer erst knapp vor einer Prüfung mit dem Lernen begannen und es sich dann doch, wie Klienten von uns es oft ausdrücken, „meist doch irgendwie noch ausging". Im beruflichen Alltag „geht es sich dann auch meist irgendwie aus", wodurch Sie eine positive Verstärkung Ihres Verhaltens erfahren und möglicherweise immer mehr das Gefühl gewinnen, dass Sie erst unter Termindruck so richtig gut arbeiten können.

Auf Dauer ist das ständige Arbeiten unter Druck aber sehr ungesund. Schieben Sie Aufgaben immer wieder auf, so verschieben Sie damit auch Ihre Zeitnot, wobei schlechtes Gewissen die Anspannung erhöht.

Gängige Methoden des Aufschiebens sind Flüchten (in die Bibliothek, den Buchladen, die Caféteria...), sich Verhätscheln (Lieblingsbeschäftigungen nachgehen), Ratschen, Schwätzen oder Jammern, (noch mehr) Lesen, Übergenauigkeit bei Details, Tagträumen, Vorbereitungen so gewissenhaft machen, dass man nicht zum Eigentlichen kommt, Baden in Emotionen wie Angst, Schuldgefühlen, Zorn, Minderwertigkeitsgefühlen...

Die Dynamiken Ihres Aufschiebens zu durchschauen, ist der erste Schritt, um sie zu unterbrechen! Machen Sie es sich jedesmal bewusst, wenn Sie Ihre Zeit suboptimal verwenden. Sagen Sie sich das so oft, bis es Ihnen nicht mehr möglich ist, das Aufschieben zu rationalisieren und sich selbst etwas vorzumachen. Dann werden Sie für die wichtigsten Aufgaben motiviert sein.

- Warum schiebe ich immer wieder auf?
- Was an der Aufgabe ist überwältigend? Was unangenehm? Welche Informationen fehlen mir?

- Will oder muss ich die Aufgabe tun? Was passiert, wenn ich sie gar nicht erledige?
- Wie kann ich mich motivieren, auch unangenehme Arbeiten zügig in Angriff zu nehmen?[86]

Setzen Sie sich Fristen für Aufgaben, die keinen Termin haben.
Zerlegen Sie große Aufgaben in Teilschritte, um sie bewältigbar zu machen und um Erfolge zu haben („Salamitaktik“). Machen Sie eine Liste, welche ganz kleinen Teilaufgaben Sie jederzeit erledigen können („Puzzle-Taktik“).
Schaffen Sie sich eine Planungsroutine. Berücksichtigen Sie dabei Ihren Arbeitsstil und Ihre Leistungskurve.
Arbeiten Sie nach dem 3-2-1-Countdown:
Um das Hin- und Herdenken zu unterbrechen, muss es einen Zeitpunkt geben, ab dem Sie Ihre Gedanken voll auf das Handeln ausrichten. Indem Sie einfach 3-2-1 herunterzählen, fangen Sie an, Gedanken zu bündeln, die dann die Trägheit durchstoßen. Das kann viele Formen annehmen, z.B. dass Sie sich einfach einen Zeitpunkt für den Beginn einer Arbeit setzen und sich sagen: „Wenn es 17.00 Uhr ist, beginne ich, egal wie ich mich dann fühle.“
Vielleicht brauchen Sie in der Früh, ähnlich wie beim Sport, eine kurze „Aufwärmphase“, bevor Sie mit dem Wichtigsten beginnen. Überlegen Sie, was Ihnen hilft, um rasch in Form zu kommen.

Perfektionismus

Die Ziele von perfektionistisch veranlagten Menschen (die im Persönlichkeits-Profil ein starkes G aufweisen) sind oft so hoch gesteckt, dass sie, wenn überhaupt, nur mit einem sehr großen zeitlichen Einsatz erreicht werden können. Das führt zwangsläufig zu Frustration und Stress, umso mehr, wenn sich der Anspruch, perfekt sein zu müssen, auf viele Lebensbereiche erstreckt. Oft wird eine Aufgabe gar nicht mehr in Angriff genommen, also permanent aufgeschoben aus Angst, sie nicht perfekt erledigen zu können.

Arbeiten Sie nach dem GSP-Prinzip (gut statt perfekt) und hören Sie auf, wenn Sie eine Aufgabe gut erledigt haben.

---

[86] Vgl. die Tipps zur Selbstmotivation am Ende des Kapitels III.2!

Tun Sie lieber etwas sofort und gut statt später und perfekt.
Lassen Sie einen Textentwurf eine Weile ruhen und lesen ihn dann wieder – so sehen Sie ihn mit anderen Augen. Holen Sie die Meinung wohlmeinender Dritter ein. Machen Sie sich Zeitvorgaben für bestimmte Aufgaben nach dem Motto: Ich investiere hier eine halbe Stunde und mehr nicht. Machen Sie sich klar, dass vollkommene Aufgabenerledigung weder realistisch noch erstrebenswert ist. Lernen Sie, sich über Ihre Ergebnisse zu freuen.

Unterbrechungen und Störungen

Nichts bringt so aus dem Arbeitsfluss wie Unterbrechungen durch Telefon, Handy, E-Mail oder unerwarteter Besuch. Auch kleine Unterbrechungen nach dem Motto „Ich habe nur eine kurze Frage“ sind eine Form von Störung. Wird man ständig unterbrochen, führt das zum sogenannten „Sägeblatteffekt“: Nach jeder Ablenkung muss man sich neu eindenken und einarbeiten (vgl. das „Badewannen-Prinzip“ oben in Kap. IV.1). Dies kostet Energie und Zeit. Bei wichtigen oder komplizierten Arbeiten sollen Sie nicht gestört oder abgelenkt werden.

Der Sägeblatteffekt:

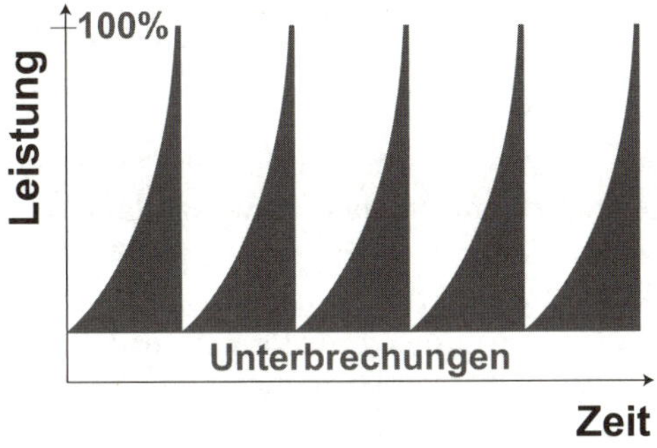

Klären Sie daher einmal für sich:

- Was ist mein eigener Anteil an Störungen? Bin ich manchmal vielleicht ganz froh, dass ich meine Arbeit unterbrechen muss?
- Was lässt sich ändern, womit muss ich leben bzw. was ist Teil meines Berufs?

Oft liegt es an uns selbst, wenn wir pausenlos gestört werden. Besonders Menschen mit einem hohen initiativen Persönlichkeitsanteil meinen, ständig erreichbar sein zu müssen, haben Angst, etwas zu verpassen, nein zu sagen, jemanden zu verärgern oder beim Beharren auf Einhaltung von Sprechstunden bürokratisch zu wirken. Oft ist es auch spannender, eine gerade einlangende Nachricht zu lesen, als an einem Kapitel weiterzuarbeiten.

Verschaffen Sie sich jeden Tag störfreie Zeiten, in denen Sie konzentriert arbeiten können. Betrachten Sie realistisch Ihren Alltag, wann dies möglich ist, z.B. vor 9 Uhr morgens oder nach 16 Uhr. Legen Sie kleine Tätigkeiten, die gut unterbrochen werden können, in „Störzeiten".
Befreien Sie sich von der Vorstellung, immer erreichbar sein zu müssen. Schalten Sie Ihr Mobiltelefon aus und leiten, wenn möglich, Telefonate um. Man kann sich am Telefon auch unter Kollegen und Kolleginnen abwechseln und so gegenseitig zu störungsfreien Zeiten verhelfen.
Entscheiden Sie aber auch immer wieder, wie wichtig die Person oder die Angelegenheit ist, die „stört".
Setzen Sie mit dem Schließen Ihrer Bürotür bewusst ein Zeichen, dass ein Eintreten im Moment unerwünscht ist. Besprechen Sie das problematische Thema der sogenannten „Open-Door-Policy" unbedingt im Team, damit es zu keinen Missverständnissen kommt.

Nicht „nein" sagen

Von Kindheit an haben die meisten von uns gelernt, den Anforderungen und Wünschen ihrer Umgebung zu entsprechen. Bewusst „ja" oder „nein" zu sagen, fällt vielen Menschen daher schwer – besonders Menschen mit einem hohen stetigen Faktor in ihrer Persönlichkeit. Dahinter stecken Ängste vor Konfrontation und Ablehnung, vor Informationsdefiziten oder Sanktionen der Vorgesetzten. Vielleicht befürchtet man aber auch, für wenig leistungsfähig zu gelten, nicht mehr gefragt zu werden, oder es fällt schwer, die eigenen Bedürfnisse zu artikulieren und zu ihnen zu stehen. Und natürlich geht es auch in der Wissenschaft immer wieder um Gegengeschäfte – erweist man jemandem einen Gefallen, so hat man später selbst etwas gut.

Wer aber zu allem ja sagt, wird sich wahrscheinlich in so viele Tätigkeiten verstricken, dass für Wichtiges nicht genügend Zeit bleibt. Die Folgen sind Stress und möglicherweise auch negative Konsequenzen für die Karriere, wenn Sie zu sehr für die Ziele und Agenden anderer arbeiten, Ihr eigenes wissenschaftliches Opus aber nicht vorantreiben.

Bevor Sie zu einer Sache „ja" oder „nein" sagen, verschaffen Sie sich eine kurze Bedenkzeit, um Ihren Kalender konsultieren zu können und sich ohne Druck über Wichtigkeit und Dringlichkeit der Angelegenheit klar zu werden: Will und kann ich diese Sache auf mich nehmen – habe ich genügend zeitliche Kapazitäten?
Benützen Sie in einem ersten Schritt andere Termine als Grund für eine Absage. Lernen Sie, sich gegen Ihre Umgebung abzugrenzen. Sagen Sie freundlich „nein". Bitten Sie um eine Gegenleistung.
Überlegen Sie, was die Folgen Ihres Neinsagens sein könnten („Worst-Case-Szenario") – oft sind die gedanklichen Befürchtungen schlimmer als die tatsächlichen Konsequenzen.

Schreibblockaden

Wahrscheinlich kennt jeder Mensch, der einmal mehr als nur ein paar Seiten geschrieben hat, die Angst vor dem leeren Blatt. „Offensichtlich ist das Schreiben eine Tätigkeit, die unsere sprachlichen und intellektuellen Fähigkeiten auf eine andere Weise herausfordert als das Sprechen, das wir alle ziemlich mühelos beherrschen. Der Pädagoge Hartmut von Hentig meint dazu sehr treffend: ‚Schreiben macht nicht Schwierigkeiten. Schreiben ist Schwierigkeit'."[87]

Eine wichtige Hilfe ist, den Prozess des Schreibens in die vielen für die Textproduktion notwendigen Einzelschritte zu zerlegen, also auch hier Teilziele zu definieren, um Arbeitsfortschritte zu sehen. Es sind mehr als dreißig Einzelprozesse, die beim Schreiben kontrolliert und koordiniert werden müssen.[88] Dazu zählen u.a. recherchieren, Gedanken ordnen, eine Struktur entwickeln, Vorgaben im Auge behalten, auf andere Texte Bezug nehmen, einen fachadäquaten Schreibstil pflegen, Gedanken auf Sätze, Absätze und Kapitel verteilen, Überschriften, Zwischenüberschriften und Tabellen einfügen, Zahlen und Fakten analysieren und interpretieren, auf Orthografie, Grammatik und Stil achten, Textverarbeitungsprogramme beherrschen etc.

---

[87] Krings, Hans: Schreibblockaden: So gewinnen Sie den Kampf mit dem leeren Blatt, in: Psychologie heute, Mai 2008, 70.

[88] Ebenda, 72.

- Was genau ist es, was mich blockiert? Stelle ich zu hohe Ansprüche an mich? Habe ich Angst zu versagen oder auch Angst vor der Kritik anderer?
- Sehe ich nur einen unbewältigbaren Berg vor mir, der mich bremst?
- Weiß ich vor lauter sonstiger Arbeit nicht, wann ich überhaupt Zeit zum Schreiben finde?

Folgende Strategien aus der Schreibforschung und unserer Erfahrung können hierbei helfen:[89]

Phasenübergreifende Strategien:

- Verteilen Sie die einzelnen *Teilprozesse* systematisch auf verschiedene Phasen, also Vorbereitung, Recherche- und Materialsammlung bzw. Laborarbeit, Strukturierung, Schreiben und Revision.
- Finden Sie die für Sie optimale *Schreibumgebung* heraus. Arbeiten Sie besser zu Hause, im Institut, in der Bibliothek oder im Kaffeehaus? Berücksichtigen Sie Faktoren wie Lichtverhältnisse, Schreibtischgröße, Ordnung oder Ruhe, die Sie brauchen.
- Finden Sie die für Sie besten *Schreibzeiten* heraus, indem Sie Ihre Leistungskurve und auch Ihren Alltag berücksichtigen.
- Was brauchen Sie, um rasch und gut beginnen zu können? Vielleicht hilft Ihnen eine kurze *„Aufwärmphase"* – ähnlich wie im Sport –, um in Schwung zu kommen. Das kann ein kurzes Gespräch mit einer Kollegin oder einem Mitarbeiter sein, Musik oder das Ordnen von Unterlagen.
- Entwickeln Sie einen festen *Schreibrhythmus*. Schreiben Sie regelmäßig, möglichst täglich, zum Beispiel jeden Tag von zehn bis zwölf Uhr, täglich eine Seite oder reservieren Sie 20 Prozent Ihrer Zeit für das Schreiben. Unterbinden Sie dabei jeden Perfektionismus. Manchmal hilft auch der paradoxe Vorsatz, jeden Tag zumindest eine schlechte Seite zu schreiben.
- Definieren und beachten Sie die eigene *„Outputkonstante"* – z.B. 2 DIN-A4-Seiten täglich.
- Auch wenn Sie sehr gut im Fluss sind, hören Sie rechtzeitig, also wenn sich die ersten Zeichen der Erschöpfung zeigen, mit Ihrer Arbeit auf.
- Beenden Sie das Tagespensum mitten *im Fluss*, notieren Sie Ihre nächsten Gedanken und legen alles für einen raschen Einstieg am folgenden Tag zurecht. So nützen Sie die Inspiration, um Skizzen oder „Mindmaps" zu erstellen, die Ihnen beim Weiterarbeiten einen raschen Neubeginn ermöglichen.

---

[89] Siehe auch Kapitel VI.1 „Fokus Forschung"!

Planungsphase:

- Beginnen Sie mit einem *„Brainstorming"*: Notieren Sie alles, was Ihnen zum Thema und darüber hinaus ein- oder auffällt. Haben Sie immer etwas zum Schreiben mit dabei. Für den kreativen Prozess des Brainstormings sind „Mindmaps", Moderationskärtchen, Klebezettel und bunte Stifte geeigneter als Listen und Computerprogramme.
- Bei der *Grobplanung* bestimmen Sie Ziel, Methodik, zeitliche Aspekte, Vorgehensweise, wie Sie zu dem Thema kommen etc. Natürlich wächst und verändert sich Ihr Werk auch im Tun.
- Nützen Sie die *Gliederungsfunktion* Ihres Textverarbeitungsprogramms als Denkwerkzeug.
- Diskutieren Sie mit fachlich kompetenten Personen Ansatz, Thema, Zielsetzung Ihrer Arbeit. Durch das Ausformulieren von Gedanken gewinnen Sie selbst mehr Klarheit über Ihr Werk (*Sprechdenken*).

Schreibphase:

- Trennen Sie die Schreib- von der Revisionsphase gemäß der *„Keep-writing-Strategie"*. Unterbrechen Sie die Schreibphase also nicht, nehmen Sie dafür lieber etwaige Mängel in Kauf.
- Immer wenn Sie beim Formulieren stocken, halten Sie auf alle Fälle den Gedanken so fest, wie Sie ihn *mündlich formulieren* würden.
- Verwenden Sie bei hartnäckigen Problemen, die eigenen Gedanken in Worte zu fassen, die *Erzähltechnik*: Schildern Sie Ihre Gedanken wie eine mündliche Erzählung, ohne auf den logischen Aufbau zu achten, nehmen Sie das Ganze auf einem Diktiergerät auf und schreiben es anschließend selektiv ab. Diese Methode eignet sich insbesondere für Menschen, die besser mündlich als schriftlich formulieren können.
- *Überspringen Sie Schwierigkeiten*, merken Sie diese aber vor, z.B. mit Fragen in roter Farben, Einfügen eines Kommentars etc.
- Beginnen Sie mit dem Schreiben dort, wo Sie gerade *Ideen* haben oder die *Lust*, weiter zu arbeiten. Oder auch dort, wo es Ihnen gerade am leichtesten fällt.
- Nützen Sie die *Seminar- und Mentoringprogramme* (z.B. für Doktoranden und Doktorandinnen) der Personalentwicklungen der Universitäten. Dieser Austausch bringt Ihnen nicht nur fachliches Know-how, sondern hilft auch über Motivationstiefs hinweg.

Revisionsphase:

- Sehen Sie diese Phase als *integralen Bestandteil* Ihres Schreibprozesses und nicht nur als Korrekturlesen.
- *Lassen* Sie den Text eine Zeit lang *liegen*, bevor Sie ihn wieder lesen.

- Planen Sie mehrere Durchgänge, wobei Sie jedes Mal einen anderen Aspekt in den Vordergrund stellen, z.B. Gliederung und Struktur, Logik im Aufbau, Sprache, Belege in Anmerkungen etc.
- Lassen Sie den Text von anderen *probelesen,* am besten natürlich von Personen, die ihn auch fachlich beurteilen können. Hören Sie sich Kritik offen, ohne Widerspruch und ohne eigene Begründungen an. Fragen Sie aber nach Kriterien oder Zielsetzung der Kritik. Welche Konsequenzen Sie daraus ziehen und was Sie daraus machen, bleibt dann Ihnen überlassen.

7 Evaluation

Worum es geht:

Ziele entfalten nur dann ihre volle Wirkung, wenn der Soll- und der Ist-Zustand regelmäßig abgeglichen werden. Haben Sie ein (Teil-)Ziel erreicht, sollten Sie sich dessen bewusst werden und sich vielleicht dafür belohnen – das stärkt Ihre Motivation. Wenn Sie etwas nicht geschafft haben, ist nach den Gründen zu fragen, um daraus zu lernen und in Zukunft besser zu planen. Regelmäßige Evaluationen erschließen das Potenzial zur Optimierung.

Viele wissenschaftlich Tätige leiden bereits unter den ständigen Evaluationen der Lehrveranstaltungen, der Fortschritte zum Beispiel ihres Dissertationsprojekts, ihrer Aufsätze (meist als „peer review", quantitativ durch „impact points"), der Leistungen ihres Instituts usw. Wenngleich man über die Sinnhaftigkeit mancher Evaluationen und konkreter Methoden streiten kann, sollte das nicht den Blick dafür trüben, dass die regelmäßige Selbstevaluation (nur um diese geht es hier) für das Zeitmanagement unverzichtbar ist. Menschen mit einem geringen gewissenhaften Faktor in ihrem Verhaltensprofil (siehe Kapitel II.2) haben besonders wenig Lust auf diese Selbstkontrolle. Aber nur so werden Ihre Planungen allmählich realistischer und Ziele erreichbar und motivierend. Das ist besonders wichtig bei größeren Forschungs- und Publikationsprojekten, bei denen im Laufe der Jahre leicht „die Luft ausgehen" kann. Man könnte auch einfach von Re-flexion im ursprünglichen Sinn sprechen: sich zurückzubeugen, um die Entwicklung in einem gewissen Zeitraum zu bedenken und zu bewerten, das heißt zuerst, sie wahrzunehmen und wertzuschätzen.

Regelmäßige Evaluationszeiten

Das wichtigste Evaluationsinstrument ist, bei jeder Planung mit einem Rückblick auf die vergangene Planungsperiode zu beginnen – auf der Jahres- oder Semesterebene, der Monats- und Wochenebene. (Auf der Tagesebene tun es die meisten Menschen spontan, weil die Ereignisse noch frisch im Gedächtnis sind, wobei auch hier oft die Dankbarkeit für Gelungenes zu kurz kommt.) Entsprechend viel Zeit muss für die Evaluation eingeplant werden:

Für eine Jahres- oder Semesterplanung sollten Sie sich mindestens eine Stunde Zeit nehmen, um sich anhand Ihres letzten Plans wie auch größerer Projektplanungen Ihre Ziele zu vergegenwärtigen und festzuhalten, was erledigt ist, Fortschritte und auch Teilerfolge zu würdigen und herauszufinden, warum genau bestimmte Ziele nicht erreicht wurden.
Bei jeder Monatsplanung tun Sie dasselbe in etwa einer halben Stunde.
Beim Abschluss einer Arbeitswoche (zum Beispiel am Freitag oder notfalls am Samstag) dürften 10 bis 15 Minuten für die Evaluation reichen.
Mit mehr Routine werden alle Planungen und Reflexionen schneller – und realistischer!

Fragen zur Evaluierung:

- Welche Ziele haben sich selbst erledigt, sind obsolet geworden?
- Was habe ich erreicht – mit welchem Zeitaufwand?
- Für welche Tätigkeiten sollte ich in Zukunft mehr Zeit einplanen, was geht schneller als angenommen?
- In welchen Punkten hatte ich den Zeitbedarf unrealistisch eingeschätzt?
- Hat etwas Unvorhergesehenes meinen Plan durchkreuzt? Welche Alltagsereignisse, privater oder beruflicher Natur, erschweren es immer wieder, meine Pläne umzusetzen?
- Lässt sich das verhindern, oder muss ich in Zukunft für Derartiges mehr Pufferzeit einplanen?
- Habe ich Zeitfresser zugelassen – und wenn ja, welche?
- Welche unerledigten Aufgaben muss und kann ich im nächsten Zeitraum weiterbringen?
- Welche unerledigten Aufgaben streiche ich endgültig?
- War das Zeitbudget für meine verschiedenen Aufgabenbereiche (Haupt-Forschungsthema, andere Themen und Kenntnisnahme aktueller Entwicklungen im Fach, Lehrveranstaltungen, Betreuungen, Verwaltungs- oder Führungsaufgaben) insgesamt etwa in der richtigen Proportion? Gibt es notorische Defizitbereiche?
- Was kann ich mir nach dieser Planung Schönes gönnen, um mich zu belohnen und zu motivieren?

Seien Sie nicht enttäuscht, wenn Ihr letzter Plan nicht zu 100 Prozent erfüllt wurde. Das ist fast nie der Fall. Auch wenn er nur teilweise realisiert wurde, war das sicherlich besser, als planlos zu arbeiten.

Evaluation in der Projekt-Dimension

Insoweit Sie größere Aufgaben in einer eigenen, der Kalenderplanung vorgeschalteten Projektplanung strukturiert hatten, sollte auch in dieser Dimension evaluiert werden.

Laufend geschieht das, indem Sie bei jedem Teilschritt in der Spalte „erledigt" mit ✓ abhaken, wenn dieses Ziel erreicht ist. Aber vor allem bei der Monats- und Wochenplanung sollten Sie anhand dieser Tabelle nochmals überprüfen, ob Sie insgesamt so weit fortgeschritten sind wie dort in der Spalte „Zieldatum" jeweils vorgegeben. So stellen Sie sicher, dass Ihr Projekt nicht entgleist, und stärken Ihre Zuversicht, dass das Ganze machbar ist.

Besonders wenn Sie das Gefühl haben, mit Ihrer Qualifikationsarbeit steht Ihnen das Wasser bis zum Hals, hilft Ihnen die Spalte mit den Haken ✓, weil sie wie regelmäßige Pegelmessungen das Sinken des bedrohlichen Wasserspiegels anzeigen. Ihr großes Ziel, in laufend überprüften Teilzielen strukturiert, wird so messbar, machbar und motivierend – die drei Merkmale eines guten Ziels.

Wenn Sie ein Projekt gemeinsam mit anderen verfolgen – sei es in der Forschung, beim Herausgeben eines Sammelbandes, bei der Entwicklung eines Lehrprogramms oder anderen Kooperationen –, müssen Sie die regelmäßige Evaluation der Teilziele und des Projektfortschritts institutionalisieren und zu vorher vereinbarten Besprechungsterminen die Teilergebnisse zusammentragen und im Gesamtplan festhalten. Dieser ist dann ebenfalls an neue Erkenntnisse anzupassen.

Kriterien zu entwickeln, anhand derer das Erreichen von Zielen gemessen wird, ist bei gemeinsamen Projekten noch wichtiger, als wenn man alleine arbeitet.

- Welche Fortschritte sind mir in der letzten Woche/im letzten Monat/Semester gelungen?
- Wo hatte ich mich mit dem Zeitbedarf für einen Teilschritt verschätzt?
- Welche Fehler machte ich beim Abgleichen des Projektplans mit dem Kalender, weil ich zum Beispiel unrealistisch war in Bezug auf andere Aufgaben und meine wöchentliche Forschungszeit?

- **Welche Konsequenzen ziehe ich aus diesen Erfahrungen für die Fortschreibung meines Projektplans und dessen Umsetzung in die nächste chronologische Planung?**

Evaluation von Zeitbudgets

Manche langfristigen Projekte lassen sich aufgrund der Vielzahl anderer Aufgaben nur schwer in einem vollständigen Projektplan, das heißt mit Zeitbedarfsschätzung und Zieldaten für jeden Teilschritt, strukturieren. Wenn Sie zum Beispiel eine Assistentenstelle mit Lehr- und Verwaltungspflichten innehaben und am Anfang Ihrer Habilitation stehen oder wenn Sie berufstätig sind und „nebenbei" promovieren, ohne ein vorgegebenes Abgabedatum zu haben, und dabei immer die Erfahrung machten, dass Ihre Detailplanung nicht funktioniert, könnten Sie es für eine gewisse, begrenzte Zeit mit einer Zeitbudget-Planung versuchen.

Die Grundidee bei diesem Instrument (für das Sie am Ende dieses Unterkapitels eine Beispieltabelle finden) ist, dass Sie Ihr gesamtes Zeitbudget auf Ihre verschiedenen Aufgabenbereiche aufteilen, um sicherzustellen, dass keiner davon auf Dauer zu kurz kommt. Innerhalb jedes Bereichs arbeiten Sie einfach in der zur Verfügung stehenden Zeit einen Schritt nach dem anderen ab, wie es sich von der Sache her nahe legt, jeweils beginnend mit dem Wichtigen oder Prioritären. Was nicht so wichtig ist, sortiert sich dann von selbst aus, wenn die Zeit zu Ende geht.

So kommen Sie auch weiter, ohne zu viel Zeit mit nicht funktionierenden Plänen zu verlieren. Allerdings müssen Sie täglich ein paar Minuten in die laufende Evaluation ihrer Zeitverwendung investieren, indem Sie bei jeder Wochenplanung ein wenig rechnen (in der Spalte ganz rechts tragen Sie die reale Wochenarbeitszeit ein). Nächste Woche können Sie die zu kurz gekommenen Bereiche zum Ausgleich verstärken. Schließlich ist am Monatsende zu überprüfen, inwieweit Sie Ihre Zeitbudgets für jeden Bereich eingehalten haben.

Die proportionale Zeitaufteilung wird von Monat zu Monat realistischer.

Überlegen Sie, in welchen Ihrer Berufsrollen und Aufgabenbereiche Sie wie viel Prozent ihrer durchschnittlichen Arbeitszeit investieren wollen. Vergessen Sie dabei nicht die Zeiten für Planung und Evaluation, für Kommunikation und Medien (vor allem E-Mail und Internet).
Erstellen Sie eine Matrix als Tabellenvorlage (siehe das Muster auf der nächsten Seite), die Sie am Beginn eines jeden Monats unter neuem Na-

men abspeichern. Dort tragen Sie in jeder Woche mit besonderen Terminen den vorhersehbaren Grund für weniger Wochenarbeitszeit ein (zum Beispiel Kongresse, Feiertage, Urlaub, Klausurtage, Fortbildungen). So schätzen Sie gleich ab, wie viel Prozent Ihrer Monatsarbeitszeit für diese Sonderaktivitäten zu reservieren sind.
Für die durchschnittliche Arbeitswoche kalkulieren Sie Ihre gesamte Arbeitszeit und wissen dadurch, wie viele Stunden pro Tag Sie in jedem Bereich als Zeitbudget investieren wollen. Selbstverständlich können Sie nach wie vor bestimmte Tage ganz für eine einzelne Tätigkeit reservieren, aber im Monat insgesamt sollte Ihre Bilanz wieder ausgeglichen sein.
Am Ende jedes Arbeitstages tragen Sie in der Tabellenreihe dieser Woche ein, wie viele Stunden Sie für jeden Bereich gearbeitet haben.
Am Ende jeder Woche ziehen Sie eine Zwischenbilanz und priorisieren für die kommende Woche den Bereich, der in der letzten unter dem Soll lag.
Am Monatsende ziehen Sie Gesamtbilanz und Konsequenzen für den nächsten Monat, die sich in angepassten Zeitbudgets in der nächsten Tabelle niederschlagen.

Dieses Instrument erfordert viel Disziplin, aber gerade das kann helfen, wenn Sie mit normaler Projektplanung und deren konsequenter Umsetzung in die Kalenderdimension nicht weiterkommen. Sie sehen durch die intensive Evaluation viel genauer, wohin Ihre Zeit geht (Diagnose), und garantieren für Ihr bedrängtes Großprojekt ein Fortkommen mit einem minimalen, aber realistischen Zeitbudget (Therapie).

Im Normalfall werden Sie es nicht länger als einige Monate anwenden und in dieser Zeit sehr viel gelernt haben, was Ihnen auch später nutzen wird, wenn das große Projekt abgeschlossen ist oder der Druck durch konkurrierende Aufgaben abgenommen haben wird.

Muster für Zeitbudget-Planung und -kontrolle für Monat ____________

Woche ____	**Sonder-aktivität**	**Organi-sation**	**Kommuni-kation, PC**	**Habil.-schrift**	**Lehre**	**Vorträge**	**gesamt Stunden**
3.–8.	Mi: Mutter 70. Geb.	Mo: 2h		Di: 9–14h = 5h	Mo: 9–12h = 3h	Mi: 8.30–12.30	
10.–15.							
17.–22.	18.-22. Kongress in Buxtehude						
24.–29.							
gesamt: **Ziel:**	____ **h =** ____ % **10 %**	____ **h =** ____ % **Org. + Komm. 15 %**		____ **h =** ____ % **60 % (aber tägl. mind. 1h)**	____ **h =** ____ % **15 %**		______ **100 %**

Mentoring

Vor allem in den Geisteswissenschaften arbeiten viele an Ein-Mann- oder Eine-Frau-Projekten. Da könnte die Idee, sich ständig selbst zu evaluieren, als eine weitere Überforderung erscheinen. Die Erfahrung zeigt, dass es entlastet, ermutigt und den Horizont erweitert, wenn man sich dabei von einer anderen, fachkundigen und wohlwollenden Person begleiten lässt. Ein Mentor/eine Mentorin hat die Aufgabe, sich zu regelmäßig vereinbarten Terminen Erfolge und Schwierigkeiten anzuhören und Rückmeldungen aufgrund der eigenen langjährigen Erfahrung zu geben. Abgesehen von guten Fragen und Ideen geben sie so auf jeden Fall das Gefühl, nicht alleine zu sein, und die Sicherheit, nicht ganz falsch zu agieren.

Suchen Sie sich eine mit Ihrem Fach hinreichend vertraute und vertrauenswürdige Person. Bitten Sie diese, Ihnen zum Beispiel einmal im Monat eine Stunde Zeit zu schenken als Mentor oder Mentorin. Normalerweise ist diese Person älter und erfahrener.
Ähnlich funktioniert es im kollegialen Austausch („sparring") mit einer ungefähr gleich positionierten Kollegin oder einem Kollegen. Dabei können Sie anbieten, Ihrerseits diesen Dienst zu erfüllen. Die wechselseitige Unterstützung ist besonders schön und kann mittels Skype-Konferenz oder Ähnlichem auch über große Entfernungen geschehen.
Im Gespräch verplaudern Sie sich nicht, lassen sich nicht zum fruchtlosen Jammern verführen, sondern bleiben als selbstverantwortliche Person bei der Sache: Ihren Handlungsweisen, Erfahrungen und praktischen Erkenntnissen bei Ihrer wissenschaftlichen Arbeit.

8 Zeitplan-Systeme

Worum es geht:

Wegen des Prinzips der Schriftlichkeit ist es wichtig, ein effizientes, an Ihre Situation und Ihren Stil angepasstes Kalendersystem zu wählen und zu pflegen, um jederzeit zu wissen, was jetzt/heute/diese Woche zu tun ist, und die Sicherheit zu haben, nichts Wichtiges zu vergessen. Der Kalender dient dazu, dass Sie Ihren Kopf frei haben für die jeweils aktuelle Aufgabe.

Grundsätzlich muss Ihr System folgende Planungsebenen ermöglichen:
- die Grobplanung auf der Jahresebene
- zur Übersicht über Projekte, Zusammenarbeit mit Kollegen benötigen Sie einen Dreimonats-/Monatskalender (evtl. im Büro an der Wand)
- die Planungsebenen der Woche und des Tages

Die wichtigen Fragen bei der Wahl eines Kalendersystems sind:

- Welche Übersicht brauche ich?
- Wie viel Platz pro Tag brauche ich zum Festhalten von Details bzw. Agenden?[90]
- Ist die Papierform oder die elektronische Version besser für mich?

Falls Sie unsicher sind, ob Sie nicht ein besseres System als Ihr bisheriges einführen sollten, fragen Sie andere nach ihren Instrumenten und Erfahrungen, besonders was die elektronischen Möglichkeiten angeht.
Probieren Sie ein neues System konsequent über ein Semester hin aus und markieren sich am Ende einen Termin zur Evaluation und eventuellen Anpassung.

Zeitplanbücher

Leisten Sie sich ein schönes, z.B. ledernes Ringbuch in der für Sie passenden Größe (meistens A5 oder A6), das Sie leicht mit sich führen können und gerne zur Hand nehmen. Dazu kaufen Sie jeden Herbst das Kalen-

---

[90] Schreiben Sie z.B. zu Besprechungsterminen auch Ort, Telefonnummer und worum es geht.

darium für das nächste Jahr mit einer Jahresübersicht auch für das übernächste Jahr.

- Das „Herz“ ist der Planungsteil mit Kalendarium – mit den im Bild gezeigten Möglichkeiten. Im Zweifelsfall sollten Sie lieber mehr Platz pro Tag haben als zu wenig.

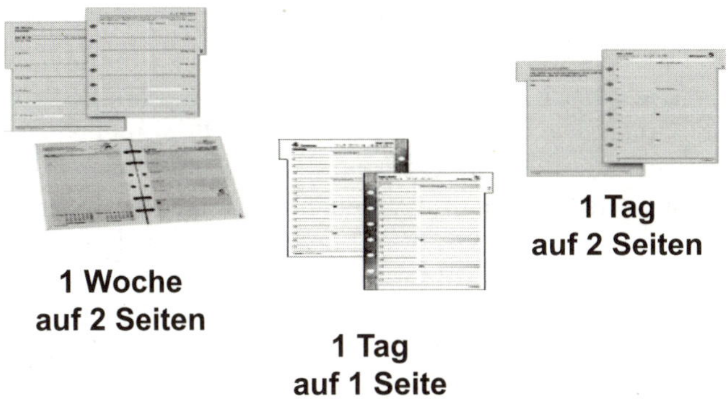

- Im Strategieteil (am einfachsten linierte Einlegeblätter in einer anderen Farbe) skizzieren Sie komplexere oder längerfristige Projekte und notieren Ihre Ideen. Auf solche Extrablätter können Sie auch Agenda-Listen schreiben, wenn Sie dafür keine eigenen Tabellenformulare benutzen. Bitte vermerken Sie auch hier jeweils Zeitbedarf und Priorität!
- Der Datenbankteil als papierenes „Gedächtnis“ enthält den Informationsspeicher. Er unterstützt Ihr Gehirn mit allem für Ihre Arbeit Aktuellen. Standardmäßig sind das z.B. Adress- und Telefonregister, Formulare, Checklisten für regelmäßige, gleich ablaufende Tätigkeiten (etwa auch für die Monats- und Wochenplanungen).
- Der allgemeine Teil beinhaltet z.B. Ferien- und Feiertagstabellen, Bücherlisten, Umrechnungstabellen, Pläne. Vielleicht nützen Ihnen auch Briefmarken, Stifte oder Klebepunkte.

Elektronischer Kalender

Die meisten Menschen verwenden heute das Outlook-Programm als elektronischen Kalender. Es enthält folgende Funktionen:

- einen Kalender mit Tages-, Wochen- bzw. Monatsansicht für die Eintragung und Verwaltung von Terminen

- Aufgaben- bzw. Aktionspläne
- eine Liste der Kontakte
- E-Mail

Wenn Sie Ihren elektronischen Kalender sowohl am PC als auch auf Ihrem Organizer oder Smartphone aktiviert haben und benützen, so denken Sie daran, die Daten zwischen den beiden Geräten regelmäßig abzugleichen. So vermeiden Sie Terminkollisionen und halten Ihre Kolleginnen oder Mitarbeiter, die Einsicht in Ihren Kalender haben, auch immer am Laufenden über Ihre An- und Abwesenheiten im Büro.

Benützen Sie Ihr Mobiltelefon als mobiles Büro für unterwegs. Voraussetzung ist natürlich, sich einmal mit allen Funktionen, die das Gerät bietet, auseinanderzusetzen. Lassen Sie sich über die aktuellen Programme und technischen Möglichkeiten beraten.

Sie können jederzeit Ideen und Agenden festhalten, entweder schriftlich in der Notizliste oder per Diktierfunktion, und sich dann automatisch erinnern lassen (Erinnerungsfunktion). Sie können fotografieren und Bilder oder Texte, die Sie für Ihre nächste Präsentation verwenden wollen, auf dem Mobiltelefon speichern und im Büro sofort in Ihr Präsentationsprogramm (z.B. Power Point) transferieren.

Sie können neue Kontakte sofort eintragen, bestehende korrigieren oder ergänzen und ersparen sich damit das Aufbewahren und Verwalten von Visitkarten bzw. die händische Übertragung und Korrektur der Kontaktdaten im Papierkalender.

Sie können Ihre E-Mails jederzeit abrufen und beantworten. Die Kehrseite der Medaille ist allerdings, dass man versucht ist, Nachrichten sofort und ständig zu bearbeiten. So erscheint man als immer erreichbar und gerät leicht in die Falle der Dringlichkeit und permanenten Erreichbarkeit.

Die großen Vorteile der elektronischen Termin- und Aufgabenverwaltung sind: Es gibt keine unleserlichen Aufzeichungen oder Korrekturen wie im Papierkalender. Sie brauchen nur eine Sache mitzunehmen – das Mobiltelefon/den Organizer – und müssen an keine Stifte, Notizbücher oder Kalender denken. Und wenn Sie Ihre Daten regelmäßig übertragen, ist auch die Gefahr gebannt, dass bei Verlust oder Beschädigung des Mobiltelefons alle Daten verloren gehen.

Hinweise zum elektronischen Kalender:

Termine:
Werden regelmäßige Termine als Serien-, Besprechungs- und Jahrestermine (z.B. Geburtstage) eingegeben, so brauchen Sie dies nur einmal

tun. Sie können im gleichen Arbeitsschritt alle Besprechungsteilnehmer über Beginn, Ende, Ort und Dauer der Besprechung informieren. Ebenso kann man die Besprechung priorisieren.

Sie können Termine farblich kennzeichnen (sehr hilfreich für die Übersicht) – nach Personen, Themen, Priorisierung oder Ort (Auswärtstermine).

Termine müssen immer mit einer Beginn- und Endzeit versehen werden, es muss also eine Zeitdauer veranschlagt werden (im Gegensatz zum Papierkalender, wo man auch nur den Beginn des Termins angeben kann). So wird die Planung automatisch realistischer. Man kann eine Erinnerungsfunktion einschalten und vergisst so keine Termine mehr.

Zu den Terminen kann man auch gleich Ort, Telefonnummer und eine kurze Aufgabenbeschreibung notieren.

Aufgaben:
Sehr hilfreich ist die *Integration von ähnlichen Vorgängen*. Im Posteingang erscheinen „normale" E-Mails, Termin- und Aufgabenanfragen, die sofort angenommen oder abgelehnt werden können. Sie können aus Aufgaben Termine machen, sich nur die (tages- oder wochenaktuellen) Aufgaben vorlegen lassen oder jene Aufgaben, die auf jeden Fall noch diese Woche erledigt werden müssen.

Jede Information wird nur einmal erfasst und kann in unterschiedlichen Zusammenhängen dargestellt werden. Diese sogenannten *Ansichten* sind sehr flexibel definierbar. Sie können die Aufgaben nach unterschiedlichen Kriterien sortieren oder auch Aufgaben, die bestimmte Kriterien erfüllen, ausblenden.

Sie können *Kategorien* bilden, und eine Aufgabe, die Sie z.B. sowohl dem „Kongress X" als auch unter „Telefonate" zugeordnet haben, wird in der Aufgabenliste unter beiden Kategorien angezeigt.

Durch die Möglichkeit, *Verknüpfungen* von Aufgabendefinitionen und Dateien zu definieren, haben Sie schnellen Zugriff auf Informationen in Word-, Excel- oder sonstigen Dateien.[91]

Kontakte:
Kontakte können gespeichert und aufgerufen werden nach den Kriterien:

- Adresse, Telefon, E-Mail
- Kategorien (z.B. Projektgruppe, Familie etc.)
- Firma
- Ort

---

91 Vgl. Josef Maiwald: Zeit gewinnen. Das Einmaleins der besseren Selbstorganisation, München (Markt + Technik) 2001, 71.

Kontakte im elektronischen Kalender sind also – im Gegensatz zum Papierkalender – einheitlich geordnet, es ist Platz für alle notwendigen Kontaktdaten (z.B. berufliche und private Telefonnummern, E-Mail-, Wohn- bzw. Büroadresse, berufliche Funktion). Alles ist gut lesbar, jederzeit korrigierbar und damit auch immer aktuell.

Entscheidungshilfen: Papierkalender oder elektronischer Kalender?

- **Welche Übersicht brauche ich?**

Semester- und Jahresübersicht ist auf Papierkalender meist übersichtlicher als elektronisch. Auf dem Bildschirm sind die Monats- und Wochenübersichten brauchbar, auf dem Mobiltelefon oder Organizer eine Sache der Gewohnheit, da nicht gut lesbar. Flexibler ist man mit dem elektronischen Kalender – Termine und Daten lassen sich leichter verändern und auch aktuell ausdrucken.

- **Wie häufig muss ich meine Agenden mit anderen koordinieren?**

Arbeitet man eng mit anderen zusammen, ist der elektronische Kalender mit wohldefinierten wechselseitigen Zugriffsrechten empfehlenswert. So hat man Einblick in die Termine der anderen, kann über die Outlook-Funktion „Besprechungsanfrage" bei Kollegen Termine eintragen, Gruppenterminpläne ermitteln, Termin- und Besprechungsserien festlegen oder auch stornieren.

- **Welche Funktionen brauche ich?**

Wenn Sie nur Termine und Aufgaben verwalten und wenn Sie alleine arbeiten, dann ist der Papierkalender nach wie vor eine gute Sache. Brauchen Sie viele andere Funktionen wie z.B. Adressverwaltung, Datenbank, Erinnerungsfunktion (siehe die obigen Hinweise zum elektronischen Kalender), E-Mail und Internet (auch unterwegs), dann wird der elektronische Kalender die bessere Wahl sein.

- **Wo brauche ich meinen Kalender am häufigsten? Wie oft im Büro, wie oft daheim, wie oft unterwegs?**
- **Was ist mir persönlich lieber – Papier und Stifte oder EDV?**

Ideal ist, nur ein Zeitplan-System zu verwenden. Falls beruflich ein elektronisches System erforderlich ist, Sie das aber nicht privat verwenden wollen oder können, ist eine klare Trennung beider Bereiche und Arten

von Terminen wichtig. Da bei wissenschaftlicher Tätigkeit jedoch selten gleichmäßige Arbeitszeiten möglich sind, müssten Sie sehr darauf achten, dass Sie nicht zusätzlich Zeit verlieren durch das tägliche Abgleichen von beruflichen und privaten Terminen.

Welches System auch immer Sie verwenden:

Tragen Sie jeden Termin sofort in Ihren Kalender ein – falls er noch nicht feststeht, mit Fragezeichen. Sobald er bestätigt ist, markieren Sie ihn als fix. Wenn sich Ihre Termine häufig noch ändern, sollten Sie in den Papierkalender immer mit Bleistift schreiben (und einen solchen mit Radiergummi dabei haben).

Verwenden Sie Farben (auf Papier und elektronisch): verschiedene Papier- bzw. Hintergrundfarben, verschiedene Stifte bzw. Schriftfarben. Definieren Sie Ihren persönlichen Farbcode, z.B.: rot für A-Aufgaben, gelb für B-Aufgaben, grün für C-Aufgaben und schwarz für sonstiges; oder: schwarz für Fixtermine, blau für verschiebbare Agenden, rot für Blöcke von größeren Projekten, grün für private Termine.

V. Ordnung

Worum es geht:

> **„Gebraucht der Zeit, sie geht so schnell von hinnen, doch Ordnung lehrt Euch Zeit gewinnen."**
>
> **Goethe: Faust I**

Bei guter Selbstorganisation hat alles seine Ordnung. Raum, Zeit und Bewusstsein hängen eng zusammen.[92] *Ein überquellender Schreibtisch z.B. lenkt vom gerade Bearbeiteten ab, verführt zu Multitasking und verlangsamt die gesamte Arbeit. Ein aufgeräumtes Büro mit angenehmer Beleuchtung oder Ausblick, das Ruhe ausstrahlt, lädt dazu ein, sich einem großen Projekt zu widmen. Wissenschaftlich Tätige sind generell auf eine stark visuelle Orientierung hin trainiert, auf das Aufnehmen von Informationen mit den Augen. Wie sie ihre Umgebung gestalten, beeinflusst ihr Arbeitsverhalten, ebenso wie die Art der Kommunikation.*

Ordnung beginnt mit dem Management von Informationen in papierener wie auch virtueller Form. Außerdem behandelt das folgende Unterkapitel, mit welchen Medien, wann und wie der Austausch gepflegt werden sollte.

1 Information und Kommunikation

Informationsmanagement

Informationsflüsse sind essentiell, können aber zu Strömen anschwellen, die vieles mit sich reißen. Sie müssen also kanalisiert werden mit Schleusen, die nicht alles durchlassen, mit bremsenden Wehren und mit Dämmen gegen Informationsüberflutungen. Um in diesem Bild zu bleiben, braucht es auch Rückhaltebecken, also Systeme zur geordneten Wiedervorlage – und schließlich Sammelbecken, die Archive, in denen das Material Zeit hat, Sedimente zu bilden.

Grundsätzlich müssen Informationen genau einen nachvollziehbaren Ort haben – auch wenn es ein virtueller ist –, sonst verlieren Sie Zeit beim Suchen. Falls Sie noch kein rationales System für die Verwaltung von papierenen und elektronischen Informationen haben, sollten Sie sich deshalb

---

[92] In grundsätzlicher Reflexion hatte Augustinus von Hippo diesen Zusammenhang formuliert: „In dir, mein Geist, messe ich die Zeiten... Zeit ist Ausdehnung des Geistes" (Augustinus: Bekenntnisse XI, 26).

einmal Zeit nehmen, eine langfristig funktionierende Ordnung zu schaffen und alles, was herumliegt, entsprechend zu verteilen (zu Ablage und Archivierung siehe am Ende dieses Kapitels). In vielen Fällen müssen Sie dabei zwei Arbeitsplätze (an der Universität und zu Hause oder EDV im Institut und privater Computer) koordinieren und bestimmte Informationen für andere zugänglich machen. Denken Sie auch daran, wer im Fall einer längeren Krankheit oder Abwesenheit darauf (z.B. auf Konferenzplanungen, Kontaktadressen, Vorlesungskonzepte, empirische Untersuchungen) zugreifen können muss.

- Wie viel Zeit pro Monat verbringe ich mit dem Suchen von Unterlagen oder Informationen?
- Welche Projekte und Dokumente betreffen auch andere? Wie können sie auf meine Ergebnisse zugreifen – auch, wenn ich unerwartet „ausfallen" sollte?
- Lässt sich ein Teil der Informationsverwaltung an das Sekretariat delegieren?
- Ist eine Teambesprechung für solche Entscheidungen anzuraten, damit das System bei allen funktioniert?

Vermeiden Sie die „Zettelwirtschaft", also Kritzeleien auf dem Rand oder der Rückseite von Blättern, auf kleine Klebezetteln u.Ä. Für Notizen zwischendurch können Sie gut Schmierpapier, also die Rückseiten von bedruckten A4-Blättern, verwenden.
Für Routineagenden (z.B. Prüfungsgespräche) können Sie sich Formulare vorbereiten, falls es dafür keine Vordrucke gibt.
Wenn Sie (oder andere) einen Überblick über viele kleine Dinge brauchen, tapezieren Sie nicht Ihre Arbeitsfläche damit, sondern überlegen Sie, eine Pinwand o.Ä. aufzuhängen.

Papiere:
Informationen sammelt, organisiert und speichert man natürlich, um sie zu verwerten – jetzt oder später. Wenn etwas Neues hereinkommt, ist zuerst und möglichst sofort zu entscheiden, ob man es überhaupt braucht. Falls nicht, ist es wegzuwerfen. Wenn aber doch, ist es gleich im entsprechenden Dokument oder Ordner abzulegen – dort, wo es thematisch hingehört.

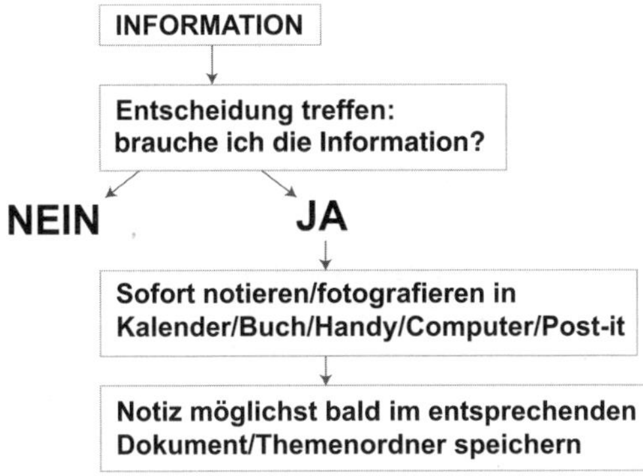

Nehmen Sie Kopien, ausgedruckte Dokumente und Bücher, welche Sie nicht öfters benutzen (z.B. Besprechungsexemplare), möglichst nur zweimal in die Hand: zuerst, um sie an den Ort zu stellen, wo Sie sie wieder suchen und finden werden (in ein bestimmtes Ablagefach oder Teil des Bücherregals), und danach, wenn Sie diese bearbeiten. Stellen Sie sich bei allem, was hereinkommt, folgende Fragen:

- Kann ich das sofort wegwerfen?
- Wenn nicht, kann ich es gleich archivieren?
- Wenn es bearbeitet werden muss – von mir selbst oder kann ich es delegieren? (In diesem Fall kommt es gleich in das Ausgangsfach oder das Postfach der entsprechenden Person.)
- Wenn ich es selbst erledigen muss, dann heute oder später? (Entsprechend kommt es entweder zu den Tagesagenden oder in ein Fach zur Wiedervorlage.)
- Muss ich es nur lesen? Ist es ein kurzer Text, den ich zwischendurch oder unterwegs lesen kann? Oder ist es ein langer Text, den ich mir extra vornehmen werde – und wann?

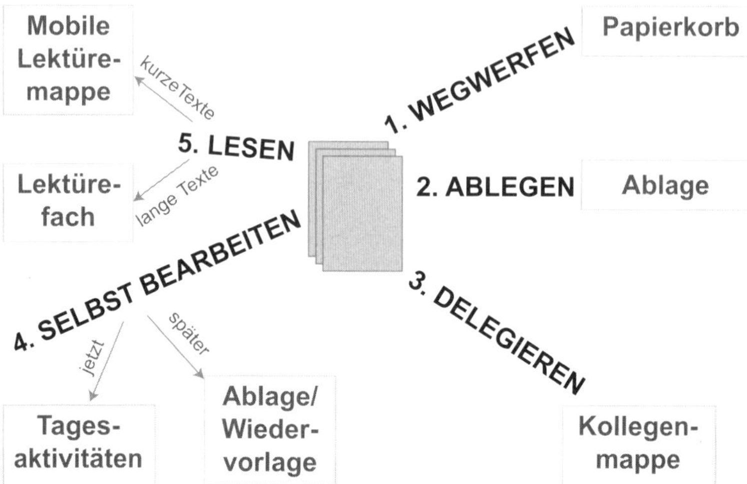

Kommunikation

Beziehungen in Beruf und Alltag werden durch Kommunikation gestaltet und geprägt. Die Kultur einer Organisation ist stark davon abhängig, wie Kollegen und Kolleginnen miteinander umgehen, Konflikte lösen, Informationen und Wissen austauschen. Auch hierfür ist eine gute Ordnung nötig. Kommunikation kostet viel Zeit – umso mehr, je mehr man mit Projektleitungs- und Führungsaufgaben betraut ist.

Die Kehrseite der Medaille ist allerdings, dass „richtige" Kommunikation Ihr Zeitbudget enorm entlasten kann. Das ist etwa dann so, wenn Sie bei Informationsdefiziten rasch an der richtigen Stelle nachfragen, ohne viel Zeit in langwierige Recherchen zu investieren. Es ist auch dann der Fall, wenn Sie Missverständnisse oder schwelende Konflikte mit einigen klärenden Worten rasch aus der Welt schaffen können. Denn je länger man bei Problemen zuwartet, umso schwieriger und zeitaufwendiger wird es, sie zu lösen.

Nicht unwesentlich für eine gute und effektive Zusammenarbeit ist auch die Wahl der Kommunikationsform, also die Frage, ob eine Sache persönlich oder am Telefon besprochen bzw. schriftlich (per Brief oder E-Mail) übermittelt werden soll. Viele heikle Dinge lassen sich mündlich besser und schneller klären als auf dem beliebten elektronischen Weg, wobei leicht ein einziges falsch verstandenes Wort zu einem Missverständnis führt. Statt mehrere Male hin- und herzuschreiben, wäre es dann besser, zum Telefonhörer zu greifen und die Sache zu bereinigen.

„Richtig“ im Sinne eines guten Zeitmanagements zu kommunizieren, bedeutet, Gespräche bewusst und geplant zu führen und nicht spontan „zwischen Tür und Angel“. Dass es hier auch Ausnahmen geben wird, etwa wenn ein Kollege oder eine Kollegin sich in einer Krisensituation befindet, versteht sich von selbst.

- Welche Kommunikationsform wähle ich selbst meistens? Warum?
- Kommuniziere ich geplant, oder störe ich mich selbst und andere durch spontane Gespräche?
- Bin ich selbst vielleicht ein Vielredner? Könnte ich mich strukturierter und zielorientierter ausdrücken?

Bereiten Sie sich auch auf kurze Gespräche vor. Welches Ziel verfolgen Sie? Welche Themen möchten Sie behandeln? Welche Unterlagen brauchen Sie?
Findet das Gespräch nicht in Ihrem Büro statt, so legen Sie Besprechungen in die Randzeiten Ihres Arbeitstages (am Morgen oder am späten Nachmittag), um Wegzeiten zu sparen. Achten Sie darauf, dass Gespräche und Besprechungen Ihren Arbeitstag nicht „zerreißen“ oder in Ihre beste Konzentrationszeit fallen – es sei denn, es geht um schwierige und wichtige Verhandlungen.
Ist ein Konflikt zu lösen, nehmen Sie sich genügend Zeit für das Gespräch und den Menschen, um den es hier geht. Alles andere wäre kontraproduktiv, würde später noch mehr Zeit kosten und zeugt von wenig Respekt.

Mündliche Informationen:
Vieles erfahren Sie in informellen Gesprächen mit Kollegen und Kolleginnen. Über die menschliche Komponente hinaus (Kommunikationsbedürfnisse befriedigen, sich nicht einsam fühlen, gutes Arbeitsklima) können diese wichtig sein, weil so Hintergrundinformationen weitergegeben werden, die es nicht in die – oft mageren und unsystematischen – offiziellen Kommunikationswege geschafft haben.

Dabei bestehen zwei Gefahren: zu wenig zu reden – oder zu viel, sodass Zeitverlust entsteht. Gründe dafür können sein:

- Sie bekommen auf offiziellen Wegen zu wenige wichtige Informationen.
- Sie haben (z.B. aufgrund eines hohen I-Faktors in Ihrem Verhaltensstil) einfach ein Bedürfnis zu reden.
- Sie weichen Ihren Aufgaben aus und lenken sich ab.
- Sie haben neue, unsichere oder unselbständige Kollegen, die ständig Ihren Rat einholen.

- Rede ich tendenziell zu viel mit Kollegen oder Kolleginnen? Wieso?
- Oder neige ich dazu, zu wenig zu kommunizieren? Kommt das aus einem hohen D-Faktor im Verhaltensstil meiner selbst oder dem anderer? Oder herrscht an meinem Institut Angst davor, dass Informationen z.B. über aktuelle Forschungsprojekte missbraucht würden?
- Was kann ich selbst tun, um die formellen und die informellen Gespräche im richtigen Maß zu ermöglichen?

Betrachten Sie Kommunikation auch als wesentlichen Motor für Ihre wissenschaftliche Tätigkeit. Der Austausch mit anderen auf fachlicher und persönlicher Ebene kann Ihnen durch Motivationstiefs hindurch helfen, neue oder andere fachliche und methodische Lösungswege aufzeigen und einfach mehr Spaß, Energie und Elan bringen.
Vereinbaren Sie an Ihrem Institut einen wöchentlichen „Jour fixe", an dem sich alle zu einem Mittagessen zu gleichbleibender Zeit in einem geeigneten Lokal treffen können. Stellen Sie klar, dass die Teilnahme in jedem Fall freiwillig ist. So verbinden Sie das Angenehme mit dem Nützlichen, ohne während der Arbeitszeit jedesmal neu Zeit zum Reden finden zu müssen.
Wenn Sie regelmäßig Gespräche mit Personen außerhalb dieses Kreises führen, können Sie auch dafür eine Mittagspause an einem gleichbleibenden Wochentag reservieren.

Telefonate:
Menschen telefonisch zu erreichen, wird trotz Mobiltelefonie schwieriger, weshalb man immer wieder zwischen der Verwendung von E-Mail und Telefon abwägen muss.

- Soll ich anrufen oder eine E-Mail schicken?
- Habe ich alle Unterlagen bei der Hand, die ich für das Telefonat brauche, und auch Bleistift/Kalender/Computer für Notizen?
- Wann rufe ich an (mit Rücksicht auf Mittagspause, Kernzeiten, Dienstschluss)?
- Welche Nachricht hinterlasse ich, falls ich den gewünschten Ansprechpartner nicht erreiche (z.B. beste Zeit für einen Rückruf)?

Versuchen Sie, möglichst viel aktiv zu telefonieren – also selbst anzurufen, statt angerufen zu werden. Legen Sie Ihre Telefonate in Tiefleistungsphasen und finden Sie heraus, zu welcher Tageszeit Ihre Gesprächspartner am besten erreichbar sind.
Gehen Sie bei Telefonaten ähnlich wie bei Besprechungen vor: Überlegen Sie sich Gesprächsziel, Themen und Argumentation und legen Sie alle benötigten Unterlagen bereit.
Wenn Sie selbst anrufen, erklären Sie zunächst den Zweck Ihres Telefonats, Themen und Dauer des Gesprächs und fragen nach, ob dafür genügend Zeit wäre. Andernfalls vereinbaren Sie einen fixen Telefontermin.
Fragen Sie im Zweifelsfall nach, ob Sie richtig verstanden wurden, und ziehen Sie am Ende des Gesprächs ein Resümee.
Notieren Sie bei Erstkontakten die wichtigsten Daten: Name (in richtiger Schreibweise), Anschrift, Telefon- und Faxnummern, E-Mail-Adresse etc.

E-Mail:
In den letzten Jahren hat die E-Mail im Arbeitsalltag dem Brief und dem Fax eindeutig den Rang abgelaufen. Das Lesen und Bearbeiten dieser Nachrichten entwickelt sich langsam zum größten Zeitfresser, weshalb auch immer häufiger von einer „E-Mail-Flut" gesprochen wird.

E-Mail ist nicht gleich E-Mail, was den zeitlichen Arbeitsaufwand betrifft. Kann man die eine Nachricht sofort und schnell beantworten oder sogar löschen, entpuppt sich eine andere als Projekt von mehreren Monaten. Doch oft „erschlägt" einen schon die Anzahl der E-Mail-Neueingänge beim Öffnen des Programms, unabhängig von der tatsächlich benötigten Bearbeitungszeit.

Die Zahl der täglichen Nachrichten ist ein Spiegelbild Ihres beruflichen Alltags, vor allem der Vielfalt an Rollen und Aufgaben, die Sie übernommen haben. Wollen Sie die Menge Ihrer E-Mails reduzieren, so müssen Sie sich zunächst mit Ihrem Verständnis von Beruf und Leben auseinandersetzen (siehe Kapitel II.1 und II.3).

In vielen Organisationen ist es heute üblich, bei möglichst vielen E-Mails auch möglichst viele KollegInnen oder Vorgesetzte in „cc" zu setzen. Einerseits will man sich so gegenüber etwaigen Vorwürfen über gewählte Vorgangsweisen oder Entscheidungen absichern, andererseits aber auch Präsenz und Arbeitseinsatz zeigen. Versuchen Sie, dieser Unsitte Einhalt zu gebieten oder wenigstens nur in dem Ausmaß mitzutun, wie es Ihnen für Ihren Ruf nötig erscheint.

Treffen Sie auch entsprechende Vorkehrungen, wenn Sie auf Urlaub gehen: Entscheiden Sie vorher, ob Sie Ihre E-Mails auch währenddessen abrufen möchten oder nicht und, wenn ja, welche davon Sie sofort bearbeiten und welche später. Wenn nein, dann sollten Sie nach der Rückkehr aus dem Urlaub einen festen Zeitraum einplanen, in dem Sie Ihre E-Mails sichten.

- Schicke ich selbst E-Mails nur an jene Personen, die es wirklich betrifft?
- Halte ich mich kurz und dennoch höflich? Verwende ich die Betreff-Zeile, um das Wesentliche der Nachricht herauszustreichen?
- Muss ich wirklich ständig meine E-Mails überprüfen und gleich antworten?
- Wie oft pro Woche ist das Minimum? Und wie kommuniziere ich das anderen (z.B. „Sie erhalten meine Antwort normalerweise nach zwei Tagen")?

Beginnen Sie den Tag nicht mit dem Beantworten von E-Mails. Verschaffen Sie sich nur einen kurzen Überblick, ob auf eine wichtige Nachricht sofort zu reagieren ist, und legen Sie den Rest auf Wiedervorlage.
Lassen Sie Ihr Mailprogramm die Post für sich vorsortieren, z.B. Nachrichten des Empfängers X in roter Farbe erscheinen. Sorgen Sie mit Kategorien für Übersicht und Durchblick, so können Sie Ihre Aufgaben jederzeit nach bestimmten Kriterien filtern.
Entscheiden Sie rasch, was Sie mit einer Nachricht tun – löschen, sofort bearbeiten, in die Wiedervorlage (mit Erinnerungsdatum) oder in den Ordner (nach Thema oder Absender geordnet) verschieben.
Kennzeichnen Sie zur Bearbeitung anstehende Nachrichten (z.B. rote Fähnchen für wichtig und dringend, grüne Fähnchen für bis zum Ende der Woche zu Bearbeitendes etc.).
Stellen Sie die automatische Benachrichtigung über neu eingetroffene Mails ab, um Unterbrechungen zu minimieren.
E-Mail ist kein Telefon. Lassen Sie sich nicht von Anrufern stören, die unbedingt wissen wollen, ob ihre Nachrichten schon angekommen sind.
Richten Sie feste Zeiten oder „Zwischendurchblöcke" für die Beantwortung der E-Mails ein: entweder zweimal täglich oder in 15-Minuten-Blöcken zwischendurch.
Wandeln Sie E-Mails in Aufgaben und Termine um und kennzeichnen Sie diese mit farbigen Kategorien.
Erstellen und verwenden Sie eine Ordnerstruktur nach Projekten/Themen oder zeitlicher Abfolge und verschieben Sie E-Mails nach Beantwortung sofort dahin – falls Sie sie nicht gleich löschen können.

Angehängte Dokumente speichern Sie gleich in Ihrer rationalen Ordnerstruktur, damit Sie später nicht in den E-Mails danach suchen müssen, sondern sie dort finden, wo sie letztlich hingehören (vgl. die Tipps zur Archivierung im folgenden Kapitel).
Vermeiden Sie Rückstau und legen Sie Wert darauf, Ihren gesamten Posteingang am Ende des Tages erledigt zu haben.
Verzichten Sie auf überflüssige Ausdrucke.

2 Raum und Zeit

Worum es geht:

Raum bildet Zeit ab – schon beim Zifferblatt der Uhr. Auch im Büro zeigt die Ordnung, die ein Mensch pflegt, etwas von seiner Zeitgestaltung. So verschieden das auch empfunden wird (Bücherstapel auf dem Boden können einen Reichtum des Wissens anzeigen, über den man verfügen kann – oder auch müsste, ohne es zu bewältigen), jeder braucht ein gewisses Maß an Ordnung.

Unter „Raum im Großen" werden nun die Fragen erörtert, die mit den möglichen Arbeitsorten an sich zusammenhängen, unter „Raum im Kleinen" die nötige Ordnung am Arbeitsplatz selbst. Fragen der effizienten Archivierung betreffen den Zukunftsaspekt von Informationen: wann und wie sie wieder greifbar sein werden.

Raum im Großen

Dieses Unterkapitel thematisiert die Frage, wo Sie überhaupt arbeiten und welche Konsequenzen das für Ihre Zeitgestaltung hat. Arbeiten im Labor oder in der Klinik sind natürlich vorgegeben. Die Bibliothek als Ort des ungestörten Lesens und Schreibens ist bei vielen Studierenden beliebt, später aber eher unüblich. Als Alternative zum Institut haben viele wissenschaftlich Tätige (auch) einen Arbeitsplatz daheim.

„home office":
Ein ehemaliger Verfassungsrichter soll seine Habilitation teilweise auf dem WC sitzend verfaßt haben, da er keinen ruhigen Arbeitsplatz inmitten seiner Familie hatte. Ein Heimbüro, das eine Stufe besser ist als in diesem Extrembeispiel, bietet mehr Vorteile: Es spart Wegzeiten, ermöglicht große Flexibilität bei der Zeiteinteilung, macht unabhängiger von Institutsangehörigen, kann Störungen minimieren. Daheim müssen keine (zeitraubenden) Erwartungen an die äußere Erscheinung erfüllt werden, sondern man kann im Trainingsanzug, unrasiert oder ungeschminkt arbeiten.

Das ist aber gegen die Nachteile abzuwägen: Es fördert eine Vermischung von Beruflichem und Privatem, auch in zeitlicher Hinsicht, und dadurch Konflikte daheim. Vor allem aber besteht die Gefahr, dass keine Lebensbalance spürbar ist, dass sich das Gefühl breit macht, abends oder am Wochenende dies oder jenes noch machen zu müssen und somit immer zu arbeiten.

Ihre Wohnung eignet sich an sich gut für Arbeiten, bei denen Sie alleine denken, oder für A-Aufgaben – wenn ein paar Bedingungen erfüllt sind:

1. Sie richten sich eine „Klausur“ ein, zu der vor allem Kinder nicht jederzeit Zutritt haben. Sie achten auch darauf, dass Familienmitglieder nicht Arbeitsgeräte wie Stifte, tragbares Telefon, Papier, Taschenrechner usw. mitnehmen, was Sie mitten in der Arbeit zum Suchen zwingen würde.
2. Sie beobachten sich selbst, was genau wie oft Ihre Konzentration stört oder fördert. Falls Sie langfristig in diesem Raum arbeiten werden, können Sie überlegen, die Bürotüre durch Polsterung schalldichter zu machen.
3. Trotz des nur wenige Meter kurzen Weges ins private Leben achten Sie darauf, einen Rhythmus von Arbeit und anderen Aktivitäten aufrechtzuerhalten. Um auch eine innere Trennung zu gewährleisten, schaffen Sie sich Übergangsriten, welche den normalen Weg vom Arbeitsplatz nach Hause ersetzen (z.B. ein kurzer Spaziergang am Abend).

Die steuerliche Absetzbarkeit von privaten Büroräumen wurde in den letzten Jahren weitgehend abgeschafft (in Österreich sogar für Lehrer). Trotzdem sollten Sie von einem Steuerberater prüfen lassen, ob Sie nicht anteilige Kosten für Miete, Betriebskosten, Telefon und Internet von Ihrer Einkommenssteuer absetzen könnten – jedenfalls dann, wenn Sie auch selbständige Einnahmen durch Vorträge, Beratungstätigkeit, Publikationen usw. erzielen.

Mobiles Arbeiten:
Vor allem mit Hilfe des mobilen Netzzugangs, mit Laptops, Smartphones u.Ä. können Sie an beinahe beliebigen Orten arbeiten. Dessen Vorteile sind, dass Zwischen- und Wartezeiten genutzt werden können und schnell reagiert werden kann. Daran gewöhnen sich allerdings auch andere, und bald erwartet man Antworten innerhalb weniger Stunden.

Die psychischen Nachteile sind ähnlich denen des Heimbüros (siehe oben). Ihre Arbeit und Ihre Zeit wird noch stärker in kleine Einheiten zerteilt.

Technische und logistische Schwierigkeiten ergeben sich zunächst einmal daraus, dass es zwei Speicherorte für Nachrichten und Dokumente gibt, die oft miteinander abgeglichen werden müssen. Nicht immer ist die Verbindung qualitativ zufriedenstellend und verlässlich, der Akku wird zu ungelegener Zeit leer usw. Jedenfalls werden Sie beim mobilen Arbeiten von technischen Geräten abhängiger. Es ist auch nicht möglich, schnell in seinen Papieren nachzuschauen, um Zusatzinformationen zu erhalten und z.B. eine Anfrage sofort erledigen zu können.

Wer vorher weiß, dass er anderswo oder unterwegs an etwas arbeiten wird, muss sich darauf gut vorbereiten und u.U. nötige Unterlagen dabei haben. Bei einer befristeten Lehrstuhlvertretung in einem anderen Land beispielsweise wird man nicht gleich den Wohnsitz aufgeben – das dadurch erzwungene mobile Arbeiten wirkt sich in einem erheblichen logistischen Aufwand aus.

Viel hängt hierbei von Ihrer Persönlichkeit ab: Manche Menschen können überall gut arbeiten, andere brauchen ihre gewohnte Umgebung, eine sachliche oder auch eine gemütliche Atmosphäre. Oder Sie können eine Art von Tätigkeiten (z.B. das Berechnen von statistischen Ergebnissen) besser im Labor erledigen, aber wichtige Gespräche nur an einem Ort, der mehr Ruhe vermittelt. Vor allem schwierige Aufgaben können meist konzentrierter erfüllt werden, wenn sie mit einem gewohnten Raum verbunden sind.

- Wie stark hängt meine Arbeitsfähigkeit vom Ort ab?
- Welche meiner Aufgaben erfülle ich am besten an einem bestimmten Ort, bei welchen bin ich flexibler?
- Was will ich wirklich zu Hause erledigen, was soll dort nicht eindringen?
- Welche Wegzeiten kann ich minimieren?
- Wie kann ich Wartezeiten, Fahrten u.Ä. nutzen – für Kommunikation, Lesen von kürzeren Informationen usw.?

Raum im Kleinen: Ordnung am Arbeitsplatz

Die Arbeit an mehreren Projekten und einer Menge administrativer Tätigkeiten bringt einen Berg an Manuskripten, Büchern, Informationen, Rechnungen, Erinnerungszetteln usw. mit sich. Um alles unter Kontrolle zu haben oder rasch nachschauen zu können, liegen all diese Dinge oft ungeordnet auf dem Schreibtisch. Die äußere Unordnung, die meist mit einer inneren Unordnung und Unkonzentriertheit zusammenhängt, da man von einer Aufgabe zur nächsten springt, führt sehr oft zu mangelnder Zielorientierung.

Empfehlenswert ist es, sich einmal eine auf die persönlichen Gegebenheiten abgestimmte Grund- und Ordnungsstruktur für Schreibtisch und Arbeitsumgebung zu überlegen.

Planen Sie eine ausreichend große Schreibtischfläche (mindestens 100 x 60 cm) ein. Wenn Sie Ihr Büro mit anderen teilen oder zu Hause im Wohnbereich arbeiten, so schirmen Sie sich mit Regalen oder Pflanzen ab. Legen Sie Ihren Arbeitsplatz in Fensternähe und gestalten Sie ihn erweiterungsfähig.

In Bezug auf Ihr körperliches Wohlbefinden ist eine ergonomische Gestaltung wichtig – aber dafür finden Sie besser fachliche Hilfe vor Ort. Unter Zeit-Gesichtspunkten ist die Frage am wichtigsten, wie die Zeit minimiert werden kann, während derer man Dinge holt, die benötigt werden, und dennoch einen möglichst freien Schreibtisch vor sich haben kann.

Es hat sich bewährt, drei Kategorien von Zugriffsnähe am Arbeitsplatz zu unterscheiden:

1. Im direkten Zugriff ohne Veränderung der Sitzposition sollten die Dinge sein, die mehrmals täglich gebraucht werden. Bei Bildschirm und Tastatur, Telefon, Stifteschale und Kalender gibt es wohl diesbezüglich keine Frage. Hinzu kommen Ablagekörbe und die Mappe für Tages- und Wochenagenden mit den entsprechenden Plänen. Darüber hinaus und abgesehen von dem, was Sie gerade bearbeiten, seien Sie sehr kritisch und reduzieren Sie auf das Wesentliche.
2. Im Schreibtisch oder gleich daneben sollten die Dinge ohne Aufstehen greifbar sein, die Sie mehrmals wöchentlich brauchen. Auch hier ist periodisches „Ausmisten“ empfehlenswert.
3. Alles andere können Sie anderswo im Raum einordnen.

Lassen Sie nur Unterlagen vor sich liegen, mit denen Sie gerade beschäftigt sind.
Schließen Sie eine Aufgabe ab und räumen Sie die Unterlagen weg, wenn sie erledigt ist.
Legen Sie Bücher und Papiere, die Sie zwar laufend, aber nicht im Moment brauchen, auf einen kleinen Extratisch. Lexika und Nachschlagewerke stellen Sie am besten in ein Regal über oder neben den Schreibtisch.
Sortieren Sie Dinge aus, die Sie nicht mehr benötigen oder kaputt sind.
Ordnen Sie den Schreibtisch jeden Tag, bevor Sie nach Hause gehen, und legen alles für den nächsten Tag bereit. Entwickeln Sie Ihre persönlichen kleinen Rituale für das Aufräumen und scheuen Sie sich auch nicht vor dem Wegwerfen von Utensilien und Unterlagen. Denn nur wenn das Alte abgeschlossen ist, kann etwas Neues beginnen.

Sorgen Sie für einen intuitiv passenden Arbeitsfluss bei der Bearbeitung von Schriftstücken. Dafür legt sich die Leserichtung nahe, also (in indoeuropäischen Kulturen) auf der linken Seite Eingang, in der Mitte Bearbeitung, rechte Seite Ausgang.

Wenn Sie nicht ohnedies ständig am PC arbeiten: Richten Sie auf Ihrem Schreibtisch ein Ablagefach für anstehende Arbeiten mit dem Computer ein. Dorthin legen Sie zu beantwortende/zu bearbeitende Agenden oder entsprechende Notizblätter. Schalten Sie dann Ihren PC ab, während Sie konzentriert lesen oder Entwürfe auf dem Papier machen. Wenn Sie danach den Computer benutzen, werden Sie nichts vergessen und jene Aufgaben gesammelt erledigen.

Raum und Zukunft: Archivierung

Die allgemeine Regel, die Sie in vielen Zeitmanagement-Ratgebern finden, so viel wie möglich wegzuwerfen, passt teilweise schlecht für die Wissenschaft – besteht sie doch im Prinzip gerade im Sammeln, Ordnen und Verknüpfen von Informationen. Insbesondere eigene Entwürfe, Ideenskizzen, Bibliografien, Exzerpte, Berechnungen und andere Dokumente werden Sie mit Recht nicht leichtfertig löschen oder vernichten.

Wie die Archivierung in Ihrem Fach, in Ihrem Fall von den äußeren Bedingungen des Arbeitsplatzes her sowie in Anbetracht Ihrer persönlichen Arbeitsweise aussieht, wird sehr verschieden sein. Wie gesagt, einmal Zeit zu investieren, um eine Ordnungsstruktur zu erstellen, ermöglicht erst ein effizientes Wiederfinden.

Grundsätzlich sollte die Ablage an vielen Stellen erweiterungsfähig sein (nicht nur am Ende des Regals). Sie können abschätzen, wie viele Bücher, Aktenordner, Mappen, Diplomarbeiten etc. im Lauf eines Jahres hinzukommen.

Hängeregistraturen haben gegenüber Aktenordnern den Vorteil, dass das Lochen entfällt, andere Formate als A4 besser archivierbar sind und das Blättern schneller geht. Sie eignen sich besonders für die temporäre Ablage.
Falls Sie zum Sammeln neigen, entscheiden Sie sich für ein regelmäßiges Ausmisten mindestens jährlich. Die hier investierte Zeit sparen Sie später beim Suchen.

Beim Einordnen als Vorgang empfiehlt es sich kaum, für jeden abzulegenden Zettel aufzustehen, den entsprechenden Ordner vom Regal zu nehmen und das Blatt einzuheften. (Es sei denn, Sie wollen sich auf diese Weise regelmäßige Bewegung verschaffen.) Stattdessen können Sie auf dem

Schreibtisch ein bis fünf beschriftete Ablagefächer übereinanderstellen, wo hinein Sie die Papiere legen. Das dient der groben Vorsortierung (z.B. nach Projekten, Themen, Verwaltungssachen und Organisation, Korrespondenz, Tagungen und Beiträge, Ideen, im PC zu Bearbeitendes etc.). Die Feinsortierung empfiehlt sich einmal im Monat (so lange können Sie sich meist noch erinnern, wohin Sie es gelegt haben, falls Sie es rasch wieder brauchen), dann nehmen Sie sich z.B. eine Stunde Zeit, um die (Zwischen-)Ablagefächer zu leeren.

Für elektronische Dokumente erübrigt sich das, wenn Sie empfangene Informationen sofort in Ihrer Ordnerstruktur auf der Festplatte oder im Netzwerk archivieren.

Grundsätzlich empfiehlt es sich, Kategorienordner zu erstellen für die großen Tätigkeitsbereiche mit entsprechenden Unterordnern, etwa für Forschungsthemen, Lehraufgaben, Betreuungen von Abschlussarbeiten und administrative Pflichten. Außerdem benötigt man einen in sich strukturierten Ordner für die Archivierung von Dokumenten, die erst in unbestimmter Zukunft wieder gebraucht werden, sowie einen Ordner für laufende Prozesse. Hier hinein gehören Dateien, die aktuelle Arbeiten betreffen, und die elektronische Wiedervorlage.

In ähnlicher Weise sollte das E-Mail-Programm zusätzlich zu den üblichen Fächern Posteingang, Ausgang, Gesendet, „Junk" und Papierkorb eine vollständige Ordnerstruktur haben, wohinein jede einlangende Nachricht sofort verschoben wird. Nachrichten, die bestimmte Kriterien erfüllen, wie z.B. von einer „Mailing-list" gesendete, kann das Programm selbst in definierte Ordner kopieren, die anderen verschieben Sie selbst nach Kenntnisnahme (vgl. die Tipps am Ende des vorigen Unterkapitels).

Idealerweise ist Ihr Posteingang am Ende des Tages leer. Wenn Sie sich einmal Zeit nehmen, ihn aufzuräumen, werden Sie beim Verteilen der bisherigen E-Mails merken, welche Ordner Sie brauchen. Grundsätzlich sind Agenda-Fächer und Archiv-Fächer zu unterscheiden. Beispiele dafür sind:

Agenda:

- Projektordner für jedes einzelne Forschungs-, Lehr- oder Verwaltungsprojekt.
- „Antwort offen" für Agenden, für deren Erledigung noch zusätzliche Informationen abgewartet werden müssen.
- „Nützliche Infos" für Termine, Einladungen u.Ä. in den nächsten Wochen (nicht länger als das laufende Semester – an dessen Ende kann der ganze Ordner unbesehen gelöscht werden).
- „Calls for papers und Ideen" für mögliche eigene Vorträge und angefragte Beiträge.

Archiv:

- „Bücher“ für Hinweise auf interessante Neuerscheinungen etc.
- „Log-in-Infos“ für zugeteilte Passwörter etc.
- „Privat-Antworten“ für nicht berufliche Anfragen, Einladungen u.Ä.
- „Privat-Archiv“ für andere private Nachrichten, die Sie nur aufheben wollen.

Um eine Reihenfolge der Ordner in der Bildschirmdarstellung zu erzwingen, stellen Sie ihnen Ziffern voran, beginnend mit 01 und der nächsthöheren Zehnerreihe für jede neue Kategorie.

Eigene Dokumente in einem Textformat sollten so gestaltet sein, dass Sie auch dann keine Zeit mit Suchen verlieren, wenn Sie die entsprechende Datei zu dem Ausdruck in Ihrer Hand öffnen wollen, diese aber mehrere logische Speicherorte hat oder wenn einzelne Blätter auftauchen, die nicht auf den ersten Blick einem Dokument zuzuordnen sind. Dafür können Sie sich Vorlagen für Dateien anlegen, welche nicht nur bereits Ihre Formateinstellungen haben, sondern auch eine Fußzeile auf jeder Seite, die den Pfad und Dateinamen enthält, vielleicht das Datum und die Seitennummer.

VI. Zeitmanagement für wissenschaftliche Kernaufgaben

Worum es geht:

In diesem Abschnitt werden die Instrumente des Zeitmanagements im Blick auf die vier wichtigsten Aufgabenbereiche eines Wissenschaftlers und einer Wissenschaftlerin fokussiert und durch viele praktische und zeitsparende methodische Hinweise ergänzt. Wenn Sie vor allem in einer dieser Berufsrollen mit Zeitproblemen kämpfen, können Sie dort zu lesen beginnen; allerdings wird immer wieder auf Einsichten, Instrumente und Tipps aus dem Methoden-Kapitel IV zurückgegriffen, das dafür auch heranzuziehen ist.

1 Fokus Forschung

Worum es geht:

Die eigene Forschung ist häufig die wichtigste Aufgabe, oder doch die zweitwichtigste, falls die Lehre an Ihrer Hochschule oder Ihrer Stelle prioritär sein sollte. Unter dem herrschenden Zeitdruck durch die dringlichen Pflichten in Lehre und Administration leidet jedoch oft eben die Forschung. Zugleich wird man immer noch vornehmlich nach Maßgabe seiner Publikationen evaluiert. „Ich schreibe, also bin ich!" Wer (phasenweise) wenig veröffentlicht, existiert in der Wahrnehmung der „scientific community" kaum.

„Die Zeit bestimmt die Weise, wie das Menschsein ‚vor-sich-geht'. Es ‚geht-vor-sich', indem es in seinen Möglichkeiten sich vorweg geht und in diesen Möglichkeiten auf sich zu-kommt. So ist das Menschsein in sich zu-künftig und kommt dabei auf sein Gewesenes zurück und nimmt es in die Zu-kunft hinein und versammelt in all dem stets Zu-kunft und Gewesenheit in eine Gegenwart."

Martin Heidegger: Die Metaphysik des Deutschen Idealismus, 50

Für das wissenschaftliche Schreiben gibt es inzwischen viele Hilfestellungen in der Literatur und in universitären oder anderen Schreibtrainings, aber in Fragen des Projektmanagements und Zeitmanagements erfährt man viel weniger Unterstützung.

Darum behandelt dieses Kapitel die Projektstrukturierung, die Integration des Aufgabenplans in die Zeitgestaltung und empfehlenswerte Zeitinvestitionen zur akademischen Kooperation und Vernetzung.

Wissenschaftliches Projektmanagement

In Fächern, wo vor allem in Teams geforscht wird und aufwendige technische Untersuchungsmethoden nötig sind, ist wissenschaftliches Projektmanagement eine Selbstverständlichkeit; in geisteswissenschaftlichen Kulturen, wo oft alleine gearbeitet wird, mag die Rede davon noch befremden. Jedoch brauchen Sie, auch wenn Sie alleine an Ihrer Dissertation oder Ähnlichem schreiben, ein Minimum an Projektmanagement.[93] In solch einem Fall müssen Sie mindestens mit einem Betreuer/einer Betreuerin kooperieren und sich koordinieren. Wahrscheinlich ist an Ihrer wissenschaftlichen Institution ein übergreifender Forschungsplan in Kraft, und wenn Sie ein Stipendium beziehen oder in einem Doktorandenkolleg sind, müssen Sie Ihre Forschungen explizit in den größeren Kontext einbinden.

Außerdem werden Sie kaum an nur einem einzigen Thema arbeiten, weswegen Sie einen mehrjährigen individuellen *Forschungsplan* erstellen sollten.

Grundsätzlich können weitere Themen neben ihrem derzeitigen Hauptforschungsgebiet Spezialisierungen desselben, Erweiterungen oder Ergänzungen sein. Gut ist es, sich frühzeitig unter strategischen Gesichtspunkten zu überlegen, in welche Richtung die eigenen Kompetenzgebiete weiterentwickelt werden sollen. Besonders nach der Habilitation und im Blick auf eine erwünschte Berufung kann es sich empfehlen, bewusst andere und neue Themen in Angriff zu nehmen – mitten im Promotionsstudium hingegen werden Sie eher auf inhaltliche Synergien achten.[94]

Von den äußeren Bedingungen her könnte ein neues Projekt von einem Forschungsfreisemester oder „sabbatical year" natürlich enorm profitieren – sofern es gelingt, sich während dieser Zeit wirklich von anderen Pflichten, vor allem der akademischen Verwaltung, freizuspielen. Ob das vertraglich für Sie in Frage kommt und wann es zu beantragen wäre, dürfte leicht zu eruieren sein. Schwieriger ist die Vorbereitung in der Kollegenschaft, da Sie Unterstützung gewinnen müssen, damit Ihre wichtigsten Aufgaben in Lehre und Administration von anderen übernommen werden. Mit Hilfe eines guten Forschungsplans kann auch das rechtzeitig in die Wege geleitet werden.

---

93 Hier werden die meistens ausreichenden Grundzüge des einfachsten Projektmanagements ohne Kapazitäts- und Kostenpläne, Risikomanagement usw. vorgestellt.

94 Siehe weiter unten in diesem Unterkapitel „Vermarktung".

Legen Sie ein Mindmap an, das Ihren Forschungsplan und Ihre Ideen für etwa fünf Jahre enthält. Schreiben Sie Themen in verschiedene geometrische Figuren, z.B. Dreiecke für Aufsätze, Rechtecke für Buchprojekte und Kreise für andere Ideen. Fügen Sie hinzu, in welchem Semester/Jahr Sie jedes Vorhaben angehen wollen.
Denken Sie auch daran, dass Sie möglicherweise einmal recht kurzfristig um einen Beitrag zu einer Festschrift anlässlich eines Jubiläums oder anderen Sammelbänden gebeten werden könnten. Wann Ihr „Doktorvater" oder Ihre „Doktormutter" 60, 65 oder 80 Jahre alt wird, können Sie leicht feststellen.

Auf Qualifizierungsstellen oder von Stipendiaten wird vor allem ein Projekt- oder Arbeitsplan für die Hauptforschungsarbeit verlangt – aber auch, wenn das nicht (mehr) auf Sie zutrifft, sollten Sie anhand eines solchen Plans arbeiten.

Gliedern Sie zuerst den *Projektplan* grob in die Hauptphasen – standardmäßig die Auswahl des Themengebiets, das Ausarbeiten der Fragestellung durch Einlesen, eventuelle Voruntersuchungen, das Formulieren von Hypothesen, daraus abgeleitete Untersuchungs- und Argumentationsziele, Methodendefinition und erste Gliederung. Dieser Plan wird etwas später in Form einer Tabelle (siehe das Muster unten) ausgearbeitet.

Dann folgt die eminent wichtige Phase der inhaltlichen Konzeption. Die Schreibforschung stellte fest, dass 60 Prozent der Probleme beim Verfassen von Forschungsarbeiten mit der Konzeption zusammenhängen und nur 20 Prozent mit dem Schreibprozess selbst.[95]

Konzipieren Sie für jedes Ihrer möglichen Kapitel die Inhalte und Strukturen – am besten mit Mindmaps, die Sie nicht zu früh zu einem linearen Denken zwingen, weil sie eine große Flexibilität erlauben. Dann erst kommen die Detailuntersuchungen, Experimente oder das genaue Lesen von Literatur gemäß der ständig ergänzten, priorisierten Lektüretabelle (siehe unten) – und zwar, soweit möglich, Kapitel für Kapitel Ihrer provisorischen Gliederung. Beginnen Sie bei jedem gleich mit dem Entwerfen Ihrer eigenen Texte in Form von kritischen Zusammenfassungen der Literatur, Frageformulierungen, Skizzen von Thesen und Ideen usw. – wie vorläufig und halbformuliert auch immer, es minimiert die Schwierigkeiten beim Übergang in die Hauptphase des Schreibens. Natürlich legt es sich oft

[95] Nach Lindroth, Heinzpeter: Praktische Rhetorik und wissenschaftliches Schreiben; in: Jakobs Eva-Maria/Knorr Dagmar (Hg.): Schreiben in den Wissenschaften, Frankfurt (Lang) 1997, 169–182.

nahe, die einzelnen Kapitel schließlich nicht in der Reihenfolge der Gliederung zu bearbeiten, sondern etwa mit dem wichtigsten, zentralen Teil zu beginnen, von dessen Ergebnissen und Ausmaß Inhalt und Umfang anderer Teile abhängen.

In der letzten Phase müssen Sie viel Zeit für die Revision Ihrer Rohtexte, das Überprüfen vieler Details und das Verbessern von Formulierungen einplanen. Wenn Sie schneller Ihre Texte entwerfen, weil Sie erstens ein gutes Konzept haben und zweitens nicht von dem Irrtum ausgehen, sofort einen druckreifen Text niederschreiben zu müssen, brauchen und haben Sie mehr Zeit für die Überarbeitungsphase.

Passen Sie dieses Ablaufschema an die Erfordernisse Ihres Faches und Ihrer Arbeit an.
Stellen Sie einen Projektplan in Tabellenform gemäß dem folgenden Muster zusammen, den Sie laufend ergänzen und aktualisieren – Ihr wichtigstes Planungsinstrument für Ihre Forschungsarbeiten!
Untergliedern Sie mit Hilfe eines Nummernsystems große Aufgaben und Ziele in kleinere. Halten Sie in einer eigenen Spalte fest, was Sie noch an Hilfsmitteln, an Ergebnissen oder Rückmeldungen von anderen brauchen, und tragen Sie für jede Aufgabe den geschätzten Zeitbedarf ein (hierzu siehe auch Kapitel IV.4 „Ziele").
Denken Sie auch an ganz praktische Aufgaben wie das Besorgen und Konfigurieren eines neuen Computers.
Für die Definition von Zieldaten in der nächsten Spalte müssen Sie realistisch in Betracht ziehen, ob es Termine für die Koordination mit anderen oder für die Abgabe gibt sowie welche anderen Aufgaben in Ihrem Kalender stehen (siehe auch oben Kapitel IV.1 und unten die Hinweise zum Übertragen von systematischem Aufgabenplan in den chronologischen Kalenderplan). Außerdem ist es gerade hier wichtig, Pufferzeiten (ca. 40 Prozent) einzuplanen.
Vergessen Sie nicht, in der Erfolgsspalte rechts jedes erreichte Teilziel abzuhaken – Fortschritte zu sehen, motiviert.

Projektplan Forschungsarbeit in Tabellenform mit Beispielaufgaben:

Nr.	**Aufgabe**	**Nötige Vorarbeiten, Hilfsmittel, Delegationsmöglichkeiten**	**Zeitbedarf** h/t/w/m	**Zieldatum**	✓
1.	Themengebiet überblicken				
1.1.	Bibliografie-Recherche	Hinweise von X und Y einholen	1w		
1.2.	Literatur besorgen	Ausweis Nationalbibliothek	3t		
1.2.1.	Archivrecherche in A		2t	3.-5.9.	
1.3.	Einlesen				
2.	Finanzierung				
2.1 .	Konzept erstellen, mit B absprechen		1w		
2.2.	Antrag fristgerecht!		1t	1.11.!	
...	...				

Zur Zeitfalle Lesen:
Bei jedem Forschungsvorhaben ist in der ersten Phase viel an Literatur durchzuarbeiten, wenn auch nicht immer so extrem wie beispielsweise in der Germanistik oder den Geschichtswissenschaften. Eine Lektürephase als solche ist für viele eine Zeitfalle: Entweder wird zu wahllos und zu viel oder zu lange gelesen, ohne mit dem Schreiben zu beginnen.

Dagegen sollten Sie die Phase des Einlesens und Bibliografierens möglichst kurz halten und klar begrenzen. Setzen Sie sich zum Ziel, als Erstes so rasch wie möglich die Relevanz jedes Beitrags und Buches für Ihr Thema abzuschätzen. Für dieses Überblickslesen sollten Sie die Technik des „speed-reading" einüben.[96]

---

[96] Die Grundidee ist, einen raschen Lesefluss einzuhalten, ohne mit den Augen zurückzuspringen, und mit der peripheren Wahrnehmung größere Texteinheiten auf einmal zu erfassen. Wir können hier nicht näher darauf eingehen. Ein Klassi-

Für das effektive Bibliografieren und spätere gezielte Detail-Lesen überlegen Sie sich ein einfaches System, um Ihre Literatur nach Wichtigkeit zu ordnen; z.B. A für unbedingt zu lesende, einschlägige Literatur, B für vermutlich wichtige Titel und C für Interessantes, das Sie wohl auch weglassen könnten, wenn die Zeit zu knapp wird.

Diese Relevanzangabe ist in eine Bibliografie-Tabelle einzutragen zusammen mit weiteren Angaben, nämlich welche weiterführenden bibliografischen Hinweise oder welche Kapitel/Seiten für Sie wichtig sind, wie weit Sie das schon ausgewertet haben (mindestens ✓ für „fertig") und wo Sie den Titel verfügbar haben (welche Bibliothek, kopiert oder gescannt u.Ä.).

Da Sie jeden interessanten und möglicherweise wichtigen Titel sofort, wenn Sie auf ihn stoßen, in diese Tabelle einfügen, ist sie immer aktuell, kann mit Hilfe der Sortierfunktion Ihres Textverarbeitungsprogramms automatisch nach dem Alphabet oder nach der Relevanz geordnet und neu ausgedruckt werden.

Folgendes Beispiel zeigt eine Tabelle für das Thema „Wissenschaftliches Schreiben":[97]

Autor/Hg.:	**Titel etc.**	**Relevanz**	✓	**Standort**
Adler, Mortimer/ van Doren, Charles:	How to read a Book, New York (Touchstone) 1972	B		UB bestellt
Bänsch, Axel/ Alewell, Dorothea:	Wissenschaftliches Arbeiten: Seminar- und Diplomarbeiten, München (Oldenbourg) 2009[10]	Stud. Empf.		UB
Bailey, Stephen:	Academic Writing. A Handbook for International Students, London – New York (Routledge) 2006	für Lehre		UB Angl.

ker zum Schnelllesen ist Tony Buzan; da es hierbei sehr auf die Übung ankommt, können Sie überlegen, einen Kurs zu absolvieren.

97 Das Format für bibliografische Angaben variiert stark nach Fächerkulturen, Vorschriften von Instituten oder Verlagen und persönlichen Vorlieben. Machen Sie es von Anfang an so, wie es am Schluss sein soll – und auf jeden Fall einheitlich.

Autor/Hg.:	Titel etc.	Relevanz	✓	Standort
Becker, Howard Saul:	Die Kunst des professionellen Schreibens. Ein Leitfaden für die Geistes- und Sozialwissenschaften, Frankfurt (Campus) 2000²	A		UB mehrfach
Boeglin, Martha:	Wissenschaftlich arbeiten Schritt für Schritt: gelassen und effektiv studieren, München (Fink) 2007	gute Bibliografie		UB German.
Bolker, Joan:	Writing your dissertation in fifteen minutes a day. A guide to starting, revising and finishing your doctoral thesis, New York (Holt) 1998	A!		kaufen!
Bünting, Karl-Dieter u.a.:	Schreiben im Studium. Ein Trainingsprogramm, Frankfurt 1996	C		von Susi
Buzan, Tony:	The Buzan Study Skills Handbook, BBC Active 2007	Kap. 4 speed reading!		selbst
Coffin, Caroline:	Teaching academic writing: a toolkit for higher education, London [u.a.] (Routledge) 2003			kopiert
Cumming, Alister:	Goals for academic writing: ESL students and their instructors, Amsterdam (Benjamins) 2006			Institut Handbibl.
Dickson, Marcia:	It's not like that here: teaching academic writing and reading to novice writers, Portsmouth, NH (Heinemann) 1995			PDF

Autor/Hg.:	**Titel etc.**	**Relevanz**	✓	**Standort**
Eco, Umberto:	Wie man eine wissenschaftliche Abschlußarbeit schreibt, Heidelberg 1996	etc.	etc.	etc.
Elbow, Peter:	Writing with power. Techniques for mastering the writing process, Oxford (U.Pr.) 1998			
Elbow, Peter:	Everyone can write: essays toward a hopeful theory of writing and teaching writing, Oxford (University Press) 2000			
European Association for Teaching Academic Writing (ed.):	Tutoring and teaching Academic Writing. Proceedings of the 2nd EATAW-Conference in Budapest 23.-25. June 2003 (CD-Rom)			
Friedrich, Patricia (ed.):	Teaching academic writing, London (Continuum) 2008			
Griffin, Williams C. (ed.):	Teaching writing in all disciplines, San Francisco (Jossey-Bass) 1982			
Jakobs, Eva-Maria/Knorr, Dagmar (ed.):	Schreiben in den Wissenschaften, Frankfurt (Lang) 1997			
Kissling, Walter/Perko, Gudrun (ed.):	Wissenschaftliches Schreiben in der Hochschullehre. Reflexionen, Desiderate, Konzepte, Innsbruck (Studienverlag) 2006			
Kruse, Otto:	Keine Angst vor dem leeren Blatt: ohne Schreibblockaden durchs Studium, Frankfurt (Campus) 2007[12]			

Autor/Hg.:	Titel etc.	Relevanz	✓	Standort
Kruse, Otto/Jakobs, Eva-Maria/Ruhmann, Gabriele (ed.):	Schlüsselkompetenz Schreiben. Konzepte, Methoden, Projekte für Schreibberatung und Schreibdidaktik an der Hochschule, Berlin (Luchterhand) 1999			
McCarter, Sam:	A book on writing, Ford (IntelliGence) 1998			
Murray, Rowena:	How to Write a Thesis, Maidenhead (Open Univ. Pr.) 2006²			
Perko, Gudrun:	Skript Wissenschaftliches Konzipieren & Schreiben, Wien (Referat Frauenförderung und Gleichstellung) 2004			
Perrin, Daniel/Böttcher, Ingrid/Kruse, Otto/Woble, Arne (ed.):	Schreiben. Von intuitiven zu professionellen Schreibstrategien, Wiesbaden (Westdt. Verl.) 2003			
Rico, Gabriele L.:	Garantiert schreiben lernen: sprachliche Kreativität methodisch entwickeln. Ein Intensivkurs auf der Grundlage der modernen Gehirnforschung, Reinbek bei Hamburg (Rowohlt) 2002¹²			
Schmale, Wolfgang:	Schreib-Guide. Schritt für Schritt wissenschaftliches Schreiben lernen, Wien 1999			
Swales, John:	Commentary for Academic writing for graduate students: essential skills and tasks, Ann Arbor, Mich. (Univ. of Michigan Pr.) 2006			

Autor/Hg.:	**Titel etc.**	**Relevanz**	✓	**Standort**
Theisen, Manuel René:	Wissenschaftliches Arbeiten: Technik – Methodik – Form, München (Vahlen) 2005[12]			
Trzeciak, John/ Mackay, S. E.:	Study skills for academic writing, New York (Prentice-Hall) 1994			
Turabian, Kate:	A Manual for Writers of Term Papers, Theses, and Dissertations, Chicago (U.Pr.) 1996[6]			
van Leunen, Mary-Claire:	A Handbook for Scholars, New York (A. Knopf) 1978			
Werder, Lutz von:	Kreatives Schreiben in den Wissenschaften für Schule, Hochschule und Erwachsenenbildung, Berlin (Schibri) 1995[2]			
Wolfsberger, Judith:	Frei geschrieben. Mut, Freiheit & Strategie für wissenschaftliche Abschlußarbeiten, Wien etc. (Böhlau) 2007			
Zinsser, William:	On Writing Well. The Classic guide to writing nonfiction, New York (Harper Collins) 1989			

Das an sich gute und schöne Interesse an der Sache, ihren vielfältigen Verzweigungen und Zusammenhängen kann dazu verführen, zu viel zu lesen, und kann so nicht nur Zeitverlust, sondern auch psychische Folgeprobleme verursachen. Man kann es bedauern, aber de facto hat Forschung einen Produktionscharakter. Dem entspricht das Prinzip, diejenigen Texte zu lesen, die Sie verwerten können oder weiterbringen – und zwar dann, wenn Sie an genau dem Thema arbeiten („Read it when you need it!").

- Neige ich dazu, beim Lesen mein Forschungsinteresse zu vergessen und vom Hundersten ins Tausendste zu geraten?
- Lese ich übermäßig detailliert und zu langsam?

- Verliere ich viel Zeit mit dem Wiederfinden von Zitaten, bibliografischen Angaben u.Ä.?

Schaffen Sie die vielen kleinen Zettel, die häufig verloren gehen und später (vielleicht Jahre später) eine zeitaufwendige Suche nach Stellenangaben und Zitaten verursachen, konsequent ab. Gewöhnen Sie sich stattdessen an, jeden Titel gleich in Ihre Tabelle einzutragen. So müssen Sie auch nichts mehr mehrfach eintippen.
Manche Universitäten und Bibliotheken bieten auch ein Programm wie Endnote an, das ein automatisiertes Bibliografieren ermöglicht (auf Englisch, siehe www.endnote.com; „open source" auch deutsch http://jabref.sourceforge.net, vgl. das Literaturverwaltungsprogramm Citavi).
Wenn Sie dann am Ende Ihrer Arbeit die Literaturliste erstellen, müssen Sie nur die Spalten mit Zusatzinformationen löschen und die Tabellenstruktur unsichtbar machen. So ersparen Sie sich viel Zeit für das lästige Zusammensuchen und eventuelle Neutippen verwendeter Titel.

Schreibend lesen – Exzerpieren:
Wann immer Sie etwas für wissenschaftliche Zwecke lesen, sollten Sie sich in irgendeiner Form Notizen machen. Im Moment wissen Sie noch, wozu Sie etwas lesen, wofür und wie der Text argumentiert und was Sie davon halten – ein Jahr oder zwanzig Beiträge später wissen Sie es wahrscheinlich nicht mehr. Mit Bleistift bekritzelte Notizblätter ohne Angaben zur Quelle auf jeder Seite werden leicht verloren und in keinem Fall gerne weiterverwendet.

- Verliere ich häufig gute Gedanken, die mir beim Lesen gekommen waren?
- Welche Qualität haben meine Notizen – am Rand in meinem eigenen Material sowie in Exzerpt-Dateien?
- Habe ich ein klares Archivsystem für Kopien, Exzerpte und Dateien – sowohl im PC als auch für alle Papiere?

Ein weiterer Vorteil der oben empfohlenen Bibliografie in Tabellenform ist, dass Sie leicht eine Reihe mit allen hilfreichen Angaben in ein neues Dokument kopieren können, um Ihr Exzerpt zu beginnen. Alle Exzerpte haben dann eine einheitliche Struktur und enthalten bis hin zu Zitaten, die Sie sofort herausschreiben, alle Informationen für das spätere Verfassen Ihrer eigenen Arbeit.

Wir empfehlen Ihnen, für Exzerpte eine Vorlage in Ihrem Textverarbeitungsprogramm zu erstellen, die folgendem Muster entspricht. So vergessen Sie nicht, sich beim Lesen die wichtigen Fragen zu stellen und alle nützlichen Informationen festzuhalten bzw. einzufügen.

Modell für Exzerptdateien:

Autor, John / Hg., Susanne:	**Titel. Untertitel, Ort (Verlag), Jahr**	**Relevanz**	**Standort, Signatur**

Datum der Bearbeitung:		Kopierte Seiten:
Mein Interesse/erwarteter Ertrag:		
Hauptthese oder -argumentation:		
[Hauptteil:]	Seiten:	Argumente... + Zitate...
In Farbe oder kursiv: meine Fragen, Kommentare, Gegenargumente...		
Meine abschließende Evaluation des Textes:		

Um solche ausgedruckte Dateien auf der Festplatte sofort wiederzufinden und auch um herumfliegende einzelne Blätter richtig zuordnen zu können, fügen Sie in Ihre Dateivorlage eine Fußzeile ein, die Folgendes enthält: Pfad und Dateiname, evtl. Datum, Seitennummer.

Zum Prozess des Schreibens:
Im Kapitel IV.6 „Zeitfresser bewältigen" finden Sie unter „Schreibblockaden" Strategien und Hinweise zum effektiven und damit Zeit sparenden Schreiben.

Wie erwähnt, treten deutlich mehr Probleme beim Konzipieren der Arbeit als beim Schreiben selbst auf. Oft werden Unklarheiten im logischen Aufbau, in einer den Argumentationsgang nicht widerspiegelnden Kapitelgliederung u.Ä. auch Zeitverlust beim Verfassen selbst verursachen, insofern später viele Umstellungen und zusätzliche Überarbeitungen nötig werden. Deswegen sollte man sich sehr sorgfältig um ein gutes Konzept bemühen.

Zum Schreiben selbst: Manche Menschen können gut gleich in den Computer schreiben, was natürlich schnell geht und später die Zeit zum Abtippen spart. Außerdem kann man so bei einer Gedankenlücke oder wenn man mit einer Formulierung „hängt", einfach ein paar Leerzeilen einfügen, bei Zweifeln an Inhalt oder Formulierung die entsprechende Textpassage in roter Farbe schreiben und bei Gedankenblitzen jederzeit überall im Text Ergänzungen einfügen. All das kann das Schreiben beschleunigen.

Anderen liegt das sofortige Tippen nicht, und sie können freier denken, wenn sie mit der Hand schreiben.

Manchen (vor allem initiativen Typen[98]) fällt es überhaupt leichter, zu sprechen, als schriftlich zu formulieren, weil sie sich dabei Zuhörer vorstellen können, denen die Sache flüssig und verständlich erklärt wird. Ihnen empfehlen wir, ein Diktiergerät zu nutzen und munter zu erzählen – ebenso allen, die in Versuchung sind, überlange, komplexe Sätze mit einer Überlast an Fachausdrücken von sich zu geben.

Da jedoch die wenigsten eine Sekretariatsunterstützung nutzen können, müssten sie dann ihre Mitschnitte selbst abtippen. Das kann als ein zusätzlicher, selbstkritischer Arbeitsschritt durchaus Sinn haben. Es gibt aber inzwischen gute Diktierprogramme, die das Umwandeln von mündlicher Rede in einen Text (in beliebigen Textverarbeitungsprogrammen) für Sie erledigen – und zwar mit erstaunlich wenigen Fehlern und sehr schnell, wenn Sie das Programm einmal für Ihre individuelle Sprechweise und auf häufige Fachausdrücke trainiert haben. (Ein Teil dieses Buches ist auf diese Weise enstanden.) Sie können wählen, ob Sie irgendwo in ein digitales Diktiergerät sprechen und später die Dateien vertexten lassen oder ob Sie vor dem Bildschirm ins Mikrofon sprechen und sofort den Text erscheinen sehen und korrigieren können.

---

[98] Vgl. die Typen des Persönlichkeits-Profils oben in Kapitel II.2.

Auch fremdsprachige und zweisprachige Texterkennungssoftware (Englisch – Deutsch) ist relativ günstig auf dem Markt – erkundigen Sie sich!

- Bin ich beim schriftlichen Formulieren viel langsamer als im Denken und Reden? Kommt für mich das Diktieren als Alternative in Frage?
- Beflügelt oder irritiert es mich, direkt in den Computer zu schreiben?
- Für welche Schreibprozesse nehme ich besser Papier und Stift, für welche gleich den PC?

Nutzen Sie zeitsparende Möglichkeiten Ihres Textprogramms wie Makros und Kurzbefehle für häufig zu tippende lange Ausdrücke, automatische Gliederung, Stile für das Formatieren etc. Machen Sie eventuell eine Schulung

Ein großes Defizit besteht in der deutschsprachigen Normalwissenschaft in Bezug auf kollegiale Rückmeldungen und Korrekturen von Texten. Statt einer Kultur der Kooperation herrscht oft Konkurrenz, die es nicht zulässt, anderen die ganz neuen eigenen Forschungsergebnisse zu zeigen, bevor diese publiziert sind und den Schutz von Urheberrechten genießen, oder ihnen die persönlichen Schwierigkeiten beim Gliedern und Formulieren zu offenbaren. Sich wechselseitig Textentwürfe zu korrigieren, erspart jedoch letztlich Zeit: Erstens motiviert die Vorstellung, für jemanden Bekannten und nicht nur für eine anonyme Fachöffentlichkeit zu schreiben. Außerdem werden im Gespräch Blockaden leichter überwunden. Drittens bringt eine gute Rückmeldung von einer anderen Person oft mehr, als seinen eigenen Text drei Mal zu überarbeiten – andere erkennen einfach mehr Gedankensprünge, logische Ungereimtheiten, strukturelle und stilistische Schwächen sowie verborgene Potenziale eines Textes.

Wenn ein Beitrag von mehreren gemeinsam verfasst wird, gibt es ständig verbesserte Möglichkeiten, dies interaktiv im Netz zu tun (z.B. bei Google „Text & Tabellen"/„documents").

Professorinnen und Professoren sprechen kaum je von ihren eigenen Schwierigkeiten und Kämpfen beim Verfassen ihrer magistralen Werke, sodass beim wissenschaftlichen Nachwuchs der Eindruck entsteht, die Arbeiten müssten gleich vollendet aus der Feder fließen – eine im Vergleich mit den eigenen Schwierigkeiten demotivierende Fehlannahme.

Sorgen Sie dafür, in regelmäßigen Abständen konstruktive Rückmeldungen zu Ihren Textentwürfen nach den Regeln des Feedback zu erhalten. Bieten Sie, wo möglich, Gegenleistungen an – auch dabei lernen Sie eine Menge.
Da die hier investierte Zeit sich lohnen wird, sollten Sie in Ihrem Projektplan solche Rückmeldungsschleifen vorsehen.

Wer an einer Qualifikationsarbeit schreibt, sollte natürlich regelmäßige Rückmeldungen an die betreuenden Personen geben und auch erhalten. In der Wirklichkeit scheint aber zwischen einem gängelnden Korrigieren jedes Dissertationskapitels und einem detailfernen Pro-forma-Gespräch einmal pro Jahr selten die richtige Mitte gefunden zu werden. Es liegt aber auch an Ihnen, mit freundlichem Nachdruck auf eine für Sie passende Betreuung hinzuwirken.

In Bezug auf die formale Gestaltung sollten Sie beim Schreiben Ihrer eigenen Textentwürfe ebenso wie beim Bibliografieren und beim Exzerpieren von vornherein auf ein durchgängiges Format achten (besonders bei den Fußnoten), um später zeitraubende Umformatierungen auf ein Minimum zu begrenzen.

Ein Tipp, der Ihnen viele Monate Arbeit ersparen kann:
Sichern Sie regelmäßig, d.h. mindestens monatlich, alle Ihre Textdateien durch eine Speicherung an einem physisch anderen Ort. Eine Kopie in der Schreibtischlade hilft zwar in dem Fall, dass Ihre Festplatte zusammenbricht – aber nicht bei einem Zimmerbrand. Universitäten bieten in der Regel auch das direkte Arbeiten auf ihren Servern an.

Zeitmanagement in der Forschung

Sie haben nun in Form Ihres Projektplans eine wohlstrukturierte Agenda- oder Aufgabenliste. Wie bringen Sie das in eine Synthese mit all Ihren sonstigen Vorhaben? Für diese schwierige Übersetzung in die chronologische Dimension eines Arbeitsplans gelten die oben in den Kapiteln IV.1–IV.5 formulierten Regeln. Die Spalte „Zieldatum“ im Projektplan ist bereits ein Schritt dazu. Die Weiterplanung geschieht mit den Instrumenten des Zeitmanagements, die Sie für sich ausgewählt und adaptiert haben.

Besonders achten sollten Sie darauf, dass Sie möglichst große Zeitfenster für Ihre Forschung haben, in denen Sie gesammelt und nicht gehetzt sind und sich konzentriert der Sache widmen können. Darum schreiben viele ihre Arbeiten vor allem in den vorlesungsfreien Sommermonaten. Allerdings begünstigt diese Strategie das Aufschieben mit all seinen Problemen, weshalb Sie auch während der Semesterzeiten mindestens einen Forschungstag pro Woche reservieren sollten. Außerdem können Sie sicherlich kleinere Aufgaben und Vorarbeiten in kürzeren Zwischenzeiten erledigen. Auf diese Weise „dran" und „drin" zu bleiben, ist die Grundidee hinter der Ermunterung, z.B. Ihre Dissertation in fünfzehn Minuten täglich zu schreiben.[99] Allerdings genügt das allein auf Dauer auch nicht – versuchen Sie, beide Strategien miteinander zu verbinden.

- Welche Vorarbeiten und kürzeren Arbeitsschritte kann ich auch zwischen meinen anderen Aufgaben erledigen, wenn ich z.B. eine Stunde Zeit habe?
- Wie kann ich meine Wochenplanung während des Semesters verbessern, um wenigstens einen Tag ganz für die Forschung frei zu halten? Ist es möglich und günstig, dann nicht am Institut zu sein, um Unterbrechungen zu minimieren?
- Wann in meinem nächsten Jahresplan kann ich größere Zeiteinheiten für meine Forschungsarbeit reservieren? Sollte ich dafür besser einen Urlaub verschieben oder auf eine Kongressteilnahme verzichten?

Das kontinuierliche Abgleichen mit der Jahres-/Semester-, Monats- und Wochenplanung zeigt Ihnen, wo Sie bei Ihrer Projektplanung mit den Zeitbedarfsschätzungen und den Zieldaten unrealistisch waren und diese korrigiert werden müssen. Die Synthese beider Dimensionen ist eine Kunst – und Meisterschaft erlangen Sie nur durch Übung. Regelmäßige Selbstevaluationen und Mentoring (siehe oben Kapitel IV.7) helfen dabei.

Eine Falle auf dem Weg zur Vollendung Ihres großen Projekts ist auch, bei anderen Tätigkeiten wie Lehre, Vorträgen, Aufsätzen zu viel Ehrgeiz oder unkritische Planung und Selbstüberschätzung an den Tag zu legen. Schließlich geben solche Aktivitäten auch Erfolgserlebnisse, die dann besonders willkommen sind, wenn man zu wenig positive Rückmeldungen und Anerkennung für die entstehende große Arbeit erhält und in einer „Gratifikationskrise" steckt. Besonders hoch initiative Menschen neigen dazu, sich für die neuen Themen, das andere Publikum oder die Abwechslung durch eine andere Arbeitsweise so zu begeistern, dass sie den tatsächlichen Zeitaufwand unterschätzen für die Konzeption einer neuen

---

99 Bolker: Writing your dissertation in fifteen minutes a day.

Lehrveranstaltung, die Nebenarbeiten durch Beratung und Prüfung von Studierenden, für die Ausarbeitung eines Kurzvortrags zu einem soliden Artikel, für das Korrekturlesen und den Vorgaben entsprechende Formatieren des eigenen Beitrags für die Publikation, für den enormen Kommunikations- und Korrekturaufwand beim Herausgeben eines Sammelbands usw.

Wenn dann Vortrags- oder Abgabetermine für eine Publikation bedrohlich nahe rücken, zeigt sich, ob man unvorsichtige Zusagen oder einen soliden langfristigen Plan gemacht hatte.

Überlegen Sie genau, wie viele weitere, scheinbar kleine Projekte Sie neben der intensiven Arbeit an Ihrem Hauptforschungsprojekt angehen können. Ein gewisses Maß ist gesund, weil die inhaltliche Abwechslung und die kollegialen Kontakte förderlich sein können. Seien Sie aber sehr selbstkritisch bezüglich der Zeit, die das wirklich kosten wird, und in Bezug auf Ihre Motive für solche Zusagen, damit Sie nicht vor dem Wichtigsten ausweichen und sich so letztlich schaden.

In der Praxis erweist es sich immer wieder als ein Problem, wenn die betreuende Person (zum Beispiel Erstgutachter einer Dissertation) zugleich dienstvorgesetzt ist. Da die Interessen der Institutsleitung oder der Führung eines Forschungsteams mehr in der konsequenten Ausnutzung Ihrer Arbeitskraft liegen, die Dissertationsbetreuung indessen zum Ablehnen vieler an Sie herangetragener Aufgaben raten muss, entsteht ein Rollenkonflikt. Im Extremfall müssen Sie befürchten, schlechter bewertet zu werden oder nach Ablauf einer befristeten Stelle nicht verlängert zu werden, wenn Sie sich gegen überzogene Ansprüche zur Wehr setzen. Um der Gefahr vorzubeugen, dass das auf Ihrem Rücken ausgetragen wird, wäre eine Trennung der beiden Rollen der Betreuung Ihrer Qualifikationsarbeit und der Chef-Rolle in der Institutshierarchie ratsam – insoweit Sie das noch beeinflussen können.

Zeitkonsequenzen von Kooperation und Vermarktung

Die Art und Weise, wie Sie sich in der Forschung mit anderen vernetzen, hat natürlich erhebliche Konsequenzen für Ihre Zeitgestaltung – einerseits intern, insoweit Sie in einem Team arbeiten und dieses optimal organisiert sein sollte, andererseits extern im Hinblick auf alle Aktivitäten, die Sie setzen, um Ihre Forschungsleistungen bekannt zu machen. Wir nennen das der Einfachheit halber die Vermarktung.

Wenn Sie in einem Team forschen, ist häufig Ihre Rolle mit den dazu gehörenden Aufgaben schon festgelegt. Vielleicht kommen Sie in ein schon bestehendes Team, und die anderen haben bereits ihre eigenen Präferenzen durchgesetzt, was Ihnen weniger Möglichkeiten zur Mitgestaltung lässt. Um der Klarheit willen gehen wir hier aber einmal von dem Idealfall aus, dass Sie bei der Zusammenstellung des Teams und der Verteilung der Aufgaben mitbestimmen können. Somit haben Sie Kriterien für die Optimierung Ihrer Forschungsgruppe; für eine professionelle Teamkonstitution oder eine Reorganisation können Sie ja auch bei den Kolleginnen und Vorgesetzten werben.

Da selten genug Zeit für alles ist, ist es auch oder gerade bei Teamarbeit wichtig, Prioritäten zu definieren und miteinander im Diskurs abzustimmen. Der schriftliche Projektplan sollte detailliert genug sein, ohne aber die Eigenverantwortung aller Mitglieder zu behindern.

Wenn Aufgaben delegiert werden, muss klar sein, welche Ergebnisse bis wann von wem erwartet werden, dann aber den beauftragten Personen überlassen werden, wie genau sie das erarbeiten. Auch die erwünschte Qualität (Ausführlichkeit, Detailgenauigkeit etc.) ist gemeinsam zu definieren, um dann den Mitarbeitenden Freiheit in der Ausführung zu lassen. Kurz, alle müssen gut Bescheid wissen, was genau ihr Beitrag zum ganzen Projekt ist, um motiviert und zielstrebig kooperieren zu können. Die hierfür investierte Zeit wird durch effizientes Arbeiten der Gruppe leicht wettgemacht.

Nach der klaren Bestimmung der Ziele des Teams sollen als Erstes alle wichtigen Aufgaben zu deren Erreichung zusammengestellt werden – selbstverständlich schriftlich. Wie diese in einem zweiten Schritt auf die möglichen Mitglieder verteilt werden, hängt natürlich zu einem guten Teil von den fachlichen Kompetenzen und speziellen Forschungsgebieten der Einzelnen ab. Darüber hinaus sollten aber, soweit möglich, die individuellen Verhaltenspräferenzen und Arbeitsstile der Mitarbeitenden berücksichtigt werden, insbesondere in Hinsicht auf organisatorische Aufgaben, die jedes erfolgreiche Team leisten muss: die verantwortliche Führung des Teams, die praktische Organisation notwendiger regelmäßiger Besprechungen inklusive einer Protokollierung der Ergebnisse, die Sorge um ein gutes zwischenmenschliches Klima, das laufende Aktualisieren von Projekt- und Zeitplänen, die Kommunikation von Ergebnissen nach außen und dergleichen.

Wenn Sie Konflikten vorbeugen und Spannungen lösen, sparen Sie enorm viel Energie und Zeit. Mithilfe eines Verhaltens- oder Persönlichkeitsprofils können Sie die Stärken der Mitarbeiterinnen und Mitarbeiter so nutzen, dass Ineffizienz, Reibungen und damit Zeitverluste minimiert werden. Bei größeren und längerfristigen Projekten lohnt es sich, gemeinsam an einem Team-Seminar[100] teilzunehmen und/oder eine externe Supervision in Anspruch zu nehmen.

Solche Maßnahmen haben in jedem Fall die positive Folge, dass alle sich ihrer eigenen Präferenzen besser bewusst sind und insbesondere polare andere Verhaltensstile nicht mehr intuitiv abwerten, sondern als komplementäre Stärken schätzen lernen. Denn ein erfolgreiches Team zeichnet sich dadurch aus, dass es die Aufgaben dorthin verteilt, wo sie am besten erledigt werden, weil sie den Leuten „liegen", und dass es je nach den Erfordernissen einer Situation in souveräner Weise die passende Reaktion geben kann. Idealerweise sind in einem Team alle der unten dargestellten Verhaltensstile repräsentiert und wertgeschätzt, denn sie ergänzen einander.

Eine konkrete Vorstellung von den Konsequenzen der wichtigsten Arbeitsstile gibt das oben in Kapitel II.2 skizzierte Persönlichkeitsmodell. Demnach zeigen Menschen mit einer deutlichen Stärke in einer der vier Faktoren folgende Verhaltensmerkmale in der Kooperation:

Hoher D-Faktor Wichtigste Frage: „Was ist zu tun?"	Will Visionen und Ziele auch gegen Widerstände und bei Problemen umsetzen; denkt strategisch und arbeitet selbständig; analysiert schnell, definiert Prioritäten und misst Ergebnisse; übernimmt gerne die Führung, gilt darum oft als „natürlicher" Kandidat für die Teamleitung; gibt und erwartet klare Anweisungen; macht Tempo, hat Mut zu Entscheidungen.	Mögliche Spannungsfelder: stellt die Autorität anderer in Frage, wenn diese eine schwache Führung ausüben; integriert sich nicht gerne; nimmt Zwischenmenschliches und schriftliche Pläne nicht so wichtig; ignoriert Risiken; bleibt nicht „dran", wenn ein Projekt ruhig, gleichmäßig und sorgfältig ausgearbeitet werden muss; konfrontiert auch dort, wo Diplomatie und Geduld oder Flexibilität besser wären; übersieht, wie viel Energie und Zeit Konflikte kosten.

[100] Z.B. ein persolog®-Teamtraining, siehe www.persolog.net.

Hoher I-Faktor „Wer soll das tun?“	Steht gerne im Mittelpunkt, aber nicht unbedingt an der Spitze; legt Wert auf ein harmonisches Klima; möchte alle einbeziehen, investiert dafür auch viel Zeit; motiviert andere und delegiert gerne; ist offen für neue und zusätzliche Ideen; kommuniziert gerne auch nach außen.	Unterschätzt den nötigen Zeitaufwand, überschätzt seine Fähigkeit zu Multitasking; mag keine Routineaufgaben; hält sich nicht gerne an feste Termine und Regeln; entscheidet manchmal aus dem Bauch heraus, ohne alle Konsequenzen zu durchdenken; plant nicht schriftlich; lässt es an Sorgfalt und Verlässlichkeit mangeln, was später zeitaufwendige Nachbesserungen erfordern kann; verplaudert viel Zeit.
Hoher S-Faktor „Wie ist es zu tun?“	Erfüllt Aufgaben in verlässlicher Weise; unterstützt gerne andere, auch durch das Übernehmen von Routineaufgaben; hält sich an Pläne, braucht stabile Regeln und Prozeduren; arbeitet sich lieber tiefer in ein bestehendes Kompetenzgebiet ein als in ein neues; leistet geduldige Überzeugungsarbeit, um Konflikte auszuräumen.	Tut sich schwer mit Zeitdruck und starken Widerständen; geht schnell in die innere Emigration; ergreift keine Initiative; scheut Neues, verpasst Chancen; unterschätzt die eigenen Fähigkeiten; traut sich nicht, „Nein“ zu sagen oder Fehler anzusprechen, wodurch Zeit verloren gehen kann.
Hoher G-Faktor „Warum? Wozu?“	Will, dass alles richtig gemacht wird, argumentiert dafür mit vielen Details und korrigiert andere; denkt kritisch und sieht Probleme; arbeitet am liebsten gründlich und alleine; löst lieber technische als menschliche Probleme; sammelt systematisch Informationen und ordnet sie.	Braucht lange für Entscheidungen; wehrt auch berechtigte Kritik ab; passt sich nicht an die Gruppe an; ändert nur schwer Meinungen und Ziele; dokumentiert und plant zu genau; der Hang zu Perfektionismus macht die Arbeit langsam.

Vermutlich haben Sie, auch ohne noch einen Test gemacht zu haben, eine intuitive Vorstellung vom Verhaltensstil Ihrer selbst und Ihrer Mitarbeiter/

innen und schließen auf mögliche Ursachen von Spannungen und Ineffizienzen. Aus den speziellen Aufgaben Ihrer Forschungsgruppe können Sie erarbeiten, welche Persönlichkeiten am besten für deren Erfüllung geeignet sind.

- Wer initiiert Neues und kommuniziert gut intern und extern?
- Wer sieht Probleme, warnt vor Fehlern und korrigiert sie?
- Wer führt verlässlich Routineaufgaben aus und sorgt für ein positives Gruppenklima?
- Wer hat herausfordernde Ziele und setzt sie effizient um?

Menschen mit hohem	**werden motiviert durch**	**bringen Leistung, wenn sie**
D-Faktor	Herausforderungen und mehr Verantwortung, Unabhängigkeit	direkt, offen und ergebnisorientiert angesprochen werden; sich behaupten und beweisen können
I-Faktor	Anerkennung und Aufgaben, bei denen sie eine sichtbare Rolle haben	partnerschaftlich und freundlich behandelt werden; zusammenarbeiten können und dabei Spaß haben
S-Faktor	Unterstützung und Verständnis; spezialisierte Aufgaben, die nach bewährten Methoden gelöst werden	sich persönlich ernst genommen fühlen; genau wissen, wie sie etwas tun sollen
G-Faktor	Sicherheit und Verantwortung für Genauigkeit	über Gründe nachdenken und diskutieren können; faire und klare Regeln sowie verlässliche Mitarbeiter haben

Auch im Fall, dass Sie momentan nur wenig ändern können, lässt sich meist die eine oder andere spürbare Verbesserung durchführen. Wenn Sie einen Gesprächsprozess zu diesem Thema initiieren, schaffen Sie langfristig ein Bewusstsein dafür, wie wichtig diese psychologischen Faktoren für eine effiziente Kooperation sind. Und in jedem Fall können Sie sich so gegenüber den anderen verhalten, dass Sie deren Grundbedürfnisse nicht frustrieren und ihre Motivationsquellen aufschließen.[101]

- Gibt es eine umfassende Zusammenstellung der Aufgaben meines Teams?
- Nach welchen Kriterien werden diese verteilt?
- Mit welchen persönlichen Eigenschaften werden sie am besten erfüllt?
- Welche meiner Pflichten passen zu meinem Verhaltensstil, welche würden besser von einem Kollegen oder einer Kollegin übernommen? Was könnte ich im Gegenzug tun, um meine Stärken einzusetzen?
- Wodurch verlieren wir als Team Zeit, und wie können wir uns besser an die gegebenen Anforderungen anpassen?

„Vermarktung“:
Grundsätzlich ist die Zusammenarbeit in einer Forschungsgruppe bereits ein Weg, um Ihre Ergebnisse und Leistungen bekannt zu machen und in den wissenschaftlichen Diskurs einzubinden. Für Nachwuchskräfte werden immer mehr strukturierte Doktoratsprogramme eingerichtet, was nicht nur inhaltlich, sondern auch in diesem Sinn sowie zur gegenseitigen Motivation gut ist. Natürlich können dabei auch Spannungen und Zeitverluste entstehen – siehe dazu die vorstehenden Seiten, wobei die Organisatoren oder Geldgeber solcher Doktorandenkollegs auch angefragt werden können, eine externe Unterstützung (Teamtraining, Moderation oder Supervision) zu finanzieren.

Wer nicht in einer solchen Gruppe arbeitet, kann vielleicht die Initiative ergreifen, um sich mit Kollegen und Kolleginnen selbst zu organisieren. Dann sind Sie frei in der Entscheidung, wie oft und intensiv Sie sich austauschen, sich gegenseitig inspirieren und Rückmeldungen zu den Projekten geben.[102]

Bei der Nutzung und Verbreitung von Forschungsergebnissen durch Vorträge und zusätzliche Publikationen gibt es zwei Extrempositionen: Auf der einen Seite werden nur Unikate produziert, das heißt, das Thema wird einmal – etwa in der Dissertation – breit und gründlich behandelt, und dann wird zum nächsten Forschungsthema übergegangen. Das kann dazu

---

[101] Vgl. die detaillierten Tipps in Seiwert/Gay: Das 1x1 der Persönlichkeit, 48 f. und zu Kommunikation und Konfliktlösung in der Teamarbeit, 69–78.

[102] In Kissling/Perko (Hg.): Wissenschaftliches Schreiben in der Hochschullehre, 143 finden Sie eine Methode, um vor allem in den Anfangsphasen der Konzeption wissenschaftlicher Arbeiten Gruppendiskussionen zu strukturieren (nach Clementi/Hoyer-Neuhold/Schörner).

führen, dass Ihre Leistung zu wenig wahrgenommen wird, weil umfangreiche Monografien nicht sehr viel gelesen werden. Dann würde die von Ihnen investierte Zeit zu wenig Früchte tragen.

Auf der anderen Seite gibt es manchmal eine endlose Wiederverwertung von einmal Erarbeitetem; in vielen Aufsätzen werden mit geringen kosmetischen Änderungen dieselben Thesen und Forschungsresultate immer wieder präsentiert. Die Wirkung auf Ihre Reputation ist ambivalent, sobald Sie in den Ruf kommen, ein skrupelloser „Recycler" zu sein, der nichts oder zu wenig Neues leistet.

Für das Zeitmanagement bedeutet das, dass Sie den richtigen Weg irgendwo zwischen diesen beiden Strategien finden müssen, und zwar in sorgfältiger Abstimmung mit Ihrem langfristigen Forschungsplan und Ihrem Zeitbudget.

Planen Sie strategisch: Häufig wird aus einem Vortrag ein Aufsatz oder „Paper" in einem Sammelband, was eine organische Entwicklung mit Hilfe der Rückmeldungen aus der Fachdiskussion z.B. auf einer Tagung erlaubt. Zugleich partizipiert Ihr Beitrag an der Aufmerksamkeit, die Sie im mündlichen Vortrag gewonnen hatten. Da Sammelbände, Kongressakten u.Ä. aber ansonsten nicht sehr beliebt sind, können Sie überlegen, später aus mehreren solcher Aufsätze, wenn sie thematisch zusammenhängen, ein eigenes Buch zu machen.

Falls Sie an einer Qualifikationsarbeit schreiben, ist es natürlich ratsam, in Vorträgen und Beiträgen Teilaspekte des großen Themas zu behandeln, sodass sich dieses im Fachdiskurs entwickelt und später mehr Aufmerksamkeit erhält.

Die gegenteilige Möglichkeit, eine größere Publikation (z.B. Dissertation oder Habilitationsschrift) nachher zu filetieren, besteht auch. Bedenken Sie aber die Schwierigkeit, die mit dem Anspruch verbunden ist, ohne viele Rückmeldungen der „scientific community" einen Geniestreich zu landen.

In jedem Fall: Achten Sie auf Synergien in Bezug auf die Themen und Ihre Zeitgestaltung (vgl. Kapitel IV.4 „Ziele"). Schätzen Sie den Zeitaufwand für jede „Vermarktungsaktion".

2 Fokus Lehre und Betreuung Studierender

Worum es geht:

Die an einem Institut zu erbringende Pflichtlehre zu organisieren, soweit möglich die „freien" Anteile des eigenen Lehrdeputats mit den Forschungsinteressen zu harmonisieren, die eigenen Lehrveranstaltungen inhaltlich und didaktisch vorzubereiten, Studierende in Bezug auf Referate, Seminararbeiten und vieles mehr zu beraten, Prüfungen zu planen, durchzuführen und zu bewerten und dergleichen kostet natürlich sehr viel Zeit. Diese Aufgaben effizient zu erfüllen, ist demnach sehr wichtig für die Selbstorganisation. Hier erhalten Sie Hinweise für eine gute Planung und Durchführung Ihrer Lehraufgaben. In Bezug auf die Betreuung von Studierenden ist auch langfristig zu denken, da Investitionen hier später viel Zeit ersparen können.

Lehrplanung

Auch in diesem Kapitel beginnen wir in der Dimension der Projektplanung, bevor wir uns deren Integration in die Kalenderplanung widmen.

Die erste Frage ist, inwieweit im Bereich Lehre überhaupt eine langfristige Planung möglich ist. Viele Lehrbeauftragte können nur ihre Ideen vorschlagen und abwarten, welche tatsächlich angenommen werden, oder die (vielleicht unbeliebten) Lehrveranstaltungen übernehmen, welche die Institutsangehörigen nicht selbst machen wollen. Der offizielle Lehrauftrag erfolgt dann öfters extrem kurzfristig. Andererseits erfordern die EDV-Systeme zur Erstellung des Vorlesungsverzeichnisses und zur Raumreservierung schon viele Monate vor Beginn einer Veranstaltung, sich in Bezug auf Titel, Inhalte, Prüfungsmethoden und -daten sowie Literatur und Raumbedarf festzulegen. Bei der Pflichtlehre ist demnach meist eine mittelfristige Planung möglich, und durch die Modularisierung der Curricula sind auch die Inhalte im Wesentlichen vorgeschrieben. Freiraum vor allem inhaltlicher Art ist eher beim „Kürprogramm", also bei Spezialvorlesungen, Ober- und Forschungsseminaren, Privatissima, Übungen, Exkursionen u.Ä. gegeben. „Eher" deswegen, weil wegen Personalmangels oft nicht viele Lehrkapazitäten frei sind für solche Angebote, die aber wichtig sind, weil hierbei die vielbesungene „Einheit von Forschung und Lehre" wenigstens teilweise verwirklicht werden kann.

Abgesehen davon, dass diese wechselseitige Inspiration dem Ideal der Universität entspricht und vielen mehr Freude macht als Pflichtvorlesungen mit Massenprüfungen, bringt es Synergien – inhaltliche Bereicherung der aktuellen Forschungsthemen, Verbesserung von deren argumentativer

Durchführung (weil Sie Unklarheiten durch die Fragen und Rückmeldungen besser bemerken), motivationale Synergien und Zeitersparnis, insoweit Sie auch umgekehrt in der Lehre von Ihrer Forschungsarbeit profitieren.

Für jüngere Dozenten und Dozentinnen ist jedoch die Herausforderung, eine Haupt- oder Standardvorlesung zu halten, auch oft eine gute Gelegenheit, um den eigenen Überblick über das Fachgebiet zu vertiefen und zu erweitern. Für eine mittelfristige Planung Ihrer Lehrangebote sollten Sie zuerst einige grundsätzliche Fragen zu Ihren Interessen beantworten:

- Inwieweit sehe ich mich in meinem Rollenverständnis als Forscher oder Forscherin, inwieweit als Lehrende/r?
- Liegt mir mehr das Dozieren oder mehr das Begleiten von Lernprozessen anderer? Wie sieht demgegenüber derzeit die Realität meiner Hochschullehre aus?
- Welche Methoden würden mich didaktisch, welche Themen würden mich inhaltlich weiterbringen, was im Sinn möglicher Synergien zwischen Forschung und Lehre?
- Wie könnte ich einen Teil meines gegenwärtigen Forschungsgebiets in sinnvoller Weise an das Lehrangebot anbinden?

Ideal ist eine gesunde Mischung aus Routinethemen, die in zyklischen Standard-Lehrveranstaltungen angeboten werden, mit für einen selbst neuen oder innovativen Lehrinhalten. Denn das Erste gibt Sicherheit – auch in der Zeitplanung, das Zweite bringt neue Ideen, Motivation und inhaltliche Weiterentwicklung. Ähnliches gilt für die Formate und Methoden von Lehrveranstaltungen.
Überprüfen Sie, wie das Verhältnis von „bekannt" und „neu" derzeit bei Ihnen aussieht und wie das zu Ihrem Rollenbild und zu Ihrem Zeitbudget in den nächsten drei Semestern passt.
Auch wenn Sie nicht sicher sind, inwieweit Sie Ihre persönliche Lehrplanung werden umsetzen können, machen Sie sich bewusst, was gut für Sie wäre und worauf Sie hinarbeiten werden.

Zeitmanagement in der Hochschullehre

Soweit unter den oben angedeuteten Bedingungen möglich, sind als Erstes die Vorbereitungszeiten für Lehrveranstaltungen realistisch und mit hinreichender Detailliertheit zu planen. Wo das wegen mangelnder Informationen nicht möglich war oder wo es versäumt wurde, leidet nicht nur die Qualität der Lehre, sondern auch die Selbstwertschätzung, die Übereinstimmung mit dem Berufsethos, die Energie – wöchentlicher Distress ist die regelmäßige Folge.

Tragen Sie sich den (voraussichtlichen) Termin für die Eingabe Ihrer Lehrangebote in das Vorlesungsverzeichnis in Ihren Kalender ein und reservieren Sie davor die Zeit, die Sie für die Konzeption der dann nötigen Parameter brauchen.

Falls Sie zyklisch Lehrveranstaltungen abhalten, werden Sie sich wahrscheinlich auch für deren Überarbeitung und Aktualisierung Zeit nehmen müssen. Andererseits müssen Sie nicht jedes Jahr das Rad neu erfinden. Vielleicht haben Sie perfektionistische Ansprüche an sich selbst. Überlegen Sie, wann/beim wievielten Mal eine Revision gut wäre.

Planen Sie nicht nur das Erarbeiten der Lehrinhalte, das Strukturieren und Untergliedern gemäß den Lernzielen usw., sondern auch die didaktische Aufbereitung. Schätzen Sie überdies realistisch ein, wie viel Zeit für Beratung von Studierenden sowie für Prüfungen (eventuell auch in den Folgesemestern) zu reservieren ist. Es kann erhellend sein, den eigenen Zeitbedarf einmal mit dem der Kollegen oder Kolleginnen zu vergleichen.

Sofern Sie Übungs- oder Seminararbeiten schreiben lassen oder (wie z.B. in den Translationswissenschaften) regelmäßige kleinere Aufgaben bewerten müssen, sollten Sie sich die Frage stellen, was Sie delegieren könnten, um für Ihre wichtigen Aufgaben Zeit zu gewinnen.

- Welche inhaltlichen oder strukturellen Rückmeldungen auf Arbeiten meiner Studierenden soll und kann nur ich selbst geben? Was könnte von anderen übernommen oder wenigstens vorkorrigiert werden (etwa auf der methodischen oder sprachlichen Ebene)?
- Inwieweit passen die Fristen für Rückmeldungen auf schriftliche Arbeiten sowohl für die Studierenden als auch für mich?
- Gibt es studentische Tutoren oder Tutorinnen besonders für Lehrveranstaltungen im Grundstudium? Welche Studierenden höherer Semester kann ich fragen, ob sie Interesse an einer Mitarbeit hätten?
- In welchen Lehrveranstaltungen lassen sich Elemente der Gruppenarbeit und der wechselseitigen Förderung der Studierenden einbauen?

In Zusammenhang mit der Lehre stehende Arbeiten schieben sich sehr häufig als dringliche Agenden in die Zeitplanung ein und können sie praktisch wöchentlich sprengen (sofern es sich nicht um Blockveranstaltungen handelt, die nicht nur für das Zeitmanagement, sondern bisweilen auch didaktisch Vorteile bringen). Darum ist es besonders wichtig, sich hierfür Zeitblöcke zu reservieren: einerseits in der vorlesungsfreien Zeit für die allgemeine Vorbereitung, andererseits während des Semesters.

Schaffen Sie sich einen wöchentlichen Rhythmus von Lehrtagen, möglichst inklusive der Sprechstunden, und Forschungstagen. So können Sie auch für sich selbst leichter Ihre verschiedenen Rollen leben. Kommunizieren Sie, an welchen Tagen und zu welchen Zeiten Sie als Lehrperson ansprechbar sind.
Falls Sie mit Hilfe von E-Learning oder Lernplattformen lehren, achten Sie besonders darauf, dass Sie nicht permanent von entsprechenden Kleinaktivitäten unterbrochen werden. Sagen Sie Ihren Studierenden, dass Sie nicht alle E-Mails am selben Tag beantworten können.

Betreuung Studierender

Studierende schreiben oder sprechen Sie häufig an, wenn sie mit einer inhaltlichen Problematik, einer Seminararbeit, mit der Zitierweise, mit misslungenen Experimenten oder Schwierigkeiten bei der Literatursuche kämpfen, wenn sie Ihren Rat suchen, ob sie ein Auslandssemester planen sollten, welche Kollegen an der Universität X Sie ihnen empfehlen, in Bezug auf curriculare Fragen oder bisweilen auch persönliche Probleme usw. Nicht für alles sind Sie als Hochschullehrer/in zuständig, und wofür Sie im Rahmen einer bestimmten Lehrveranstaltung Ansprechpartner sind, gehört zum Bereich der Lehre dazu. Doch wird erfahrungsgemäß der Betreuung Studierender als eigenem Aufgabenbereich, der spezifische Kompetenzen erfordert, zu wenig Aufmerksamkeit geschenkt. Dadurch kommt die über die Lehre im engeren Sinn hinausgehende Verantwortung, besonders für die vielen Fragen im Zusammenhang mit Qualifikationsarbeiten, oft zu kurz.

Aufgrund des Zeit- und Konkurrenzdrucks scheint die Betreuung auch im Ethos der Hochschullehrer (im deutschsprachigen Raum) eine zu schwache Rolle zu spielen – und entsprechend bieten die Trainingsangebote der Personalentwicklungen hierfür wenig Unterstützung. Immerhin tragen individuelle Zeitinvestitionen in die Betreuung eher langfristig Früchte und vielleicht gar nicht mehr für einen selbst, sondern für „die Wissenschaft“. Ein Student beispielsweise, dem geholfen wird, seine Seminararbeiten gut zu strukturieren, wird Jahre später weniger Begleitung beim Verfassen seiner Masterarbeit brauchen – die wahrscheinlich jemand anderer begutachten wird. Gute Nachwuchsförderung kommt bei höherer Mobilität von

Studierenden und Lehrenden nicht mehr automatisch dem eigenen Institut, der eigenen Ehre usw. zugute. Und grundsätzlich ist die Ausgangssituation im Massenbetrieb schlechter als an kleinen akademischen Einheiten.

In den meisten Fällen lohnt sich aber der Aufwand für gute Betreuung. Wo Sie diesen Lohn nicht für sich selbst erwarten, ist die Frage nach Ihrem Ethos und Ihrem Rollenverständnis gestellt. Das eine Extrem drückt sich in der Haltung aus: „Die Universität wäre so ein schöner Arbeitsplatz, wenn nicht immer diese Studenten da wären..." „Didaktischer Sozialdarwinismus" als Einstellung ignoriert die Mitverantwortung im System Wissenschaft für die Unterstützung der Studierenden. Auf der anderen Seite steht die Überidentifikation mit der Betreuerrolle, die vor allem für die eigene Forschung zu wenig Zeit lässt; Betreuungspflichten dienen sogar als Ausreden. Dazwischen befindet sich die anlassbezogene Betreuung nach der Strategie von „trial & error". Insoweit Sie aber eine Ihrer wissenschaftlichen Aufgaben in diesem Bereich sehen, können Sie Ihr Verhalten so weit professionalisieren, dass Sie zielsicherer und damit zeitsparend betreuen.

- Welche Rolle in meinem Selbstverständnis als Wissenschaftler/in spielt die Betreuung Studierender?
- Wie wichtig ist es mir, das gut zu machen – im Vergleich mit der Forschung, der Lehre im engeren Sinn und mit administrativer Verantwortung?
- Neige ich dazu, den Unterstützungssuchenden ihre Selbstverantwortung abzunehmen und mir zu viel aufzubürden?[103]
- Wo sehe ich die Grenzen meiner Verantwortung und Kompetenz als Betreuer/in?

Kommunizieren Sie klar, wofür Sie sich zuständig fühlen und wofür nicht. Respektieren Sie die eigenen Grenzen zeitlicher Natur sowie fachlicher und sprachlicher Art (vor allem bei Dissertationsbetreuung).
Behalten Sie Rollenklarheit, um Übertragungskonflikte zu vermeiden.
Bei einer Co-Betreuung mit einer Kollegin oder einem Kollegen sollten die Anforderungen und der Betreuungsstil rechtzeitig akkordiert werden, um später zeitraubende Diskussionen zu vermeiden.

---

[103] Vgl. Martin Heideggers Unterscheidung von „einspringender" und „vorspringender" Fürsorge, deren erste dominiert und unselbständig macht, während die authentische Art der Fürsorge freisetzt; in: Sein und Zeit, Tübingen (Niemeyer) 1986[16], 122.

Nach der Reflexion auf die Frage, wie und mit welcher Einstellung Sie Studierende betreuen, ist es nötig, sich der Frage nach dem „Was“ zu stellen.

Seitens der Studierenden können Probleme auf ganz verschiedenen Ebenen an Sie herangetragen werden, die tieferen Ursachen sind dabei oft verdeckt. Wenn Sie diese nicht erkennen – um notfalls deren anderweitige Lösung anzuregen –, verlieren Sie viel Zeit mit vordergründigen Schwierigkeiten, die sich auf dieser Ebene gar nicht lösen lassen.

Sie können, abgesehen von fachlichen Problemen im engeren Sinn, konfrontiert werden mit

- fehlenden Grundkompetenzen (wissenschaftlich, sprachlich, orthografisch...)
- Problemen der Selbstorganisation (Projekt- und Zeitmanagement)
- Motivationsproblemen (aufgrund fehlender Zielorientierung oder Fehlentscheidungen)
- psychologischen Problemen wie Schreibhemmung, Redehemmung, der Weigerung, Selbstverantwortung zu übernehmen, Selbstüberforderung, starken Ängsten[104], privaten und familiären Konflikten
- finanziellen und (studien)rechtlichen Problemen

Bei einer nicht eindeutig sachbezogenen und vorübergehenden Schwierigkeit, die an Sie als Lehrende/r herangetragen wird, sollten Sie sich die Frage stellen, welcher Art das Problem wirklich ist: fachlich / prozedural / psychologisch / moralisch / aufgrund äußerer Umstände?
Sprechen Sie mit anderen Lehrenden, die den Studenten oder die Studentin kennen, und tauschen Sie Ihre Eindrücke und eventuelle Hilfestellungen aus.
Psychologische Grundkenntnisse sind zum Verständnis von individuellen Schwierigkeiten und möglichen Lösungsansätzen sowie zum Erkennen eigener Kompetenzgrenzen sehr hilfreich.

Wie gesagt, nicht für alles sollen Sie Hilfe anbieten; es ist aber doch zielführend, in einem guten Gespräch darauf hinzuweisen, wo Sie tiefere Probleme vermuten und wo eventuell weitere Unterstützung gefunden werden kann. Für diesen Fall ist es gut, eine Liste mit Hilfsangeboten an Ihrer Universität und in Ihrer Stadt bereit zu halten. Im Allgemeinen können

[104] Vgl. anschaulich Wolfsberger: Frei geschrieben, Kap. 16, bes. 175. Erhellend für Lehrende, deren eigene Befindlichkeit als Studierende schon vergessen ist, sind auch Kapitel 9 und 10 zur Stärkung der Sensibilität im Gespräch mit unsicheren Studenten.

Sie an die Studierendenberatung der Österreichischen HochschülerInnenschaft bzw. des Studentenwerks o.Ä. verweisen. An vielen Universitäten gibt es psychologische Beratungsstellen. Zum Glück breiten sich Schreibwerkstätten[105], Diplomarbeitsgruppen, Coaching-Angebote usw. aus.

Im Sinn einer langfristigen Anleitung zu erfolgreicher wissenschaftlicher Praxis ist es natürlich ideal, wenn es im Fachbereich eine systematische, womöglich mehrstufige Einführung in das wissenschaftliche Arbeiten mit Hilfe von Proseminaren, Übungen und schriftlichen Hinweisen gibt. Das könnte bedeuten, dass nicht nur das übliche Einführungsseminar im ersten Semester angeboten wird, sondern auch ein weiteres Seminar zum Erarbeiten der Master-, Magister- oder Diplomarbeit am Beginn dieser Studienphase. Denn zu Studienbeginn denkt man sicherlich noch nicht an die Abschlussarbeit und wird entsprechende Methoden vier Jahre später vergessen haben. Wissenschaftliches Projektmanagement unterscheidet sich auch der Sache nach sehr von den Anfängerproblemen.

Wo das gelingt, ersparen sich alle Betreuenden viel Zeit für das Nachholen von Methoden der akademischen Selbstorganisation. Wenn schon einmal die Studienpläne verschult werden, dann sollte die Chance genutzt werden, auch mehr Kompetenzen auf der Metabene zu vermitteln, mindestens als optionales Angebot.

Ihnen selbst wird vieles inzwischen selbstverständlich geworden sein, was Sie bei Diplomanden, Master-Kandidatinnen etc. nicht voraussetzen können. Reflektieren Sie Ihre eigenen Erfahrungen, um den Trainingsbedarf besser zu erkennen:

- Welche allgemeinen Fähigkeiten für Projekt- und Zeitmanagement habe ich im Studium erworben? Wie?
- Was habe ich mir danach erarbeitet – was hätte man mir schon früher beibringen sollen?

Um wiederholten Fragen nach den formalen Anforderungen für schriftliche Arbeiten vorzubeugen, sorgen Sie dafür, dass die Richtlinien im Internet publiziert sind, die an Ihrem Institut gelten – oder speziell bei Ihnen, falls sie vom Standard abweichen.

In der aktuellen Situation – besonders bei der Betreuung einer Abschlussarbeit – helfen Ihnen folgende Regeln:

---

[105] Zum wissenschaftlichen Schreiben siehe auch die Literaturliste oben in Kapitel VI.1.

- Sprechen Sie den Arbeitsplan mit dem/der Studierenden bis zum Schluss ab.
- Kommunizieren Sie Anforderungen und Termine klar. Legen Sie offen, welches Beurteilungsraster (evtl. Punktesystem) Sie bei der Bewertung anwenden werden.
- Definieren Sie rechtzeitig einen Zeitraum für die Korrektur oder Begutachtung der Arbeit, damit Sie dann nicht selbst unter Zeitdruck geraten.
- Auf dem Weg dorthin einigen Sie sich auf geeignete Intervalle für Zwischenberichte und Ihre Rückmeldungen,[106] natürlich in Abstimmung mit Ihrem eigenen Zeitplan. Besprechen Sie, welche Kommunikationsform jeweils am besten erscheint: persönlich, telefonisch, per Post oder E-Mail.

Um effiziente Sprechstunden abzuhalten, ist es gut, sich Grundkompetenzen der Gesprächsführung anzueignen. Folgende Hinweise adaptieren allgemeine Regeln für die Betreuungsrolle in der Wissenschaft:

1. Legen Sie für jedes Gespräch genügend, aber begrenzte *Zeit* fest und kommunizieren Sie das zu Beginn. Auch wenn nur zehn Minuten möglich sind, lässt sich die eine oder andere Frage klären. Lassen Sie ein realistisches und klares *Gesprächsziel* formulieren. Nehmen Sie möglichst Rücksicht auf den Persönlichkeitstyp des Studierenden.

2. Gewinnen und vermitteln Sie Klarheit: Sprechen Sie jetzt in der *Rolle* des Beurteilers, der Gutachterin o.Ä. – oder in der Rolle einer Begleiterin, eines Coaches? Bedenken Sie, dass Studierende oft aus Angst vor schlechterer Bewertung ihre Schwierigkeiten nicht formulieren. Das kostet beide später viel Zeit.
   In jedem Fall zeigen Sie eine kollegiale Einstellung; in keinem Fall lassen Sie sich zu pauschalisierender Kritik oder Überforderung hinreißen.

3. Gemäß den allgemeinen *Regeln für konstruktive Rückmeldungen* sollte man zuerst das Positive hervorheben: Loben Sie, bevor Sie kritisieren. Weisen Sie dann (beispielhaft) auf konkrete Textstellen hin, die verbessert werden müssen, und machen Sie ebenso konkrete Überarbeitungsvorschläge. Ermutigen Sie bei und zu kleinen Fortschritten. Sprechen Sie im Komparativ („Klarer wird es, wenn...“) statt im Superlativ („die logischste Struktur ist...“).

---

[106] Die allgemeinen Feedback-Regeln, die bewirken, dass Kritik konstruktiv ist und angenommen werden kann, wurden an Text-feedback angepasst, siehe Wolfsberger: Frei geschrieben, 208 (nach Peter Elbow).

4. In einer beratenden oder begleitenden Rolle beachten Sie das *Grundmuster eines Coaching-Prozesses:* Ziele – Situation – Optionen – Entscheidung. Ziele sollen für die betreute Person motivierend, machbar und messbar sein (vgl. Kapitel IV.4).
   Eine Herausforderung für routinierte Lehrende ist, aus dem Habitus des Belehrens herauszukommen und Fragen zu stellen. Im Coaching wird besonderer Wert auf offene Fragen gelegt (die nicht mit „Ja/Nein" zu beantworten sind). Hilfreich sind oft zirkuläre Fragen („Was würde eine dritte Person sagen?") und hypothetische Fragen, auch Wunderfragen genannt („Angenommen, Ihr Problem ist schon gelöst, wie kam das?/ Was wird dann anders?").
   Wenn verschiedene Optionen offenstehen, lassen Sie diese auf einer Skala (von 1 bis 10 Punkten oder mit Schulnoten von 5 bis 1) bewerten. Fragen Sie immer so lange nach, bis die Antworten und Entscheidungen konkret sind.

5. Erkunden Sie das *Umfeld,* um einschätzen zu können, welche Hindernisse für effektives Arbeiten und welche Möglichkeiten zur Unterstützung gegeben sind. Bei Motivationsproblemen können Sie eventuell Berufsziele und Optionen erfragen.

6. Definieren und terminieren Sie die nächsten *Schritte,* verabreden Sie Form und Datum der nächsten Rückmeldung.

3 Fokus Administration und Führungsaufgaben

Worum es geht:

Administrations- und Führungstätigkeiten gehören meist zu den Pflichten im universitären Dienst. So übernehmen junge Forscher und Forscherinnen heute wesentlich früher als bisher Personal-, Budget- und Verwaltungsverantwortung und werden damit – wie auch durch gestiegene qualitative Ansprüche in der Lehre und Drittmittelwerbung – stärker durch Verwaltungsaufgaben belastet.

Die Verteilung der administrativen Agenden innerhalb der Abteilungen und Institute geschieht oft willkürlich und nicht nach eindeutig nachvollziehbaren Kriterien wie z.B. freien Kapazitäten, Können und Wissen oder vorhandenen Neigungen. So wird ein Großteil der zu bewältigenden administrativen Arbeiten an die am untersten Ende der Hierarchie stehenden Wissenschaftler/innen übertragen, welche selten die Möglichkeit haben, diese Agenden abzulehnen oder weiterzugeben. Dies führt zu Konflikten für das persönliche Zeitmanagement und das berufliche Fortkommen.

In diesem Kapitel wird die Situation analysiert, werden Hinweise zur Verbesserung gegeben und Prinzipien guter Führung auf den akademischen Bereich angewendet.

Administration als Belastung

Studienprogrammleitung, Leitung von Mobilitätsprogrammen für Studierende oder Lehrende, Entscheidung von Anerkennungsfragen, Prüfungsverwaltung, Berufungs- und Curricularkommissionen, Disziplinar- und Evaluationskommissionen, andere Gremien mit ihren Sitzungen und Protokollen, Leitung von Forschungsprojekten und Abteilungen, Instituts-, Fakultäts- oder Department-Leitung (Dekanat), Rektorat und alle Vize-/ Stellvertretungspositionen, Kurienvertretungen für Lektoren, Assistenten, Professoren, wissenschaftliche Beiräte, bei Instituten angesiedelte Editionen von Zeitschriften und Reihen, Arbeitsgruppen, Beauftragter für EDV und E-Learning,...

Von der gewählten Vertretung der Assistenten an einer Fakultät bis hin zum Rektorat der Universität: Die Pflichten und Aufgaben im Zusammenhang der Administration entwickeln sich zu einer immer stärkeren zeitlichen Belastung, obwohl die akademische Selbstverwaltung doch zum Selbstverständnis der Universität als sich autonom verantwortender und freier Organisation gehört. Die Situation ist ambivalent: Einerseits sind parallel zum Bologna-Prozess und der gewachsenen Autonomie der Universitäten die Anforderungen an ein professionelles Hochschulmanagement bei gleichbleibendem oder sogar reduziertem Personalstand gestiegen, andererseits verstehen sich fast alle in der Wissenschaft Tätigen in erster Linie als Forscher und Lehrende, in deren beruflichem Selbstbild administrative Aufgaben keine Priorität haben.[107]

In Stellenausschreibungen wird häufig die Bereitschaft verlangt, in der Selbstverwaltung mit ihren Ämtern und Gremien mitzuarbeiten. Durch den Bologna-Prozess mussten zudem alle Studiengänge modularisiert werden, was tiefgreifende und teilweise mehrfache Überarbeitungen der Curricula erforderte. Wer daran – auf Kosten seiner eigenen Forschungsziele – mitgearbeitet hat, ist rasch frustriert.

Die Art und Weise der Umsetzung der Bologna-Ziele wird europaweit heftig diskutiert, und vielerorts wird eine Reform der Reform verlangt. Dies führt zu einer Verschärfung der Ambivalenz zum Thema und vergrößert den individuell spürbaren Unmut. Manche orientieren sich nur noch an ihren individuellen Karrierezielen und beschränken ihre konstruktive Mitarbeit auf das unabdingbare Minimum. So werden aber auch die verbliebenen Chancen auf ein faires und gutes Einvernehmen im Institut oder der jeweiligen Organisationseinheit und damit auf eine gemeinsame Mitbestimmung und Mitgestaltung vergeben.

Damit sind wir von der Grundidee und den Pflichten der akademischen Administration bereits zur realen Situation übergegangen. Im Alltag werden wissenschaftliche Angestellte meist durch Bitten von Kollegen, Kolleginnen und Vorgesetzten oder auch durch Druck zur Übernahme einer solchen Verantwortung bewogen. Besonders wer für seine Promotion oder Habilitation oder die Verlängerung eines Zeitvertrags die Unterstützung durch Vorgesetzte benötigt, muss dann eine Balance finden zwischen zeitraubendem Übernehmen von Aufgaben einerseits und Sichern des nötigen Zeitbudgets für die anderen, „eigentlichen" Aufgaben in Forschung und Lehre. Die Kunst, hier effizient vorzugehen und begründet und geschickt „Nein" zu sagen, ist gefragt.

- **Welche administrativen Aufgaben werden an meinem Institut oder meiner Abteilung regelmäßig geleistet? Wer erledigt sie?**

---

[107] „Charakteristisch für Expertenorganisationen ist der Widerspruch zwischen dem Fachsystem der Disziplin und dem sozialen System der Organisation." (Ada Pellert: Institutionelle Rahmenbedingungen für work-life-Balance im „Unternehmen Universität"; in Buchmayr/Neissl (Hg): Work-life-balance, 39.) Es ist eine zentrale Aufgabe von Führung, die Integration dieser Bereiche zu ermöglichen. Experten begegnen der Organisation der Universität und ihrer Verwaltung aber sehr oft mit Misstrauen, was sich für die Zusammenarbeit und das Erreichen gemeinsamer Ziele als kontraproduktiv erweist.

- Wie viel Zeit nehmen die einzelnen Tätigkeiten in Anspruch?
- Wo macht es Sinn, dass ich mich einbringe?

Versuchen Sie, gemeinsam mit Ihren Kollegen und Kolleginnen eine Übersicht über alle im Institut zu erledigenden administrativen Aufgaben zu erstellen (am besten in Tabellenform). Dieser Kommunikationsprozess fördert eine sinnvollere und gerechtere Verteilung und ermöglicht, eventuell gegenüber anderen Instanzen, gemeinsam aufzutreten und geschlossen zu agieren. Er legt nahe, sich über Prioritäten zu einigen und effizientere Abläufe einzurichten.

- Wie effizient und wie fair ist die gegenwärtige Aufgabenverteilung? Was lässt sich verbessern?
- Welche Chancen habe ich selbst aufgrund meiner Stellung in der Hierarchie, etwas zu verändern?

Die skizzierte Situation wird meist dadurch verschärft, dass vor allem Nachwuchswissenschaftler und -wissenschaftlerinnen kaum Unterstützung durch Sekretariate erfahren bzw. unklar ist, wer diese überhaupt in Anspruch nehmen darf – was wiederum innerhalb eines wissenschaftlichen Teams oft zu Konflikten führt. Das hat zur Folge, dass nicht nur das Schreiben, Korrekturlesen, Editieren und „Layoutieren" der eigenen Texte meist selbst zu besorgen sind, sondern auch das Organisieren von Prüfungen und Tagungen, Erstellen von Präsentationen, Betreuung von Lernplattformen, die Korrespondenz (schriftlich und elektronisch), das Vor- und Nachbereiten von Sitzungen usw.

- Welche Konsequenzen für mein wissenschaftliches Zeitmanagement haben die vielfältigen PC-Programme von Tabellen- und Textverarbeitung über Power Point bis hin zur Kommunikation mittels Internet (Institutshomepage betreuen, elektronische Prüfungsanmeldungen, E-Mail...)?
- Inwieweit herrscht in meinem Umfeld und bei mir selbst die selbstverständliche Annahme, dass jede/r wissenschaftlich Tätige das erstens selbst, zweitens rasch und drittens auch zu Hause erledigen könne?

Erstellen Sie eine Tabelle mit Ihren administrativen Tätigkeiten und dem durchschnittlichen Zeitaufwand dafür (in einem Monat oder Semester). Oder zeichnen Sie ein Tortendiagramm mit ungefähren Prozentangaben des

Zeitbudgets für Verwaltung in jeder Ihrer Berufsrollen. So sehen Sie, wohin Ihre Zeit fließt, können das Vorgesetzten oder Kollegen zeigen und eventuell auch begründet „Nein" sagen zu neuen Ansprüchen in diesem Bereich.

- Welche Aufgaben sind mir persönlich wichtig? Warum? Welche belasten mich oft?
- Was lässt sich an Sekretariate, Zentralstellen oder wissenschaftliche Hilfskräfte delegieren?
- Was passiert wirklich, wenn eine weniger wichtige Aufgabe nicht erledigt wird?

Überlegen Sie, wie Sie bei administrativen Agenden effizienter vorgehen können: Kleinigkeiten zusammenfassen, E-Mails rascher beantworten, Tätigkeiten und Schriftstücke immer wieder nach ihrer Wichtigkeit und Sinnhaftigkeit ordnen und aussortieren etc. Verwenden Sie nicht Ihre besten Konzentrationszeiten für Administration.
Tragen Sie im rechten Maß Mitverantwortung für das System, aber „opfern" Sie sich nicht dafür auf.
Definieren Sie, welche Aufgaben wirklich wichtig sind und welche nicht (vgl. Kapitel IV.3 zu „Prioritäten"). Suchen Sie Verbündete und streben Sie eine faire Lösung im Institut an.
Seien Sie sich bewusst, dass Sie wahrscheinlich immer wieder Kompromisse im Sinne der eigenen Karriere machen müssen.

Führungstätigkeit

Im Rahmen der neuen Karrierewege kommen Wissenschaftler und Wissenschaftlerinnen schon sehr früh mit dem Thema Führung in Berührung, denn schon die Leitung von Projekten bedeutet die Übernahme von Verantwortung für Menschen, Budgets und Ressourcen. Andererseits ist die Etablierung von spezifischen Führungskarrieren im deutschen Sprachraum erst in den Anfängen, meist wird Führungsverantwortung zu Professuren einfach hinzugefügt (eventuell mit Entpflichtung von der Lehre). Oft ist diese enge Verbindung von Leitung und Fachkompetenz auch sinnvoll.

Die persönliche Einstellung zum Thema Führung ist in dieser Situation oft sehr ambivalent. Wer eine wissenschaftliche Karriere einschlug, versteht sich als Experte und nicht als Manager und will – so zeigt unsere Erfahrung – gar nicht wahrhaben, dass die Führungstätigkeit eine ganz eigene Aufgabe darstellt, die einen beträchtlichen Teil des Zeitbudgets in Anspruch nimmt und gänzlich andere Qualifikationen verlangt als das Forschen. Dass sehr gute Fachkräfte nicht automatisch gute Führungskräfte sind, ist ein auch in der Wirtschaft bekanntes Phänomen.[108]

Eine Studie der Universität Jena im Jahr 2008, die 600 Mitarbeiter/-innen und Betreute an knapp 100 Hochschulen in Deutschland befragte, kommt zu ähnlichen Ergebnissen: „Der einfache Professor blendet mitunter aus, dass er nicht mehr nur Lehrer, Forscher und Gremienmitglied ist, sondern auch Chef seiner Sekretärinnen, seiner Mitarbeiter und Laboranten sowie natürlich auch seiner Doktoranden und Habilitanden. Die wenigsten Professoren würden sich als Führungskraft bezeichnen. Dafür gilt es einmal, ein Bewusstsein zu schaffen."[109]

Viele führen so, wie sie es als junge Mitarbeiter selbst erlebt hatten, oder meinen, der Freiheit der Wissenschaft durch einen Laissez-faire-Führungsstil am besten gerecht zu werden. Doch die Universität hat sich aufgrund von Exzellenz-Wettbewerb, Bologna-Prozess, Projekten und Kooperationen gewandelt. Mehr denn je müssen Führungskräfte in Bildungseinrichtungen also zwischen widersprüchlichen Einstellungen und Erwartungen, zwischen multiplen und kulturell unterschiedlichen Interessen, internen und externen Einflussgruppen, Wissenschaftlern, Lehrern, Verwaltungen, Studierenden, Öffentlichkeit und Politik vermitteln – und all dies neben dem Erbringen von Spitzenleistungen auf dem internationalen Forschungsparkett. Der externe und interne Erwartungsdruck an Führungskräfte ist in den letzten Jahren dramatisch gestiegen, das nötige Know-how wurde in der wissenschaftlichen Ausbildung nicht vermittelt. Unterstützung wird mittlerweile von fast allen Personalentwicklungen der Universitäten in Form von Seminaren und Coachings angeboten.

- Welchen akademischen Führungsstil habe ich selbst erlebt? Was daran war gut, was schlecht?
- Wo bin ich bereits führend tätig? Inwieweit passt das zu meinem Rollenverständnis?
- Welchen Führungsstil möchte ich – jetzt oder in Zukunft – pflegen?

---

108 Domayer, Ernst: Führung ist nicht gleich Führung, in: Mallich/Gutiérrez-Lobos (Hg.): Die Zukunft des akademischen Personalmanagements, 48–57, zitiert 56.

109 Frank von Bebber: Jeder zweite Professor ist kein guter Chef, http://www.spiegel.de/unispiegel/jobundberuf/0,1518,656815,00.html (13.5.2011).

Zeitmanagement und Führung

Führung ist eine eigene Aufgabe, die mit der wissenschaftlichen Tätigkeit wenig gemeinsam hat. Sie kostet Zeit – erfahrungsgemäß sollte man rund 20 bis 30 Prozent seiner Arbeitszeit dafür einplanen – und schlägt sich oft erst sehr viel später in Ergebnissen nieder. Umgekehrt führt mangelnde oder schlechte Führung sehr rasch zu Motivationsverlusten oder zu Konflikten im Team und verlangt im Nachhinein sehr viel zeitliches Engagement seitens der Führungskraft.

- Wie stehe ich selbst zum Thema Führung? Wie stark ist meine Motivation, mehr als nur meinen direkten Verantwortungsbereich zu gestalten?
- Wie viel Zeit will, wie viel Zeit muss ich der Führungstätigkeit widmen?
- Was bedeutet das für mein Auftreten, meine Planung und mein Leben?

Zu den wesentlichen Aufgaben der Führung zählen:

1. Sich selbst führen:
Wer andere führt, muss erst einmal sich selbst führen können, beruht doch ein erheblicher Teil effektiven Führens auf der Vorbildfunktion. Dazu gehört auch, sich selbst und das eigene Tun immer wieder zu hinterfragen und sich auch Rückmeldung von außen zu holen. Gestehen Sie sich zu, wieder zu lernen und sich dabei auch fallweise professionelle Unterstützung zu holen (z.B. im Rahmen eines Coachings).

- Welche Werte sind mir als Mensch und als Führungskraft wichtig?
- Wer ist mein Vorbild?
- Wie vertragen sich meine Grundsätze und Werte mit der Organisation, in der ich tätig bin, und der dort gelebten Führungskultur?
- Wie kann ich mir auf Dauer und auch in belastenden Situationen treu bleiben?

Selbstführung bedeutet auch, den Umgang mit sich auf der körperlichen, psychischen und geistigen Ebene zu reflektieren. Oft ist es dazu notwendig, sich zuerst selbst wieder zu spüren, die eigenen Bedürfnisse zu erkennen und anzunehmen sowie den Umgang mit Emotionen und Stress zu überdenken und gegebenenfalls zu modifizieren. Sich selbst zu führen, bedeutet aber auch, die eigene Arbeitsorganisation im Griff zu haben, professionell und mit der nötigen Selbstdisziplin verlässlich und berechenbar zu agieren. Ebenso gehört dazu eine gesunde Einstellung zu Konflikten und der konstruktive Umgang mit ihnen.

Planen Sie regelmäßig Zeit für persönliche Reflexion ein. Bitten Sie Mitarbeiterinnen oder Kollegen um Rückmeldungen zu Ihrem Auftreten, Agieren und Führungsverhalten und versuchen Sie, daraus zu lernen. Arbeiten Sie an Ihrer Selbstdisziplin und verbessern Sie Ihre Arbeitsorganisation.

2. Mitarbeiter und Mitarbeiterinnen führen:
Hierzu gehört die Fähigkeit, Menschen einzuschätzen, ihre Fähigkeiten und Potenziale zu erkennen, sie optimal zu fördern und zu fordern.

- Wie gut kann ich Menschen und ihre Potenziale einschätzen?
- Wo sehe ich meine Stärken in der Menschenführung, wo meine Schwächen?

Gelingt mir die Gratwanderung zwischen Mitarbeiter- und Sachorientierung, also zwischen Empathie und der Notwendigkeit, Aufgaben auch konsequent von meinem Mitarbeiterstab einzufordern?

- Wofür brauche ich besonders viel Zeit und Energie?

Führung beginnt bei der Auswahl der richtigen Mitarbeiter/innen – was das Fachwissen, die Persönlichkeit und die Integration in das bestehende Team angeht. Das kostet zwar zunächst viel Zeit und Arbeit, entlastet Sie aber später in Ihrem Führungsalltag.

Nehmen Sie sich genügend Zeit im Vorfeld von Stellenbesetzungen und für die Bewerbungsgespräche.
Halten Sie Kontakt zu allen, die an Ihrem Institut promovieren, um die besten von ihnen für Ihr Team zu gewinnen.
Pflegen Sie das Instrument des Jahresgesprächs, um Leistungen, Motive, Pläne und Ziele zu besprechen.

3. Zusammenarbeit gestalten:
Die Führung eines Teams setzt das Verstehen von gruppendynamischen Prozessen und die Fähigkeit ihrer Steuerung voraus, was oft eine Menge an Fingerspitzengefühl verlangt. Hinweise zur Optimierung eines Teams finden sich oben in Kapitel VI.1 unter „Kooperation“.

- Habe ich genug Wissen über das Funktionieren von Teams? Wer könnte mich beraten?
- Wie kann ich eine wertschätzende Kommunikationskultur innerhalb meines Teams aufbauen und verankern?
- Woran bemerke ich, dass in der Gruppe Konflikte entstehen?
- Welche Konsequenzen kann ich setzen, wenn ich mit Mitarbeitern nicht zurechtkomme?

Gehen Sie selbst als Vorbild voran, was den wertschätzenden Umgang im Miteinander betrifft. Machen Sie sich und den anderen klar, dass unterschiedlichen menschlichen Qualitäten und Verhaltensweisen mit Respekt zu begegnen ist.
Definieren Sie gemeinsam mit Ihrem Team Spielregeln für die Zusammenarbeit, z.B. in welcher Form Kritik geübt wird, eigene Bedürfnisse geäußert oder Konflikte angesprochen werden.
Achten Sie bei der Zusammensetzung Ihres Teams darauf, dass alle Mitarbeiter sich mit ihren Stärken einbringen können (siehe oben Kapitel VI.1). In Besprechungen kann beispielsweise der initiative Typ für das Sammeln von Ideen beim Brainstorming, der Gewissenhafte für die inhaltliche und zeitliche Einhaltung der Tagesordnung sorgen, der dominante Typ für die Zielerreichung und der stetige Typ dafür, dass Projekte auch nach der Anfangseuphorie weiterverfolgt werden.
Betonen Sie auch immer wieder, dass jeder Verhaltensstil für die Gruppe Vorteile mit sich bringt und dass es nur darum geht, diese situationsadäquat einzusetzen und zu würdigen, statt sie herabzusetzen („zielorientiert, kreativ, genau, stabil" statt „egoistisch, chaotisch, pedantisch, unflexibel").

Besprechungen:
Führungskräfte verbringen einen guten Teil ihrer Arbeitszeit mit Besprechungen. Erstellen Sie gemeinsam mit den Beteiligten Regeln für Sitzungen und Besprechungen und sorgen Sie vor allem dafür, dass diese auch eingehalten werden.

Idealerweise nimmt jemand aus dem Team oder auch Sie selbst die Moderationsfunktion wahr, sorgt also für einen reibungslosen organisatorischen Ablauf wie Einhaltung der vereinbarten Spielregeln, der vorgesehenen Zeit pro Tagesordnungspunkt, der Zielorientierung bei ausufernder Diskussion etc. Bei komplexeren Themen oder einer jährlichen Teamklausur sollte auf jeden Fall eine externe Moderation beigezogen werden.

Regelmäßige Teambesprechungen (alle 1–2 Wochen) sorgen für einen guten Informationsfluss, beugen allfälligen Missverständnissen sowie Gerüchten vor und sparen daher viel Zeit und Ressourcen.

Teilnehmende: Bei Teambesprechungen sollte immer das gesamte Team anwesend sein, also auch Sekretariat und Personen, die Teilzeit arbeiten. Eventuell können spezielle wissenschaftliche Fachthemen am Ende der Besprechung behandelt werden, wo dann nur die am jeweiligen Projekt Beteiligten dabei sein müssen.

Tagesordnung: Jede Besprechung braucht eine Tagesordnung mit Angabe von Zeit (Beginn- und Endzeit) und Agenda. Am besten geben Sie auch jedem Tagesordnungspunkt ein Zeitlimit bzw. legen gemeinsam fest, wie viel Zeit jedem Tagesordnungspunkt gewidmet werden soll.

Bei Teambesprechungen hat sich die Regel sehr bewährt, dass alle bis 24 Stunden vor Besprechungsbeginn die für ihn wichtigen Agendapunkte dem Sekretariat nennen soll.

Pünktlichkeit: Sorgen Sie für Pünktlichkeit – zu Beginn, bei Pausen und am Ende der Besprechung. So disziplinieren Sie auch Zuspätkommende, die sonst einen wesentlichen Teil der Informationen versäumen.

Sach- und emotionale Themen: Ist die Tagesordnung durchgearbeitet, so geben Sie auch jenen Themen Raum und Zeit, die das „Wie" der Zusammenarbeit betreffen; z.B. was Person X sich von Person Y wünscht, um besser arbeiten zu können, oder vielleicht, dass die bis vor einem Jahr üblichen gemeinsamen Mittagessen wieder aufleben sollten, etc.

Protokoll: Sorgen Sie dafür, dass für jede Besprechung ein Protokoll geschrieben wird. Es genügt, wenn in Stichworten die wesentlichen Diskussionspunkte und Ergebnisse festgehalten werden – eventuell schon während der Besprechung auf einem Laptop geschrieben. So wissen auch Abwesende über den Stand der Dinge Bescheid bzw. kann sich niemand mehr darauf ausreden, nicht ausreichend informiert worden zu sein.

Pausen: Bei längeren Besprechungen (mehr als 1,5 Stunden) sollten Sie eine kurze Pause (von 10 Minuten) einlegen. Beginnen Sie wieder pünktlich zur vereinbarten Zeit, sonst verlaufen sich die Teilnehmenden in ihren Büros, beim Beantworten ihrer E-Mails bzw. der inzwischen eingegangenen Telefonate.

4. Die Organisation entwickeln:

Jede Führungskraft steuert und führt nicht nur über direkte Einflussnahme auf Personen, sondern über Regeln, Strukturen und Prozessbeschreibungen. Dies bedeutet zunächst einmal die Definition von Aufgaben, Kompetenzen und Verantwortungen, was sich oft als eine Gratwanderung zwischen zu vielen und zu wenigen Regeln, zu viel Bürokratie und zu viel Freiraum („Laissez-faire") herausstellt.

- Neige ich mehr zu einem „diktatorischen" oder „kumpelhaften" Führungsstil? Welche früheren Erfahrungen und Motive stecken dahinter?
- Was halte ich selbst von Regeln? Wie oft ändere ich Regeln? Agiere ich flexibel oder eher konsequent?
- Welche Signale und Rückmeldungen erhalte ich auf meinen Führungsstil?

Erstellen Sie für jede Position ein klares Aufgabenprofil. Besprechen Sie mit Ihrem Team die administrativen Tätigkeiten, die es insgesamt zu erledigen gibt, und bemühen Sie sich um eine transparente und gerechte Verteilung der Verwaltungsaufgaben.
Überlegen Sie, welche Regeln Sie aufstellen, kommunizieren Sie diese klar und halten Sie auch daran fest.
Lassen Sie Ihren Mitarbeitern genügend Freiheit in der Erledigung ihrer Aufgaben, aber geben Sie ihnen auch den notwendigen Rückhalt.

5. Visionen entwickeln und Aufgaben und Ziele erfüllen:
Ziele ergeben sich einerseits aus den Vorgaben der Organisation, andererseits aus Ihren ganz persönlichen Visionen und Zielen. Ziele sind motivierend für das gesamte Team, weisen den Weg und die Richtung und geben Sinn (vgl. Kapitel IV.4).

- Wissen und unterstützen meine Teammitglieder die gemeinsamen langfristigen Ziele?
- Wie erkenne und messe ich das Erreichen von Zielen?
- Wie und woran werde ich merken, dass wir gut gearbeitet haben?
- Wie gehe ich mit Fehlern um?
- Wann und wie soll evaluiert werden?

„Wurschteln" Sie sich nicht durch, sondern definieren Sie, wie Ihre Organisationseinheit oder Ihr Team in 3 bis 5 Jahren dastehen soll.
Bemühen Sie sich um realistische Ziele, was die benötigte Zeit und Ressourcen betrifft. Über- und unterfordern Sie weder sich selbst noch Ihr Team.

4 Fokus wissenschaftliches Vorfeld

Worum es geht:

Wissenschaftliche Aktivitäten geschehen zu einem guten Teil im Vorfeld der Universitäten, in Redaktionen wissenschaftlicher Zeitschriften, in Medien und den diversen Fachgesellschaften. Oft als „Jahrmärkte der Eitelkeiten" verschrien, sind sie aus der Forschungslandschaft nicht wegzudenken als Träger von Projekten, als Informationsplattformen oder auch als Orte des persönlichen Kennenlernens und des Wissenstransfers. Junge Forschende, die in einer der Gesellschaften zur Mitarbeit eingeladen oder mit Funktionen betraut werden, fühlen sich hin- und hergerissen zwischen dem Gefühl der Ehre, der Einsicht in die Notwendigkeit des Netzwerkens und der zusätzlichen, oft nicht unbeträchtlichen Arbeitsbelastung.

Hier erfahren Sie, welchen Nutzen Ihnen Aktivitäten in wissenschaftlichen Gesellschaften bringen, welche Fallen sich Ihnen stellen und wie Sie Für und Wider dieser außeruniversitären Betätigung abwägen können.

Ursprung und Hintergrund wissenschaftlicher Gesellschaften

Die großen wissenschaftlichen Leistungen kommen heute kaum ohne Netzwerke zustande. Wissenschaftliches Einzelkämpfertum, wie es beispielsweise Robert Koch noch lebte, ist in den letzten hundert Jahren eher zur Ausnahmeerscheinung geworden. Diese Netzwerke brauchen ein Fundament, also eine Trägerorganisation mit funktionierenden Strukturen und vor allem Menschen, die sich mit ihr identifizieren und mit Hingebung sehr viel unbezahlte Arbeit leisten.

So betont auch Karl Popper, dass die Wissenschaft und insbesondere der wissenschaftliche Fortschritt nicht „das Ergebnis isolierter Forschung ist, sondern der freien Konkurrenz des Denkens, nämlich der Konkurrenz zwischen Hypothesen und rigorosen Prüfungen". Die konkurrierenden Hypothesen müssen durch Personen vertreten sein, und diese Vertretung muss institutionell organisiert werden, wenn sie funktionieren soll. Er erwähnt zwar explizit keine wissenschaftlichen Gesellschaften, sondern Laboratorien, Kongresse und Journale, meint aber, dass alle diese Institutionen „ihre Existenz und ihren Fortbestand wissenschaftlichen Vereinen verdanken."[110]

Die wissenschaftlichen Gesellschaften haben ihren Ursprung in der Londoner „Royal Society" des 17. Jahrhunderts, die ein privater Zusam-

---

[110] Fröhlich, Gerhard: verein.wissenschaft, Entstehung und Funktionen wissenschaftlicher Gesellschaften, http://www.iwp.jku.at/lxe/wt2k/pdf/verein-wissenschaft.pdf, 256 (13.5.2011).

menschluss von Amateuren und Gelehrten unter Billigung des Königs war. Die Wissenschaftsforscherin Ulrike Felt sieht in ihnen sogar den wesentlichen Schritt zur Institutionalisierung von neuzeitlicher Wissenschaft. Wenn auch im Vordergrund die gegenseitige Information stand, so wurden hier auch Strategien zur Vorenthaltung neuester Forschungsergebnisse gepflogen, und man versuchte, „die Rivalen nicht auf Fährten zu locken, ehe der Gedanke weiter ausgebaut war". Gerhard Fröhlich spricht in diesem Zusammenhang sogar von Kriegslist und optimaler Informationsvorenthaltung.[111]

Wir überlassen es dem Leser und der Leserin, sich darüber ein Urteil zu bilden, inwieweit der letztgenannte Punkt auch heute noch zutrifft. Aber es liegt in der Natur des Menschen, auch des wissenschaftlich tätigen, dass neben den sachlichen Aspekten wie Organisation von Fachtagungen, Herausgabe von Publikationen oder dem Vermitteln wissenschaftlicher Erkenntnisse an die Öffentlichkeit auch Motive wie Ehre, Reputation oder Demonstrieren von Gruppenzugehörigkeit und Status im eigenen Gebiet eine Rolle spielen. Die Übernahme von Funktionen bedeutet meist auch eine vermehrte Einflussnahme nicht nur in der Gesellschaft, sondern oft sogar in der gesamten „scientific community". Denn so lässt sich mitbestimmen, wer zu Vorträgen, Vorsitzen oder Posterpräsentationen eingeladen wird, wer welchen Preis zuerkannt bekommt oder auch wer in welcher Zeitschrift mit welchem Impact-Faktor publizieren darf. Belohnt wird die viele unbezahlte Arbeit mit klingenden Titeln, Auszeichnungen und für die besonders Verdienten einer (Ehren-)Ämterverleihung auf Lebenszeit.

Die prestigeträchtigsten Gesellschaften behalten es sich vor, Interessenten nur auf Empfehlung von Vorstandsmitgliedern oder nach Abhaltung einer Antrittsvorlesung aufzunehmen. Weniger feudale Vereinigungen setzen lediglich die Bezahlung einer Mitgliedsgebühr voraus, was für junge Forschende, die vielleicht in mehreren Gesellschaften aktiv sind, eine nicht unerhebliche finanzielle Belastung bedeutet.

Handlungsmotive

Die öffentliche Hand zieht sich aus der Finanzierung von Forschungsprojekten und der Bereitstellung von Planstellen an Universitäten immer mehr zurück. Ein wachsender Teil der Forschenden hängt daher von drittmittelfinanzierten Projekten ab, um die sie sich auch noch selbst bemühen müssen. Um Geldgeber zunächst zu entdecken und später zu motivieren,

---

[111] Ebenda, 260.

bedarf es nicht nur einer guten Idee und eines Finanzierungsplans, sondern auch entsprechender Kontakte, die eben sehr oft in wissenschaftlichen Vereinigungen entstehen. Wer etwa ein EU-Projekt einreicht, muss bereits bei der Antragstellung ein international zusammengesetztes Team vorzeigen können.

Wer sich in bestimmte Fachfragen im Rahmen des eigenen Forschungsgebiets vertiefen oder sich hier einen Namen machen möchte, dem bieten Gesellschaften entsprechende Entwicklungschancen und Möglichkeiten der lokalen, nationalen oder auch weltweiten Vernetzung. Oft wird man weiterempfohlen, was vor allem für junge Forschende ein ganz wesentlicher Faktor für das berufliche Fortkommen ist, da heute eine wissenschaftliche Laufbahn ohne Auslandsaufenthalt undenkbar ist.

Der Wunsch, Einfluss zu nehmen und an Macht innerhalb der „scientific community" zu gewinnen, ist wahrscheinlich in jeder Lebensphase ein Motiv, sich in wissenschaftlichen Vereinen zu betätigen. Denn sehr häufig bringt die Übernahme einer Funktion in einer Gesellschaft einen Mehrwert nicht nur für die Laufbahn, sondern auch für den Status an der Universität.

In jungen Jahren bleibt oft gar keine andere Möglichkeit, als den Verbänden der Vorgesetzten beizutreten und hier auch gleich eine Menge Arbeit zu übernehmen. Wer sich gerade habilitiert, kann nur schwerlich die Organisation der nächsten anstehenden institutseigenen Konferenz verweigern. Auch die Mitarbeit bei wissenschaftlichen Zeitschriften, vielleicht als Junior-Redakteur, bietet Erfahrungs- und Kontaktmöglichkeiten; das Auftreten bei Podiumsdiskussionen oder in Medien hilft dabei, sich einen Namen zu machen.

Doch natürlich ist bei vielen die Triebfeder der Verbandsaktivität das Verlangen, Dinge in Gang zu setzen, etwas zu bewegen und damit einen Beitrag zum Fortschritt zu leisten (siehe auch Kapitel II.1).

Wissenschaftler und Wissenschaftlerinnen, die viel alleine arbeiten, betrachten die Tätigkeit in einer wissenschaftlichen Gesellschaft auch oft als anregenden Ausgleich zur einsamen Arbeit am Schreibtisch. Für sie ist das Gespräch mit anderen, der Gedanken- und Wissensaustausch nicht nur notwendige Anregung und ein „Herauskommen aus der Einsamkeit", sondern auch die Möglichkeit, sich selbst, Ideen, Gedankenansätze und Theorien zu reflektieren und auch immer wieder in Frage zu stellen.

Wissenschaftliche Öffentlichkeitsarbeit gewinnt aus verschiedenen Gründen an Bedeutung. So lassen sich für Themen, die bekannt und gefragt sind, leichter Sponsoren finden, andererseits muss auch die breite Öffentlichkeit seriös über neue Forschungserkenntnisse aufgeklärt werden. Das betrifft nicht nur die Naturwissenschaften (z.B. bei Flutkatastrophen oder nuklearen Zwischenfällen) und Medizin (z.B. Krebsvorsorge oder Vorbeugung von Herz- und Kreislaufkrankheiten), sondern ebenso Bereiche der Philosophie (z.B. wie lebe ich richtig?), Ethik (z.B. Genforschung) oder Kulturwissenschaften (Globalisierung). Wissenschaft für die Allgemeinheit verständlich zu machen, kann darum ebenfalls eine Motivation sein, sich in Fachverbände einzubringen.

Konsequenzen für das Zeitmanagement

Die hohe Kunst des wissenschaftlichen Netzwerkens besteht darin, im richtigen Augenblick zu den richtigen Tätigkeiten „Nein" zu sagen. Noch mehr als in anderen Bereichen gilt es hier, Dinge gegeneinander abzuwägen, sich über Zeitaufwand und Nutzen klar zu werden und Prioritäten zu setzen. Als Entscheidungskriterien können die eigene Persönlichkeit und Werte, der Zeitpunkt im Leben und die Art der Aufgabe herangezogen werden. Außerdem muss jede zusätzliche Aktivität im Kalender Platz finden.

Persönliche Eitelkeit oder die Unfähigkeit, rechtzeitig „Nein" zu sagen, haben schon viele Menschen in Aufgaben getrieben, die sie nie übernehmen wollten oder konnten. Freilich hängt es auch von der Lebensphase ab, ob man es sich erlauben kann, „Nein" zu einem Angebot zu sagen. Am Anfang der Laufbahn wird dies nicht so einfach, unklug oder sogar unmöglich sein. Wer sich hingegen in einem Fachgebiet einmal einen Ruf erarbeitet hat, tut sich naturgemäß leichter, Absagen zu erteilen. Hier mag der Satz zutreffen: „Willst du etwas gelten, mach' dich selten!"

In ein Netzwerk kommt man nur hinein, wenn man dafür etwas gibt. Zu Beginn werden es wahrscheinlich nicht die prestigeträchtigsten Aufgaben sein, die man übertragen bekommt, sondern schlicht und einfach jene Arbeit, die niemand anderer bereit ist zu tun. Beißen Sie sich durch diese Phase, aber sehen Sie zu, dass Sie hier nicht hängenbleiben.

- Welches Motiv bewegt mich, mich in einer wissenschaftlichen Gesellschaft zu engagieren? Vorantreiben meiner Karriere, Druck der Vorgesetzten, Eitelkeit, Geschäftigsein, Flucht aus der Einsamkeit, Popularisierung der Wissenschaft oder auch anderes?
- Bin ich vielleicht gefangen in meinen Bedürfnissen, von allen gemocht zu werden, überall dabei sein zu müssen, sage ich zu rasch und unreflektiert zu Anfragen oder Möglichkeiten „Ja"?
- Welche mir wichtigen Ziele kann ich durch Engagement im wissenschaftlichen Vorfeld befördern, und was ist mein Minimum an außeruniversitären Aktivitäten?

- Wo liegt mein Maximum, über das hinaus meine Forschung, Lehre oder mein Privatleben Schaden erleiden?
- Wie werde ich von mir wichtigen Vorgesetzten, Kollegen und Kolleginnen wahrgenommen: als im „stillen Kämmerlein" sitzender Sonderling, als omnipräsenter „Macher" bzw. „Macherin" oder irgendwo dazwischen? Welchen Eindruck will ich machen?
- Welche wissenschaftlichen Vereinigungen sind objektiv wichtig, welche passen gut zu meinen Forschungsgebieten? Wie kann ich Synergien schaffen und gut für mich und meine Arbeit nützen?

Setzen Sie bewusst Prioritäten, wenn es um außeruniversitäre Aktivitäten geht. Bedenken Sie immer Zeitaufwand und Nutzen, aber auch mögliche Synergien, die sich daraus ergeben könnten.
Wenn Sie „Nein" sagen wollen, aber gleichzeitig deswegen Bedenken haben, überlegen Sie, was im schlimmsten Fall passiert, wenn Sie ablehnen („Worst-Case-Szenario").
Tauschen Sie sich mit erfahrenen Kollegen und Kolleginnen aus: Zu welchem Netzwerk rät man Ihnen, wie könnten Sie sich da einen guten Eintritt verschaffen, und welche Aufgabe könnten Sie übernehmen?
Sortieren Sie immer wieder aus: Für eine neue Funktion oder Mitgliedschaft sollten Sie eine alte abgeben. Wählen Sie immer bewusst und konsequent und passen dies Ihren Lebens- und Berufszielen an.

VII. Als Frau in der Wissenschaft

Worum es geht:

„Das meiste haben wir gewöhnlich in der Zeit getan, in der wir meinten, zu wenig zu tun."

Marie von Ebner-Eschenbach: Aphorismen

Universitäten waren über Jahrhunderte eine Domäne der Männer. Heute stellen weibliche Studierende in vielen Studienrichtungen die Mehrheit dar, am oberen Ende der universitären Hierarchie sind Frauen aber nach wie vor selten vertreten. Die Gründe dafür sind sehr unterschiedlich und werden aktuell wieder heftig diskutiert. Vermutet werden sie in der berühmten „gläsernen Decke", männlich geprägten Machtstrukturen und in zunehmenden Unlustgefühlen der Frauen selbst, sich dem Konkurrenzkampf in der „scientific community" zu stellen.[112] *Zudem belastet die Gleichzeitigkeit von Karriere und Familiengründung, verbunden mit der Forderung nach Vollzeitforschung, Mobilität und geradlinigen, nicht unterbrochenen Lebensverläufen Wissenschaftlerinnen noch immer stärker als ihre männlichen Kollegen.*

Männliche und weibliche Karriereverläufe am Beispiel der Universität Wien

Seit Jahren zeichnet sich folgendes Bild ab: Hohen Frauenanteilen unter den Studierenden stehen niedrige Frauenanteile auf den höchsten Stufen der wissenschaftlichen Karriere gegenüber.[113] Die Studierenden der Universität Wien beispielsweise sind zu zwei Dritteln weiblich.

Die Assistenten/innen (der in Österreich sogenannten Säule 2) sind dagegen nahezu zu zwei Dritteln männlich. Unter den Habilitierten ist nur mehr jede fünfte Person eine Frau, die Frauenquote auf der professoralen Ebene betrug im Januar 2009 knapp über 16 Prozent. Die einzige Personengruppe, bei der die Geschlechterverhältnisse ausgeglichen sind, ist jene der Assistenten/innen der Säule 1.

Auch die Leitungsfunktionen der Universität Wien sind mit einer Ausnahme männlich dominiert: Von den 9 Universitätsratsmitgliedern waren Anfang 2009 5 Frauen und 4 Männer, der Frauenanteil im Rektoratsteam

---

112 Vgl. Bender, Christiane: Frauen in der Kümmerfalle, http://www.zeit.de/2011/09/C-UniFrauen (1.10.2011), 2.

113 Gender im Fokus. Frauen und Männer an der Universität Wien, Abteilung Frauenförderung und Gleichstellung der Universität Wien, 2009, 86.

betrug aber 20 Prozent. Von den 18 Senatsmitgliedern in der Funktionsperiode ab Juni 2010 sind 10 Männer und 8 Frauen.[114]

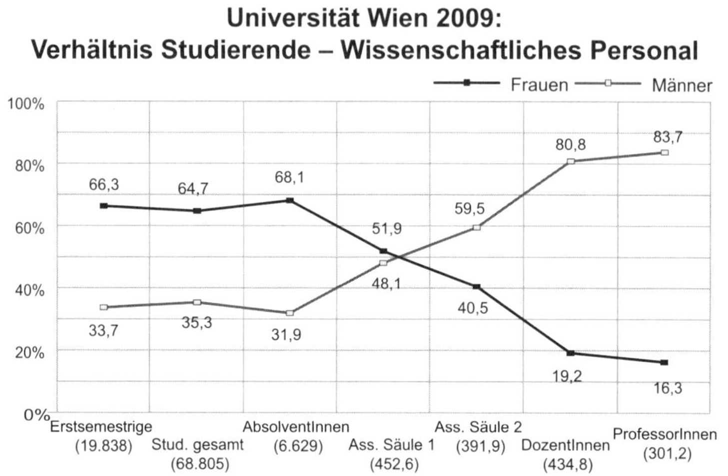

Frauen haben also in der „scientific community" Fuß gefasst, dennoch ist die Karriere in der Wissenschaft ein männliches Phänomen: „Einer hierarchischen Strukturdominanz der Männer steht eine institutionalisierte Frauenförderpolitik gegenüber mit Gleichbehandlungsgesetz, Arbeitskreisen für Gleichbehandlungsfragen, Quotenregelungen u.v.m."[115] Frauen in der Wissenschaft sind also einerseits zu einer Selbstverständlichkeit geworden, und zwar nicht nur als Studierende, sondern auch als Lehrende und Forschende, andererseits stellen sie, zumindest ab der Stufe der Habilitation, eine Ausnahme dar.

Die Gründe dafür sind vielfältig. Die Ursachen für die Behinderung der Partizipation von Frauen werden vermutet in männlich-homogen zusammengesetzten Entscheidungsgremien, der Bildungssozialisation und dem gesamten Bereich der Mentalitäten und Traditionen, der Werte und Normen, der Klischees und Vorurteile. Die Europäische Kommission spricht sogar von einem nötigen Kulturwandel in der Wissenschaft.[116]

---

[114] Das österreichische Universitätsgesetz 2009 schreibt für neu konstituierte Universitätsgremien grundsätzlich eine 40-prozentige Frauenquote vor. Für Universitätsräte, Rektorate, Berufungs- und Habilitationskommissionen gilt dies absolut. Bei den größtenteils durch Wahl bestimmten Senaten müssen dagegen nur die wahlwerbenden Gruppen auf ihren Listen eine 40-Prozent-Frauenquote haben.

[115] Lichtenberger-Fenz/Ingrisch: Beruf, Karriere und Wissenschaft, 16.

[116] Ebenda, 17.

Frauen, die jahrhundertelang von der Wissensproduktion formell ausgeschlossen waren, mussten und müssen erst einmal lernen, mit dem männlich formierten Bild der Wissenschaft umzugehen und sich allmählich eine eigene Rollenidentität schaffen, beginnend bei der Frage des Stellenwerts des Berufs im Leben.

Die Berufsorientierung ist für die heute in den Arbeitsprozess einsteigenden akademisch gebildeten Frauen zwar eine Selbstverständlichkeit, doch geschieht es „im Vergleich zu ihren Kommilitonen etwas zögerlicher".[117] Das Klima an den Universitäten ist in den letzten Jahren sehr viel rauer geworden, gleichzeitig ist die Bürokratie gewachsen, was zu einer Beschneidung der individuellen Freiheit und Selbstbestimmung geführt hat. Frauen bekommen dies doppelt zu spüren, werden sie doch sehr häufig für Lehrtätigkeiten am Beginn des Bachelorstudiums eingesetzt und mit sehr zeitaufwendigen und wenig prestigeträchtigen Belangen des Instituts betraut (z.B. Betreuung von Erasmus-Programmen), die – einmal übernommen – auch immer bei ihnen bleiben.

- Wie will ich als Frau den Beruf der Wissenschaftlerin leben?
- Habe ich Vorbilder, an denen ich mich orientieren könnte, oder muss ich mir ein ganz neues Lebensmodell schaffen? Habe ich den Mut und die Kraft dazu?
- Was habe ich schon, was brauche ich noch, um meine diesbezüglichen Wünsche und Vorstellungen zu verwirklichen?

Suchen Sie Verbündete – ob männlich oder weiblich –, die ein anderes oder neues Verständnis des wissenschaftlichen Tätigseins leben.
Vereinbaren Sie mit Ihrem/r Vorgesetzten fixe Forschungszeiten und bestehen Sie auf dieser Vereinbarung.
Stellen Sie für sich fest, wo – im Institut oder zu Hause – Sie am besten störungsfrei arbeiten können, und versuchen Sie, entsprechende Vereinbarungen mit Ihrem/r Vorgesetzten zu treffen.
Planen Sie realistisch und räumen Sie Ihren eigenen wissenschaftlichen Arbeiten oberste Priorität ein. Administration und die Projekte der anderen sollten einen zweitrangigen Platz einnehmen.

[117] Bender: Frauen in der Kümmerfalle, http://www.zeit.de/2011/09/C-Uni-Frauen (1.10.2011), 2.

Sozialisationsbedingte Zeitfallen

Männer und Frauen werden von klein auf mit ganz unterschiedlichen Botschaften und damit gesellschaftlichen Erwartungen konfrontiert, die sich später auf das individuelle Zeit- und Energiemanagement auswirken.

Sich anzupassen, nachzugeben oder für andere Verantwortung zu übernehmen, all dies zählt zu typisch weiblichen Verhaltensmustern, die meist schon in der frühen Kindheit eingeübt wurden. Sich im Berufsleben durchsetzen und behaupten zu müssen, führt sehr oft zu einem Konflikt in der Wahrnehmung der eigenen Weiblichkeit, die auf Kooperation und Verständnis und nicht auf Auseinandersetzung und Aggression ausgerichtet wurde. Sich entsprechend den gesellschaftlichen Rollenstereotypen zu verhalten, wird aber von der Umgebung immer wieder eingefordert. Dieser Zwiespalt zwischen erlerntem Verhalten, gesellschaftlichen Rollenerwartungen und tatsächlichen beruflichen Anforderungen führt sehr oft zu einem inneren Konflikt, der viel Kraft kostet.

Frauen haben auch oft ein sehr ausgeprägtes Appellohr, hören also Bedürfnisse bei anderen heraus, die (noch) nicht ausgesprochen wurden. Sie fühlen sich in hohem Ausmaß für die innerhalb einer Organisation herrschende Atmosphäre zuständig, was nicht nur viel Zeit, sondern auch Energie kostet.

Frauen sagen daher sehr oft „Ja“ zu Aufgaben, die außerhalb ihres eigentlichen Arbeitsgebiets liegen. Sie übernehmen diese Tätigkeiten häufig auch dann, wenn sie damit ihr Leistungsvermögen überschreiten. Die Angst, andere vor den Kopf zu stoßen, mangelnde Abgrenzung und die Tatsache, dass Frauen auch im beginnenden 21. Jahrhundert ihre fachliche Kompetenz immer wieder unter Beweis stellen und um ihre Akzeptanz in Gremien und der wissenschaftlichen Öffentlichkeit kämpfen müssen, zählen zu den wesentlichen Ursachen dieser Verhaltensweise.

Selbst arrivierte Wissenschaftlerinnen sehen sich diesem Phänomen ausgesetzt. So erzählt die deutsche Biologin Julia Fischer in einem Interview mit der ZEIT: „Wenn ein Mann etwas sagt, wird das in der Wichtigkeit mit dem Faktor zwei verdoppelt. Und wenn eine Frau etwas sagt, passiert gar nichts. Da muss man dann schon immer wieder nachhaken und auch betonen, von wem die Idee, die später sehr gerne von Kollegen aufgenommen wird, ursprünglich stammt.“[118]

Die eigenen Ziele und Pläne durchzusetzen, fällt vielen Frauen schwer. Sie assoziieren – so unsere Erfahrung – damit oft Rücksichtslosigkeit und Egoismus oder auch ein Hintanstellen der Interessen der Organisation, für die sie tätig sind. Wer die eigenen wissenschaftlichen Ziele nicht konse-

---

[118] Die Zeit, 28.10.2010, http://www.zeit.de/2010/44/Interview-Fischer (13.5.2011).

quent und vorrangig verfolgt, den bestraft jedoch das herrschende Evaluationssystem, das bei Vertragsverhandlungen nach der Zahl der Publikationen und Forschungsprojekte und nicht nach den Administrations- oder Lehrleistungen fragt.

Gehen Sie zielorientiert und strategisch vor. Bauen Sie Netzwerke auf und pflegen Sie diese.
Planen Sie rechtzeitig – eventuell abgestimmt auf Ihre Familienplanung – Forschungsaufenthalte im Ausland ein.
Nehmen Sie sich selbst und Ihre Ziele wichtig und stellen Sie diese in den Mittelpunkt Ihres Lebens. Grenzen Sie sich gegenüber den Zielen und Anforderungen Ihrer Umgebung (beruflich und privat) ab, um eine bewusste und freie Balance zu erreichen.
Bauen Sie unangebrachte Schuldgefühle ab. Es ist Ihr Recht, zuallererst auf die eigenen Bedürfnisse zu achten und für sich selbst gut zu sorgen.
Bewahren Sie sich Ihre Empathie, aber werden Sie nicht die „Psychotherapeutin" Ihrer Umgebung.
Trainieren Sie Ihre Rhetorik und Durchsetzungsstärke, um sich bei Gesprächen und Verhandlungen besser zu behaupten. Nützen Sie entsprechende von den Personalentwicklungen der Universitäten angebotene Seminare und Coachings.

Vereinbarkeit von Beruf und Familie

Die Frage der Vereinbarkeit von Familie und Beruf ist für Frauen und Männer nach wie vor unterschiedlich besetzt. Die Ursachen dafür sind vielfältig und können hier nicht diskutiert werden.

In umfassenden statistischen Auswertungen ergibt sich jedenfalls folgendes Bild: Je höher die schulische und berufliche Qualifikation einer Frau ist, desto höher die Wahrscheinlichkeit, dass sie ehe- und kinderlos bleibt.[119] Eine aktuelle deutsche Studie[120] bestätigt dies: Zwei Drittel der befragten Wissenschaftlerinnen haben demnach Kinderlosigkeit oder den Aufschub des Kinderwunsches zugunsten einer wissenschaftlichen Laufbahn in Kauf genommen, um ihre aktuelle Position zu erreichen. Der Kinderwunsch ist übrigens bei beiden Geschlechtern größer als die realisierte

---

119 Lichtenberger-Fenz/Ingrisch: Beruf, Karriere und Wissenschaft, 72.

120 Lind, Inken: Aufgeschobene Kinderwünsche, eingeschränkte Perspektiven. Zur Vereinbarkeit von Wissenschaft und Elternschaft – Ergebnisse einer aktuellen Studie, in: Forschung und Lehre, 11/2008, 754 ff.

Kinderzahl – 70 Prozent der Kinderlosen geben an, einen Kinderwunsch zu haben, und ein Drittel der Frauen sieht nur geringe Chancen, ihren Kinderwunsch zu verwirklichen.

Dies ist sicher nicht verwunderlich, wenn man sich den Preis, den Karrieren heute fordern, vor Augen führt. Dazu zählen zeitliche Flexibilität, örtliche Mobilität, Einsatzbereitschaft weit über die 40-Stunden-Woche hinaus, Belastbarkeit, Durchsetzungsstärke und -vermögen, Anpassungswille und eine hohe Frustrationstoleranz. Die Unterbrechung der Erwerbsbiografie, die Inanspruchnahme von Pflegeurlaub oder das pünktliche Verlassen des Büros entsprechend den Kindergartenöffnungszeiten hingegen sind der Karriere eher abträglich. Kinder widersetzen sich aber nun einmal aller Planung und einem „durchgetakteten" Leben, sie „widerstehen dem Ansturm der Effektivität und verweigern sich der Beschleunigung".[121]

So bestätigt auch die deutsche Untersuchung: Ein Drittel der Befragten erlebte konkrete berufliche Nachteile seit der Geburt des ersten Kindes, wobei Frauen doppelt so häufig davon betroffen waren wie ihre männlichen Kollegen. Dies zeigte sich „in zurückhaltender Förderung durch Vorgesetzte, Abwertung der wissenschaftlichen Leistungen und dem Ausschluss aus beruflichen Netzwerken".[122]

Wenn dies der Fall ist, so suchen Sie sich andere Förderer, die Ihnen wiederum Kontakte zu neuen Netzwerken legen können. Auch wenn Sie wenig Zeit haben, vernachlässigen Sie keinesfalls die Netzwerkarbeit. Entwickeln Sie auch ein Gespür für die in Ihrem Institut laufenden Prozesse („Machenschaften", Bündnisse, Intrigen) und lernen Sie, strategisch zu denken und zu handeln.

Wissenschaft verlangt viel persönlichen Einsatz, wie es aber auch bei qualifizierten Tätigkeiten in der Wirtschaft der Fall ist. Ein unschätzbarer Vorteil in der Wissenschaft ist aber die öfters vorhandene Möglichkeit, Arbeitsort und -zeiten relativ frei bestimmen zu können. So kann das Kind fallweise früher aus dem Kindergarten abgeholt, ein Arzttermin wahrgenommen und für eine Schularbeit gelernt werden. Dass die wissenschaftliche Arbeit dann freilich oft in einer Nachtschicht oder am Wochenende nachgeholt werden muss, ist eine andere Sache.

Will man eine erfolgreiche Berufslaufbahn mit einem erfüllten Familienleben verbinden, so müssen sich beide Partner über den Preis, der dafür zu zahlen ist, im Klaren sein. Je früher hier Absprachen geschehen über Werte, Lebensziele, Prioritäten und die Arbeitsaufteilung zwischen den Partnern, umso gelungener wird die Verflechtung von Arbeit und Familie sein.

---

[121] Susanne Mayer: Mama mia, Die Zeit vom 3.2.2011, http://www.zeit.de/2011/06/L-SM-Mika (13.5.2011).

[122] Lind: Aufgeschobene Kinderwünsche, 755.

Weitere Hilfen und Literaturempfehlungen

Allen, David: Wie ich die Dinge geregelt kriege. Selbstmanagement für den Alltag, München und Zürich (Piper) 2009
Eine spezielle Methode für die Selbstorganisation für die vielen kleinen Dinge des Alltags.

Assagioli, Roberto: Die Schulung des Willens. Methoden der Psychotherapie und der Selbsttherapie, Paderborn (Junfermann) 2003
Für alle, die ihren Willen schulen möchten. Mit vielen kleinen, leicht umsetzbaren Übungen.

Blümmert, Gerda: Zeitmanagement mit NLP. Die neue Strategie der Zeitplanung, Paderborn (Junfermann) 2000
Mit Hilfe der unbewussten Anteile die persönlichen Zeiterfahrungen der Vergangenheit für die Zukunft nützen und so effektiver und realistischer planen (lernen).

Bolker, Joan: Writing your dissertation in fifteen minutes a day. A guide to starting, revising and finishing your doctoral thesis, New York (Holt) 1998
Feinfühlige, praktische und prozessorientierte Hilfe für klassische Schreibhemmungen, von Themenwahl bis zum Leben nach der Diss., verhaltenspsychologisch fundiert. Besonders englischsprachigen Studierenden zu empfehlen, mit einem nützlichen Schlusskapitel auch für Betreuende.

Buchmayr, Maria/Neissl, Julia (Hg.): Work-life-balance & Wissenschaft – ein Widerspruch? Wien (LIT) 2006
Das Buch berichtet über die Herausforderung, Arbeit in der Wissenschaft und „Leben" zu vereinen.

Csikszentmihalyi, Mihaly: Flow im Beruf. Das Geheimnis des Glücks am Arbeitsplatz, Stuttgart (Klett-Cotta) 2004
Glück ist nicht etwas, das vom Himmel fällt, sondern muss erarbeitet werden. Was kann man tun, um öfter im Flow (= Fluss, Glücksgefühl) zu leben, und zwar in der Welt, so wie sie heute ist?

Covey, Stephen R.: Der Weg zum Wesentlichen. Der Klassiker des Zeitmanagements, Frankfurt (Campus) 2007
Selbstorganisation setzt die Beschäftigung mit den eigenen Werten und das Setzen entsprechender Prioritäten voraus. Erst dann kann es gelingen, privat wie beruflich Erfüllung zu finden.

Covey, Stephen R.: So leben Sie „Die sieben Wege zur Effektivität", Frankfurt (Campus) 2005
Das Wesentliche im Leben für sich definieren und danach handeln. Viele Beispiele und Anleitungen.

Degener, Margret/Hütter, Heinz: Raus aus dem Zeitstress. Selbsttraining zur Work-Life-Balance, Berlin (Cornelsen) 2010
Wie entsteht Stress, und was kann man vorbeugend und in der Stresssituation selbst tun? Die Autoren gehen individuell auf unterschiedliche Stresstypen und -situationen ein. Viele praktische Beispiele und Übungen.

Echterhoff, Gerald/Neumann, Birgit: Projekt- und Zeitmanagement. Strategien für ein erfolgreiches Studium, Stuttgart (Klett) 2006
Das Buch stellt psychologisch fundierte Strategien des Projekt- und Zeitmanagements vor – Projektplanung, Phasen einer Diplomarbeit, Vorbereitung von Präsentationen, Berufseinstieg.

Fauteck, Jan-Dirk/Kusztrich, Imre: Leben mit der inneren Uhr. Wie die Chronobiologie unsere Gesundheit, Wirtschaft und Gesellschaft beeinflusst, Berlin (Econ) 2006
Nicht nur wie, sondern auch wann wir denken, handeln, schlafen oder Medikamente nehmen, entscheidet über die Auswirkungen und den Erfolg. Ein spannendes Buch, das auch das Rätsel des siebenten Tages erklärt.

Hallier, Helmut: Mach langsam, wenn es schnell gehen soll. Zeit gewinnen für das Wesentliche, Freiburg im Breisgau (Herder) 2002
Manchmal ist man schneller, wenn man verlangsamt: Entscheidungen und Kreativität lassen sich nicht beschleunigen, Distanz und Überblick werden immer wichtiger. Das Buch zeigt, wie man das persönliche Tempo und den eigenen Rhythmus findet.

Heintel, Peter: Innehalten. Gegen die Beschleunigung – für eine andere Zeitkultur, Freiburg im Breisgau (Herder) 2007
Der Gründer und Vorsitzende des „Vereins zur Verzögerung der Zeit" lädt ein, nachzudenken, was wirklich „Not tut", denn mit Zeitdruck, Hetze und Stress mehren sich die Fehler. Zeit qualitativ gestalten, einen eigenen Rhythmus gewinnen und innehalten, das sind die Tugenden der Zukunft.

Institut für Beratung und Training: Mit PEP an die Arbeit. So organisiere ich mich und meinen Job, Frankfurt (Campus) 2002
Der einfachste Weg ist oft auch der effektivste: Statt aufzuschreiben und zu planen, handeln und organisieren Sie SOFORT.

Kasten, Hartmut: Wie die Zeit vergeht. Unser Zeitbewusstsein in Alltag und Lebenslauf, Darmstadt (WBG) 2001
Für alle, die sich mit dem Phänomen Zeit intensiver auseinandersetzen möchten: Es geht um Zeitbewusstsein in den unterschiedlichen Lebensaltern, in der Gegenwart und in vergangenen Epochen, auch z.B. in Arbeitslosigkeit. Tipps zum verantwortungsvollen Umgang mit Zeit.

Kissling, Walter/Perko, Gudrun (Hg.): Wissenschaftliches Schreiben in der Hochschullehre. Reflexionen, Desiderate, Konzepte, Innsbruck (Studienverlag) 2006
Aus verschiedenen fachlichen Perspektiven (auch von Studierenden) werden Analysen und Vorschläge zu einer systematischen Diskussion des Themas geboten – auf einer didaktischen Metaebene.

Knoblauch, Jörg W./Hüger, Johannes/Mockler, Marcus: Dem Leben Richtung geben. In drei Schritten zu einer selbstbestimmten Zukunft, Frankfurt/New York (Campus) 2003
Selbstorganisation gemäß der PRO-Formel: Potenzial entdecken, Richtung geben, offensiv umsetzen. Ein sehr motivierendes Arbeitsbuch mit vielen Grafiken und Workshops.

Knoblauch, Jörg W./Hüger, Johannes/Mockler, Marcus: Ein Meer an Zeit. Die neue Dimension des Zeitmanagements, Frankfurt/New York (Campus) 2005
Zeitmanagement im Rahmen einer persönlichen Weiterentwicklung, umfassend und praktisch, mit vielen Grafiken und Arbeitsblättern.

Krengel, Martin: Der Studi-Survival-Guide. Erfolgreich und gelassen durch's Studium!, Berlin (Uni-Ed.), 2010
Das können Sie Ihren Studierenden empfehlen.

Küstenmacher, Werner Tiki: Simplify your life. Einfacher und glücklicher leben, Frankfurt (Campus) 2008
Ein klassischer und praktischer Ratgeber, wie man in 7 Stufen sein Leben vereinfachen kann.

Lakein, Alan: How to get control of your time and your life, dt.: Lakeins Zeitsystem, dein Leben ist kurz, mach was draus! Hamburg (Hoffmann u. Campe) 1974
Erklärungen der ganzen Bandbreite des Zeitmanagements, von den Lebenszielen über Bewältigung von Informationsflut bis zur absichtlichen Verlangsamung, achtet auf seelische Balance. Mit ungewöhnlichen Tipps z.B. für Wartezeiten, Umgang mit Ausflüchten, Stärkung der Willenskraft.

Lichtenberger-Fenz, Brigitte/Ingrisch, Doris: Beruf, Karriere und Wissenschaft. Narrative über geschlechtsspezifische Un-/Gleichheiten und Un-/Gleichzeitigkeiten, Innsbruck (Studienverlag) 2009
Eine Untersuchung über die Ursachen der Unterrepräsentanz von Frauen in der Wissenschaft, insbesondere das Selbstverständnis von Frauen und Männern in Bezug auf Beruf und Karriere, Motivationen für eine Karriere und persönliche Vorstellungen von der Arbeit in der Wissenschaft.

Malik, Fredmund: Führen, Leisten, Leben. Wirksames Management für eine neue Zeit, Frankfurt/Main (Campus) 2006
Der Klassiker zum Thema Führung mit Anleitung zur Reflexion (gibt es die ideale Führungskraft?), einer detaillierten Aufgabenbeschreibung und einer Werkzeugkiste wirksamer Führung.

Mallich, Katharina/Gutiérrez-Lobos, Karin: Die Zukunft des akademischen Personalmanagements, Wien (facultas.wuv) 2010
Tagungsband mit Darstellung der Besonderheiten der universitären Personalplanung und Führungstätigkeit.

Martens, Jens-Uwe/Kuhl, Julius: Die Kunst der Selbstmotivierung. Neue Erkenntnisse der Motivationsforschung praktisch nutzen, Stuttgart (Kohlhammer) 2009[3]
Auf Grundlage der Motivations- und Persönlichkeitspsychologie (Osnabrücker PSI-Theorie) praktisch ausgearbeitetes Selbsthilfebuch.

Nussbaum, Cordula: Organisieren Sie noch oder leben Sie schon? Zeitmanagement für kreative Chaoten, Frankfurt (Campus) 2008
Das Buch wendet sich an alle, die bisher an den traditionellen Zeitmanagement-Techniken scheiterten: flexible Methoden statt starrer Aktivitätenlisten, auch ohne penible Ablagesysteme den Überblick bewahren und mit einfachen Tricks immer pünktlich sein.

Pink, Daniel H.: Drive. Was Sie wirklich motiviert, Salzburg (Ecowin) 2010
Unterscheidet drei Ebenen der Motivation, um die intrinsische durch Selbstbestimmung, Perfektionierung und Sinnerfüllung zu stärken. Werkzeuge und Beispiele für die Motivation von Mitarbeitern lassen sich auch auf einen selbst übertragen.

Porta, Sepp/Zagler, Günther: Gib den Stress-Hormonen, was sie brauchen! Was im Körper vor sich geht. Was wir gezielt tun können. Was uns stressresistenter macht, Stuttgart (KreuzVerlag) 2002
Versteht man, was uns die im Körper produzierten Stress-Hormone sagen wollen, so ist ein wesentlicher Schritt getan, um den Stress in den Griff zu bekommen.

Rückert, Hans-Werner: Schluss mit dem ewigen Aufschieben. Wie Sie umsetzen, was Sie sich vornehmen, Frankfurt (Campus) 2002
Aufschieben gehört zu den häufigsten Zeit- und Energiefressern. Rückert beschreibt wirkungsvolle Strategien im Umgang damit.

Seiwert, Lothar J./Gay, Friedbert: Das 1x1 der Persönlichkeit, Remchingen (Persolog) 2010[16]
Das DISG-Buch mit praktischen Anwendungen zur Effektivitätssteigerung u.a. in den Bereichen Zeitmanagement, Mitarbeiterführung, Teamarbeit.

Seiwert, Lothar/Wöltje, Holger/Obermayr, Christian: Zeitmanagement mit Microsoft Outlook. Die Zeit im Griff mit der meist genutzten Bürosoftware – Strategien, Tipps und Techniken, Unterschleißheim (Microsoft Press), 2008
Sehr gute und praktische Tipps zum Einsatz von und Umgang mit Outlook.

Schlote, Axel: Du liebe Zeit! Erfolgreich mit Zeit umgehen, Weinheim (Beltz) 2002
Das Buch regt an, den ganz persönlichen Umgang mit Zeit zu finden. Denn nur wer gesund und mit sich eins ist, kann auf Dauer kreativ und produktiv arbeiten.

Simon, Walter: GABALs großer Methodenkoffer. Grundlagen der Arbeitsorganisation, Offenbach (Gabal Verlag) 2004
Ein umfassender Überblick über Methoden des Zeitmanagements und der Stressbewältigung sowie Lern-, Gedächtnis- und Kreativitätstechniken.

Steiner, Verena: Energiekompetenz. Produktiver denken, wirkungsvoller arbeiten, entspannter leben. Eine Anleitung für Vielbeschäftigte, für Kopfarbeit und Management, München und Zürich (Pendo) 2005
Das Standardwerk für alle, die mit ihrer eigenen Energie sorgsamer umgehen wollen, um produktiver denken, wirkungsvoller arbeiten und entspannter leben zu können.

Stollreiter, Marc/Völgyfy, Johannes: Selbstdisziplin. Handeln statt aufschieben, Offenbach (Gabal) 2001
Eine Anleitung zur Entwicklung von Selbstdisziplin, damit Sie auch umsetzen können, was Sie sich vorgenommen haben.

Tausch, Reinhard: Hilfen bei Stress und Belastung, Reinbek bei Hamburg (rororo), 1998
Ein umfassender Ratgeber, der erklärt, wie Stress entsteht, und eine breite Palette an leicht umsetzbaren Lösungen und Übungen auf körperlicher, mentaler und seelischer Ebene anbietet.

Unger, Hans-Peter/Kleinschmidt, Carola: Bevor der Job krank macht. Wie uns die heutige Arbeitswelt in die seelische Erschöpfung treibt und was man dagegen tun kann, München (Kösel) 2009
Darstellung der Ursachen und Warnsignale von Stress, Erschöpfung und Burnout. Erfahrungsberichte Betroffener und Therapievorschläge runden das Buch ab.

Werth, Lioba/Sedlbauer, Klaus: In Forschung und Lehre professionell agieren, Bonn (Dt. Hochschulverband) 2011
Sehr umfangreiches Handbuch zum Nachschlagen, das erst nach Fertigstellung dieses Manuskripts erschien. Primäre Zielgruppe sind Lehrstuhlinhaber (mit einem gewissen Fokus auf Wirtschaft und Technik). Werkzeuge für Persönliche Arbeitsmethodik, Kommunikation, Lehren und Prüfen, Forschungsmanagement (der größte Teil inkl. Kreativitätstechniken) und Methoden externer Kommunikation.

Wolfsberger, Judith: Frei geschrieben. Mut, Freiheit & Strategie für wissenschaftliche Abschlussarbeiten, Wien etc. (Böhlau) 2007
Ermutigt Schreibende von Diplom-, Master- und ähnlichen Arbeiten in fröhlichem Stil mit vielen Zeichnungen, Übungsaufgaben und im Schreibstudio erprobten Praxistipps. Verbindet Kreativität mit Methode.

Zimbardo, Philip G./Boyd, John: Die neue Psychologie der Zeit und wie sie Ihr Leben verändern wird, Heidelberg (Spektrum) 2009
Das Buch verknüpft wissenschaftliche Erkenntnisse und Alltagspsychologie, aufbauend auf mehr als 30 Jahren Pionierarbeit der beiden Autoren in der Zeitforschung. Ein Selbsttest ermöglicht das Erkennen der persönlichen Zeitperspektiven. So kann man lernen, verschobene Wahrnehmungen zu überwinden, die uns entweder zu sehr in der Vergangenheit leben, zu stark auf unmittelbare Belohnungen warten oder in ungesunder Weise auf Zukunftsziele fixiert sein lassen.

www.academics.de
Möglichkeit, sich ausgewählte wissenschaftliche Stellenangebote regelmäßig per E-Mail schicken zu lassen, auch interessante Artikel und Forum zu Hintergrundthemen sowie Praxistipps.

www.schreibwerkstatt.co.at/index.php?Literatur
Bibliographie von Schreibratgebern allgemein und für einzelne Studienrichtungen.

http://www.uni-graz.at/en/uedo4www/content-2.uedo4www-newpage/uedo4www_wissenschaftliches_schreiben.htm
Ausführliche Literaturliste zum wissenschaftlichen Schreiben inkl. Grundlagenforschung.

Impulse für mich

Die wichtigsten Anregungen für meine Selbstorganisation

Kapitel	Stichworte

Ab ________	werde ich

Ab __________	**werde ich**

Autorin und Autor

Andrea Tschirf,
Dr.rer.soc.oec., Jahrgang 1959, verheiratet, 2 Kinder.

Studium der Handelswissenschaften an der Wirtschaftsuniversität Wien, Promotion im Fach Wirtschafts- und Sozialgeschichte. Die Dissertation wurde mit dem L. Jedlicka-Gedächtnispreis ausgezeichnet.

Trainings- und Coachingausbildungen u.a. an der Universität Salzburg, bei S. Radatz, G. Kutschera und G. Schmidt, Persolog-Zertifizierung, Lehrbeauftragte an der Universität Innsbruck.

10 Jahre Geschäftsführerin des Career Centers der WU Wien. In dieser Zeit u.a. Mitarbeit an Studien über Berufs- und Karriereverläufe von WU-AbsolventInnen.

Seit 1997 tätig als Coach und Trainerin mit den Schwerpunkten Zeitmanagement, Work-Life-Balance, Kommunikation, Karriereplanung und Teamentwicklung. Berät und trainiert hauptsächlich an Universitäten sowie im öffentlichen und Non-Profit-Bereich. Eigene Coachingpraxis in Wien.

www.tschirf.at

Markus Riedenauer,
Dr. phil.habil., Jahrgang 1966, verheiratet, 3 Kinder.

Studien der Philosophie, katholischen Theologie, Geschichte an Universitäten in Deutschland, Österreich, Italien und den USA. Akademische Lehre in Frankfurt, Bamberg, Wien; derzeit Philosophieprofessor am International Theological Institute bei Wien.

Ausbildung und Mitarbeit bei pmt/xpand, zertifizierter Trainer für SOI Denkstrukturenanalyse und Persolog-Persönlichkeitsmodell; als Trainer und Coach spezialisiert auf Beratung im Wissenschaftsbereich – wissenschaftliches Projekt- und Zeitmanagement, Personaltraining für kognitive und kommunikative Kompetenzen.

Seit 2003 Philosophische Praxis „Lichtkegel".

www.lichtkegel.com